Industrial Engineering

Standardmethoden zur Produktivitätssteigerung
und Prozessoptimierung

Industrial Engineering

Standardmethoden zur Produktivitätssteigerung und Prozessoptimierung

HANSER

Die Deutsche Bibliothek – CIP-Einheitsaufnahme

Ein Titelsatz für diese Publikation
ist bei der Deutschen Bibliothek erhältlich.

PRINT ISBN 978-3-446-44786-8
E-PDF ISBN 978-3-446-44787-5

1. Auflage 2011
2. Auflage 2015

Bei nicht mit Quellenangabe versehenen Bildern handelt es sich um eigene Darstellungen.

Printed in Germany.

Druck: Beltz Bad Langensalza GmbH

Vorwort

Der REFA-Verband hat in den 1970er- und 1980er-Jahren mit der REFA-Methodenlehre anerkannte Standards gesetzt, welche die Industrie in Deutschland und Europa bis zum heutigen Tag begleitet und stark beeinflusst haben.

An der Forderung, die Produktivität und damit auch die Wettbewerbsfähigkeit nachhaltig zu steigern, hat sich in den letzten Jahren nichts verändert, sie ist eher noch dringlicher geworden. Die eingeschlagenen Wege sind höchst unterschiedlich: Mal setzt man auf starke Automatisierung, mal auf arbeitsorganisatorische Lösungen in der Produktion. Ein Fachgebiet, das sich mit diesen Fragestellungen umfassend auseinandersetzt, ist das Industrial Engineering.

Damit Unternehmen künftig das „Handwerkszeug" zur systematischen Produktivitätssteigerung und Prozessoptimierung zur Verfügung steht, hat der REFA-Verband 30 Standardmethoden des Industrial Engineerings in diesem Buch zusammengestellt.

Die Methoden werden jeweils durch eine kurze Erläuterung der Funktion und Vorgehensweise beschrieben und oft mit einem Beispiel und Formblättern sowie weiterführenden Literaturhinweisen untermauert.

REFA leistet mit dieser Methodensammlung des Industrial Engineerings einen weiteren Beitrag, Effizienz und Produktivität der Unternehmensprozesse voranzutreiben, und setzt somit die gute Tradition der REFA-Methodenlehre fort.

Prof. Dr. Oliver Störmer
Vorstand REFA Bundesverband e.V.

Prof. Dr. Sascha Stowasser
Vorsitzender REFA-Institut e.V.

November 2015

Anforderungen an die industrielle Produktion in Deutschland

Erfahrungen aus der Krise

In den Jahren 2008/2009 wurde – nicht nur – Deutschland von der stärksten Wirtschaftskrise nach dem zweiten Weltkrieg heimgesucht. Bereits 2011 konnte jedoch festgestellt werden, dass der auf die Krise folgende Aufschwung sich ebenso schnell und steil vollzog wie der Einbruch. Hinter der Betrachtung der Entwicklung für die Industrie als Ganzes oder auch für einzelne Branchen stehen aber aus Sicht des einzelnen Unternehmens völlig unterschiedliche Entwicklungen.

Das Statistische Bundesamt weist aus, dass der Umsatz im Verarbeitenden Gewerbe vom Index-Höchstwert im April 2008 von 122,0 auf 81,4 im Januar 2009 gefallen ist. Die Entwicklung in den einzelnen Branchen verlief sehr differenziert. Während für die gesamte Metall- und Elektroindustrie in Deutschland nach Angaben des Arbeitgeberverbands Gesamtmetall die Produktion von 2008 auf 2009 um 25 % eingebrochen ist, gab es andererseits in dieser Branche z.B. Unternehmen des Fahrzeugbaus, deren Produktion um bis zu 70 % zurückging, und andere Unternehmen, die keine Produktionsrückgänge oder sogar Umsatzzuwächse verzeichnen konnten. Durch eine Kombination von Maßnahmen wie Abbau von Zeitarbeitskonten, Reduzierung der Anzahl der Zeitarbeitnehmer und die Einführung von Kurzarbeit im Rahmen der angepassten rechtlichen Möglichkeiten konnte in vielen Fällen ein Abbau der Kernbelegschaft vermieden werden. Nur so standen bei steigendem Auftragseingang die benötigten Fachkräfte zur Verfügung.

Viele Beobachter der wirtschaftlichen Entwicklung gehen davon aus, dass diese schnellen und starken Veränderungen der Auftragseingänge und damit des Produktionsvolumens in den nächsten Jahren eher zu- als abnehmen werden. Die Unternehmen werden sich auf eine hohe Flexibilität und Anpassungsfähigkeit an diese Anforderungen einstellen müssen. Am Markt werden nur die Unternehmen überleben, deren Veränderungsgeschwindigkeit mindestens so groß ist wie die des Umfelds.

Neben diesen eher strategischen Herausforderungen ist der Alltag in den Betrieben weiterhin gekennzeichnet durch die Anforderungen hinsichtlich Kosten, Qualität und Lieferzeiten. Diese zeigen sich in einem eher größer werdenden Wettbewerb um niedrigste Produktionskosten bei gleichzeitig minimalen Fehlerraten und teilweise stundengenauer Anlieferung von Produkten. Oft resultiert daraus ein ständiges „Firefighting“ oder auch „Troubleshooting“. Verantwortliche in der Produktion haben oft den Eindruck, das Chaos managen zu müssen. Wie kann ein Ausweg aus diesem Dilemma aussehen?

Bedeutung des Industrial Engineerings

Ein Arbeitskreis aus betrieblichen Experten verschiedener Unternehmen hat sich auf Initiative und unter Moderation des Instituts für angewandte Arbeitswissenschaft (ifaa) mit diesen Fragen beschäftigt und ist zu folgenden Erkenntnissen gelangt:

„In den 1980er- und 1990er-Jahren schwächten zahlreiche Unternehmen die jeweiligen zentral oder dezentral organisierten Arbeitsvorbereitungs- und Prozessmanagementstrukturen. Viele verbanden damit die Hoffnung, durch Trends wie autonome Gruppenarbeit oder Selbstorganisation Synergien zu nutzen und indirekte Bereiche ersetzen zu können.

Dies führte konsequenterweise entweder zum Stagnieren oder gar zum beträchtlichen Abbau – in einigen Unternehmen zum vollständigen Verschwinden – des Industrial Engineering-Methodenwissens. Die Unternehmen verloren damit die Verantwortlichen für methodisch gestützte, systematische Rationalisierung und für Produktivitätsmanagement. Diese Entwicklung stand eindeutig im Widerspruch zu den Anforderungen, denen Unternehmen im Wettbewerb um innovative Produkte sowie effiziente, wandlungsfähige Prozesse ausgesetzt sind. Dies blieb nicht ohne Folgen für die Produktivitätsentwicklung in vielen Unternehmen.

Um die Wettbewerbsfähigkeit und die damit verbundene Zukunftsfähigkeit eines Standortes zu sichern, ist somit eine kontinuierliche Produktivitätsentwicklung erforderlich, bei der Humanaspekte eine wesentliche Bedeutung einnehmen. Nur durch ein modernes, zukunftsorientiert agierendes IE in den Unternehmen sind die Voraussetzungen gegeben, die Zukunft erfolgreich zu gestalten.“ (ifaa 2010)

Rationalisierung und damit auch die Steigerung der Arbeitsproduktivität ist damit eine Daueraufgabe in den Unternehmen. Die Vorstellungen, in welchem Umfang solche Verbesserungen notwendig sind, sind durchaus ambitioniert. In der „Produktion“ vom 06.12.2006 wurde gemeldet, dass im Werk Zuffenhausen der Porsche AG die bislang vorgegebene Steigerungsrate für die Produktivität von 6 % für das laufende Geschäftsjahr auf 8 bis 10 % angehoben worden sei.

Die Steigerung der Produktivität in den einzelnen Unternehmen, aber auch in einer Volkswirtschaft als Ganzes, wird als ständige Aufgabe kaum in Frage gestellt. Sowohl in den Unternehmen als auch in der Volkswirtschaft eines Landes dient sie zur Behauptung und Verbesserung der Wettbewerbsposition und zum Erhalt der Produktionsstandorte. Darüber hinaus wird sie in Tarifverhandlungen häufig als Maßstab für die mögliche Erhöhung von Entgelten herangezogen. Von Prof. Fredmund Malik, einem renommierten Wissenschaftler und Unternehmensberater der Universität St. Gallen, wird die Produktivität eines Unternehmens als eine von sechs Schlüsselgrößen für den Unternehmenserfolg betrachtet (Malik 2005). Die übrigen sind die Marktstellung, die Innovationsleistung, die Attraktivität für gute Mitarbeiter, die Liquidität und der Gewinn. Er weist bei der Produktivität aber auch darauf hin, dass es sehr darauf ankommt, wie die Produktivität bestimmt wird. Nicht jedes Unternehmen könne ständig wachsen, es könne aber immer produktiver werden.

Bestimmung der Produktivität

Allgemein wird unter Produktivität das Verhältnis von Produktionsergebnis (Output) und eingesetzten Faktoren (Input) verstanden (Gabler Wirtschaftslexikon 2001). Diese Relation kann auf volkswirtschaftlicher Ebene ebenso wie für einzelne Unternehmen, aber auch für Unternehmensteile, Prozesse bis hinunter zu einzelnen Arbeitsplätzen bestimmt werden.

Der **Output** kann in verschiedenen Dimensionen gemessen werden. Für einen einzelnen Arbeitsplatz kann das Ergebnis in Form bearbeiteter Teile oder Baugruppen gezählt werden, für ein ganzes Unternehmen, das typischerweise verschiedenartige Produkte herstellt, müssen andere geeignete Größen gefunden werden. Dazu werden die Produkte meist mit dem Verkaufspreis bewertet und das Produktionsergebnis entspricht damit (bei unveränderten Beständen) dem Umsatz.

Bei dieser Vorgehensweise macht es allerdings keinen Unterschied, wie groß der Anteil der zugekauften Vorprodukte und damit die Fertigungstiefe bis zum verkaufsfertigen Endprodukt ist. Deshalb weist Prof. Malik (Malik 2005) zu Recht darauf hin, dass ein Wert für eine Produktivität nur aussagefähig ist, wenn als Output die Wertschöpfung betrachtet wird. Diese erhält man, in dem vom Umsatz die Vorleistungen in Form von Materialaufwand und Abschreibungen auf Anlagen abgezogen werden. Die eingesetzten Betriebsmittel können aber auch als Anzahl, in Form ihrer Laufzeit in Stunden oder auch mit ihrem (Wiederbeschaffungs-)Wert berücksichtigt werden. Bei den Werkstoffen sind Mengen oder der monetäre Wert die gebräuchlichen Einheiten. Auf einer normierten Basis lassen sich dann auch Unternehmen unterschiedlicher Branchen und damit unterschiedlicher Fertigungsstrukturen vergleichen.

Als Größen für den **Input** haben sich auf der betrieblichen Ebene die Produktionsfaktoren

- Arbeit,
- Kapital in Form von Betriebsmitteln und
- die Werkstoffe

etabliert. Auch diese können in verschiedenen Einheiten betrachtet werden. Die aufgewendete Arbeit kann in Form der Personalkosten, der Anwesenheitsstunden oder auch der eingesetzten Anzahl von Personen betrachtet werden. Ein Beispiel für die betriebliche Ausgestaltung ist bei Sauter und von Killisch-Horn 2010 beschrieben.

Eine Erfahrung der zuvor beschriebenen Wirtschaftskrise ist jedoch auch, dass eine vorübergehende (kurzzeitige) Verschlechterung der Produktivität zur Sicherung der Beschäftigung sinnvoll sein kann. Dennoch sollte – soweit möglich – der Personaleinsatz auf die benötigten Kapazitäten abgestimmt sein. Ein Mittel hierzu stellen Arbeitszeitkonten dar, die in solchen Fällen auch in den negativen Bereich gebracht werden können. Da die Liquidität hierdurch beansprucht wird, setzt dieses jedoch voraus, dass das Unternehmen die entsprechenden Reserven hat.

Herausforderungen in der Zukunft

Eine stetige und nachhaltige Verbesserung der Produktivität wird für alle Unternehmen auch in der Zukunft unabdingbar sein. Eine entscheidende Rolle werden dabei betriebliche Experten spielen, die über das entsprechende methodische Fachwissen verfügen. Erschwert wird die Aufgabe durch die Forderung der Kunden nach erhöhter kurzfristiger Lieferfähigkeit.

Inwieweit eine älter werdende Belegschaft auch Auswirkungen auf die Produktivitätsentwicklung hat, ist noch nicht eindeutig geklärt. In der 4. Sitzung der Enquete-Kommission des Deutschen Bundestags „Wachstum, Wohlstand, Lebensqualität - Wege zu nachhaltigem Wirtschaften und gesellschaftlichem Fortschritt in der Sozialen Marktwirtschaft“ am 14.03.2011 wurde diese Frage kontrovers diskutiert. Im Rahmen einer Untersuchung des Zentrums für Europäische Wirtschaftsforschung GmbH (ZEW) konnte gezeigt werden, dass Ältere im Durchschnitt nicht weniger produktiv sind als jüngere Beschäftigte. Es gab jedoch große Unterschiede zwischen den Betrieben. Hinzu kommt, dass die Unterschiede innerhalb einer Altersgruppe größer sind als die Unterschiede zwischen den Altersgruppen.

Konzepte der Produktionsoptimierung

Im Laufe der langen Geschichte der Bemühungen um rationellere und effizientere Abläufe in den Unternehmen hat es verschiedenste Ansätze gegeben. Oft scheint es als gebe es bei diesen Bemühungen Mode-Wellen.

In den 1970er-Jahren sahen viele Unternehmen und Wissenschaftler die Arbeitsstrukturierung als geeigneten Ansatz. Durch Arbeitserweiterung (job enlargement), Arbeitsbereicherung (job enrichment), Arbeitsplatzwechsel (job rotation) und die Bildung autonomer Arbeitsgruppen sollten vor allem die Motivation der Beschäftigten und die Wirtschaftlichkeit des Arbeitssystems gesteigert werden.

Ab Mitte der 1980er wurden die Rationalisierungspotenziale vielfach in einer vollautomatisierten oder zumindest hoch vernetzten Produktion (Computer Integrated Manufacturing [CIM]) gesehen. Es soll an dieser Stelle nicht der Erfolg oder Misserfolg dieser Konzepte beurteilt werden. Wichtig ist jedoch, darauf hinzuweisen, dass auch die im Folgenden beschriebenen aktuellen Strategien später einmal vielleicht als „Moden" angesehen werden und andere Ansätze bevorzugt werden.

Folgende Konzepte sollen hier exemplarisch beschrieben werden:

- Vermeidung von Verschwendung durch einzelne Projekte und Aktivitäten, die ohne großen Aufwand, allerdings auch nicht unbedingt aufeinander abgestimmt sind
- Gestaltung von Produktionssystemen, die durch abgestimmte Prinzipien und Methoden langfristig und nachhaltig zum Abbau von Verschwendung führen sollen
- Rekrutierung und Qualifizierung von Experten aus dem Industrial Engineering und Nutzung des entsprechenden Instrumentariums zur systematischen Produktivitätssteigerung.

Vermeidung von Verschwendung

Der Kosten- und Wettbewerbsdruck zwingt viele Unternehmen dazu, betriebliche Abläufe regelmäßig und detailliert zu untersuchen. Das Ziel dabei ist die Steigerung der Wertschöpfung. Dazu werden systematisch Verbesserungsmethoden angewendet. Das gelingt dann am besten, wenn die Beschäftigten, die Führungskräfte und die Fachexperten gemeinsam nach Verbesserungen suchen.

Seit vielen Jahren ist es in der Produktion nicht ungewöhnlich, z. B. Prozesse zu analysieren, die Mitarbeiter in regelmäßigen Gruppengesprächen in die Verbesserungsaktivitäten einzubinden, Probleme aufzuzeigen, Kennzahlen zu nutzen sowie geltende Standards und erzielte Ergebnisse zu visualisieren. Auf diese Weise können alle in den Produktionsbereichen arbeitenden Personen detailliert informiert und in die Verbesserung der Arbeitsabläufe eingebunden werden.

Der Schwerpunkt der Ablaufanalyse wird auf die Identifizierung von Verschwendung gelegt. Verschwendung stellt Aufwand dar, den der Kunde nicht bezahlen will. Jegliche betriebliche Verschwendung beeinflusst somit den Erfolg des Unternehmens. Im Umkehrschluss verhilft die Reduktion von Verschwendung letztlich zur Vermeidung von Kosten, zur Steigerung der Qualität im gesamten Prozessablauf und damit zur Steigerung des Unternehmenserfolgs.

In der Praxis ist in den betrieblichen Tätigkeiten und Prozessen oft viel Verschwendung vorzufinden. Der Anteil tatsächlich wertschöpfender Tätigkeiten an der gesamten Arbeitszeit macht in der Produktion im Durchschnitt nur 60 % aus. Zu diesem Ergebnis kommt der „Global Productivity Report 2008“ des Unternehmens proudfoot consulting. Gegenüber den Vorjahresergebnissen der regelmäßig durchgeführten Studie ist der Anteil der Verschwendung sogar noch gestiegen. Zu ähnlichen Ergebnissen für den Bürobereich kam die Untersuchung „Lean Office 2006“ des Fraunhofer-Institut Produktionstechnik und Automatisierung (IPA), Stuttgart, in Zusammenarbeit mit dem KAIZEN-Institut, Bad Homburg.

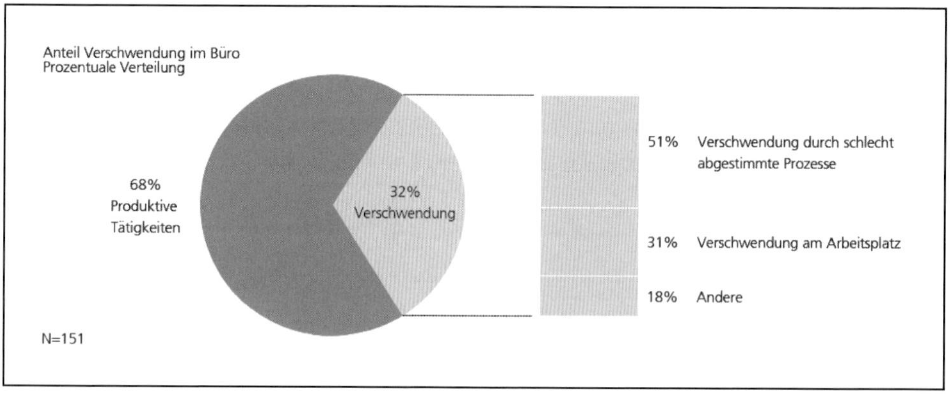

Was wird im Unternehmen als Verschwendung betrachtet? In Anlehnung an Ohno (1993) werden sieben Verschwendungsarten unterschieden:

1. **Lange Durchlaufzeiten** infolge von zu hohen Maschinen-/Montagezeiten, unwirtschaftlicher Fertigung (z.B. falsche Fertigungstechnologie), hohen Rüstzeiten, Zusatz- oder Mehrfach-Arbeitsgängen, ungünstiger Arbeitsplatzgestaltung bzw. -verkettung, Verwechslungsgefahren, falschen Arbeitsunterlagen oder Mehrfachdaten am Arbeitsplatz, Umständlichkeit im Prozess, zu hohen Maschinenstillstandzeiten oder Nebenzeiten, Unordnung am Arbeitsplatz, langen Unterbrechungen zwischen den Bearbeitungen, ungünstigen Standorten der am Ablauf beteiligten Arbeitssysteme usw.
2. **Überproduktion** durch Montage ohne Auftrag, falsche Disposition oder Prognosen usw.
3. **Zu hohe Bestände** aufgrund von zu viel Materialvorhaltung, zu hohen Altbeständen, unwirtschaftlichen Losgrößen, zu hohen Beständen am Arbeitsplatz, voreiliger oder nicht verbrauchsgesteuerter Materialbestellung usw.
4. **Verschwendung am Produkt** durch aufwändige Konstruktion, unnötige oder umständliche Funktionen am Produkt, zu viel Materialeinsatz, keine Standardisierung von Bohrungen, Verbindungselementen, Radien etc., zu hohe Einzelteilevielfalt, ungünstiges Design usw.
5. **Wartezeit,** weil der Mitarbeiter wartet auf Materialanlieferung, auf Fertigstellung der Produkte an der Maschine, auf Arbeitsunterlagen, auf die Abstimmung von Arbeitsgängen; Anlage wartet wegen Materialknappheit, Rüstvorgängen usw.
6. **Unnötige Transporte** durch hohe Transporthäufigkeit, unnötige Transporte, Leerfahrten, weite Wege zum nächsten Arbeitsplatz, Mehrfachtransporte zwischen den Arbeitsgängen, mangelhafte Abstimmung von Transportumfang und Transportmittelleitungsfähigkeit, Zusatz-Transportaufwände infolge Logistikfehler usw.
7. **Umständliche Arbeitsabläufe/Prozesse** infolge großflächigem Layout mit weiten Wegen, ungünstiger Anordnung von Werkzeugen, Suchen von Bauteilen, unzureichender Ordnung am Arbeitssystem, aufwändigen Kommissionierungsvorgängen und Handling von Bauteilen usw. sowie Qualitätsmängeln: Störungen, Fehler im Herstellprozess; falsche, unzureichende Vorgaben; falsche Betriebsmittel, Nacharbeit, Ausschuss, fehlende Prüfvorgaben, zu spätes Aussondern fehlerhafter Teile usw.

Diese ursprünglich für die Produktion bestimmten Arten der Verschwendung lassen sich aber auch in Bürobereichen in leicht abgewandelter Form wiederfinden:

Produktion	Bürobereiche	Anleitung
Überproduktion	Informationsüberfluss	Produziere was gebraucht wird, wenn es gebraucht wird, nicht mehr und nicht weniger
Lagerbestände	Nicht benötigte Bestände	Reduziere Materialbestände zwischen den Arbeitsschritten
Mängel	Fehler, Unklarheiten	Gebe keine fehlerhaften Teile oder Vorgänge zum nächsten Bearbeitungsschritt weiter
Warten	Wartezeiten, Liegezeiten	Vermeide Zeitverschwendung wie z. B. Warten auf Material oder Bearbeitung
Überflüssige Transporte	Weitergabe unnötiger Informationen	Vermeide unnötiges Tragen, Umschichten, Transportieren von Teilen oder Informationsunterlagen
Überflüssige Bewegung	Unnütze Wege	Ordne Arbeitsmittel und Material in Greifnähe an
Überflüssige Verarbeitung	Nutzlose Tätigkeiten	Vermeide Bearbeitungen, für die der Kunde nicht bezahlen will

Legt man diese Verschwendungsarten zu Grunde und werden die im Unternehmen tatsächlich ablaufenden Prozesse betrachtet, so lässt sich leicht feststellen, dass Verschwendung oft durch neue Schnittstellen oder nicht optimal abgestimmte Prozesse bzw. Arbeitssysteme entsteht.

Ein bewährtes Vorgehen zur Verminderung von Verschwendung besteht darin, Prozesse so zueinander anzuordnen und aufeinander abzustimmen, dass ein Produkt bzw. eine Dienstleistung mit möglichst wenigen Prozessschritten erzeugt wird und diese möglichst störungsfrei und schnell durchläuft (vgl. Neuhaus 2008). Systematische Ist-Zustandsanalysen – vorrangig durch Nutzung des REFA-Instrumentariums – dienen dem Erkennen von Verschwendungen und dem Aufdecken ihrer Ursachen, wie zahlreiche Beispiele belegen (vgl. Nübel und Wette 2008). Hilfreich ist auch der direkte Vergleich zu anderen Lösungen mit entsprechend weniger Verschwendung. In der Praxis können Good-Practice-Lösungen erarbeitet und verbreitet werden, die z. B. im Zuge von kontinuierlichen Verbesserungsmaßnahmen entwickelt wurden.

Für das Auffinden dieser Verschwendungen ist im Allgemeinen zunächst eine Sensibilisierung der Beschäftigten für die verschiedenen Ausprägungen erforderlich. Beispielsweise ist es vielen Mitarbeitern in der Praxis nicht klar, dass eine ungeprüfte Weitergabe von Informationen ohne Kenntnis der genauen Informationsbedürfnisse des Empfängers Verschwendung im Sinne von Informationsüberfluss darstellt. In vielen Unternehmen werden daher entsprechende Workshops mit allen Beschäftigten organisiert (vgl. Fischer; Neuhaus, 2006). Die dabei erzielten Verbesserungen sind z.T. erstaunlich.

Unterstützt wird das Aufspüren von Verschwendung durch eine Vielzahl einschlägiger Checklisten (siehe z. B. www.innovations-wissen.de, www.bmwi-unternehmensportal.de). In der betrieblichen Praxis hat es sich als erfolgreich bewährt, in einem teamorientierten Workshop die verschiedenen Verschwendungsarten und deren tatsächliches Erscheinungsbild im Unternehmen, in der Abteilung, am Arbeitsplatz usw. zu diskutieren und zu erarbeiten. Die Aufgabe der Mitarbeiter besteht dann darin, aus den allgemein erarbeiteten Verschwendungsarten konkrete Ideen zur Vermeidung tatsächlich existierender Verschwendung zu entwickeln. Durch die Ideen der Mitarbeiter können diese Verschwendungen reduziert oder gänzlich beseitigt sowie ihre Wiederholung verhindert werden.

Gestaltung von Produktionssystemen

In Folge der Studie des Massachusetts Institute of Technology (MIT)[1] zu den Gründen der Wettbewerbsvorteile von Toyota gegenüber anderen Automobilherstellern wurde in vielen Unternehmen mit Reorganisationsprojekten begonnen, die sich an den Prinzipien des Toyota-Produktionssystems orientierten. Der grundlegende Ansatz ist die konsequente und systematische Beseitigung jeglicher Verschwendung, deren Arten zuvor beschrieben wurden. Erreicht wird dies durch eine Abstimmung der verschiedenen Prozesse aufeinander und deren Standardisierung. Auf der Basis dieser Standards wird dann nach ständiger Verbesserung gesucht. Es wird versucht durch übergeordnete Prinzipien eine Optimierung des gesamten Systems zu erreichen und keine Bildung von Insellösungen zu verfolgen.

Die Prinzipien sind (nach Monden 1983):

1. Kanban-System zur Unterstützung der Just-in-time Produktion
2. Produktionsglättung
3. Rüstzeitverkürzung zur Verringerung der Durchlaufzeit
4. Standardisierung der Abläufe
5. Maschinen-Layout und Mehrfach-Qualifikation der Werker
6. Kontinuierliche Verbesserung in kleinen Gruppen
7. Visuelles Steuerungs- und Regelungssystem zur Erreichung kleiner selbständig ablaufender Regelkreise (Autonomation)
8. Funktionelles Management zur Qualitätssicherung und zum Kostenmanagement.

[1] In Deutschland wurden die Ergebnisse vor allem durch die Veröffentlichung von Womack, Jones, Roos 1991 bekannt (siehe Literaturverzeichnis).

Die Übertragung dieser Prinzipien auf deutsche Produktionsverhältnisse war nicht immer erfolgreich. In den unterschiedlichsten Betriebsbeispielen, die im Laufe der letzen Jahre vielerorts gesammelt wurden, zeigte sich, dass es weniger auf die genaue Anzahl und Auswahl **einzelner** Methoden ankommt, sondern auf den abgestimmten Einsatz der Methoden und die konsequente Anwendung und Weiterentwicklung der Prinzipien.

Auf der Basis einer Befragung von 38 Unternehmen der Metall- und Elektroindustrie in Deutschland in den Jahren 2003 bis 2005 wurden folgende Kernelemente der vorhandenen Produktionssysteme identifiziert (Neuhaus 2010):

- „Standardisierung als Basis für einheitliche, schichtübergreifend festgelegte Arbeitsabläufe und Grundlage für die Planung und kontinuierliche Verbesserung
- Visuelles Management, d.h. die deutliche Sichtbarmachung von Standards, Zielen und Bedingungen, um Abweichungen von Standards zu erkennen. Dies ist die Voraussetzung für eine effektive Organisation, Selbststeuerung, Kommunikation und Standardisierung.
- Kennzahlen, u.a. als Hilfsmittel zur Verdeutlichung der Leistungsfähigkeit der Prozesse und als Basis für die Ableitung von Reorganisationsmaßnahmen.
- Auditierung als regelmäßige Überprüfung der augenblicklich eingesetzten Methoden und Elemente
- Kontinuierliche Verbesserungsaktivitäten, bei denen Mitarbeiter, Fachexperten sowie Führungskräfte Bestehendes ständig hinterfragen, analysieren, Verbesserungen aufzeigen und hinsichtlich der Wirksamkeit erproben und dadurch als neuen Standard einführen
- Arbeit in Teams als Zusammenarbeit mehrerer Beschäftigter, Fachexperten sowie Führungskräfte zur z.T. eigenverantwortlichen Erledigung einer inhaltlich abgrenzbaren Arbeitsaufgabe in einem räumlich/fachlich zusammengehörenden Bereich. Die verfolgten Ziele sind Erhöhung der Wettbewerbsfähigkeit, Erhöhung der Arbeitszufriedenheit und Identifikation mit dem Unternehmen.
- TPM (Total Productive Maintenance), um durch vorbeugende Instandhaltung unter Beteiligung aller Beschäftigten zu einer verbesserten Maschinenverfügbarkeit zu kommen."

Grundsätzlich sollte jedes Unternehmen, das ein Produktionssystem einführen will, überlegen, welche Prinzipien und Methoden vor dem Hintergrund der bisher eingesetzten Instrumente und Erfahrungen mit anderen Restrukturierungen geeignet erscheinen. Eine verbindliche Festlegung gibt es nicht. Zwar existiert seit Dezember 2010 eine entsprechende VDI-Richtlinie (VDI 2870 Gründruck). Die dort beschriebenen Prinzipien und Methoden werden aber ausdrücklich als „eine Auswahl an in der Literatur beschriebenen oder in der industriellen Praxis eingesetzten Methoden und Werkzeuge" beschrieben. Die folgende Grafik zeigt als Übersicht die dort genannten Prinzipien und Methoden.

Gestaltungsprinzip	Methode
Standardisierung	5 S
	Prozessstandardisierung
Null-Fehler-Prinzip	5x Warum
	8D-Report
	A3-Methode
	Autonomation
	Ishikawa-Diagramm
	kurze Regelkreise
	Poka Yoke
	Six Sigma
	statistische Prozessregelung
	Werkerselbstkontrolle
Visuelles Management	Andon
	Shopfloor Management
Kontinuierlicher Verbesserungsprozess	Audit
	Benchmarking
	Cardboard Engineering
	Ideenmanagement
	PDCA
Mitarbeiterorientierung	Hancho
	Zielmanagement
Fließprinzip	First In First Out
	One Piece Flow
	Schnellrüsten
	Wertstromplanung
	U-Layout
Pull-Prinzip	Just In Time/Just In Sequence
	Kanban
	Milkrun
	Nivellierung
	Supermarkt
Vermeidung von Verschwendung	Chaku-Chaku
	Low Cost Automation
	Total Productive Maintenance
	Verschwendungsbewertung

Für eine erfolgreiche Einführung von Produktionssystemen haben sich aus der betrieblichen Praxis (nach Neuhaus 2008) die folgenden Schritte als sinnvoll herausgestellt:

- Analyse der vorhandenen Prozesse und Strukturierung durch Standardisierung
- Überprüfung der Effizienz der Prozesse durch Kennzahlen zur Produktivität und Qualität
- Kontinuierliche Verbesserung durch Abbau von Verschwendung
- Zuordnung von Verantwortlichkeiten der Anwendung und Umsetzung von Methoden und Instrumenten
- Nachhaltige Verankerung der Verbesserungslösung durch Kennzahlen, regelmäßige Überprüfungen und Standards
- Verdeutlichung der langfristigen Zielrichtung bei den Führungskräften
- Organisierte Regelkommunikation zur Abstimmung der Verbesserungsaktivitäten
- Optimierung der Prozesse im Hinblick auf den Einsatz von Personen, Materialien und Betriebsmitteln.

Aufbau des Industrial Engineerings

Seit einiger Zeit ist auch im deutschsprachigen Raum der Begriff „Industrial Engineering" zu einem eigenständigen Begriff geworden. Es gibt zwar keine einheitliche oder verbindliche Definition. Nach Analyse zahlreicher nationaler und internationaler Beschreibungen wird das Industrial Engineering im Folgenden so charakterisiert (Stowasser 2009):

- Das Industrial Engineering zielt auf eine hohe Produktivität der Führungs-, Kern- und Unterstützungsprozesse des Unternehmens ab.
- Um diese Zielsetzung zu erreichen und zum nachhaltigen Erfolg des Unternehmens beizutragen, werden Soll-Zustände und Standards der Prozesse durch das Industrial Engineering definiert und entwickelt.
- Dabei sorgt das Industrial Engineering für eine hohe Transparenz, um Abweichungen vom Standard zu erkennen und wirksame Gegenmaßnahmen zu ergreifen.
- Hierzu verwendet oder entwickelt das Industrial Engineering geeignete Methoden und Instrumente.
- Das Industrial Engineering bedient sich arbeitswissenschaftlicher, ingenieurwissenschaftlicher und betriebswirtschaftlicher Kenntnisse und Grundlagen.

Ein Vergleich zu früheren Interpretationen des Begriffs und eine Abgrenzung zum Begriff der Arbeits- und Zeitwirtschaft ist in der folgenden Abbildung zusammengestellt worden.

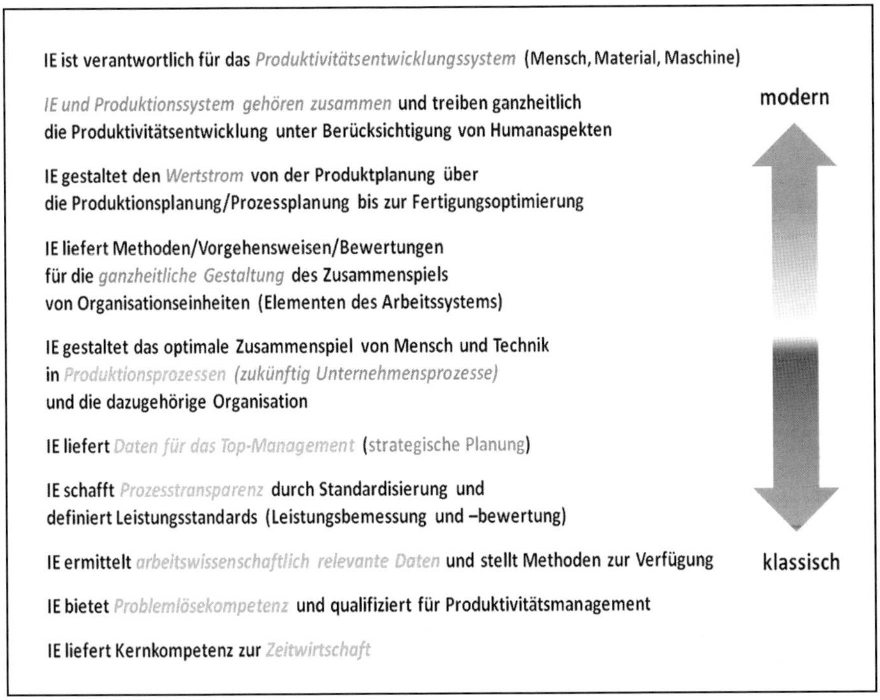

Das Industrial Engineering zielt auf eine hohe Produktivität aller Prozesse im Unternehmen ab. Es ist verantwortlich für die ganzheitliche, methodische Planung, Steuerung und Kontrolle der unternehmerischen Produktivitätsoptimierung unter Berücksichtigung von Mensch, Material und Maschine (Produktivitätsmanagement). Die Wirkungsbreite des Industrial Engineerings wird damit heute bzw. zukünftig im Vergleich zu früheren Zeiten größer.

Die Aufgabenfelder des Industrial Engineerings umfassen neben den klassischen Aufgaben der Arbeitsplanung, wie

- Maschinenprogrammierung,
- Arbeitsplanerstellung,
- Zeitwirtschaft,
- Vergütung,
- Stücklistenverarbeitung,
- Planungsvorbereitung,
- Kostenplanung und -steuerung,
- Qualitäts- und Prüfplanung,
- Materialplanung,
- Betriebsmittelplanung und
- Methodenplanung,

auch Planungs-, Gestaltungs- und Steuerungsaufgaben innerhalb der folgenden Bereiche:

- Prozessmanagement (Prozessplanung, -bewertung, -optimierung, -controlling)
- Qualitätsmanagement (Qualitätsplanung, -bewertung, -optimierung, -controlling)
- Veränderungs- und Verbesserungsmanagement (z. B. kontinuierlicher Verbesserungsprozess, betriebliches Verbesserungswesen)
- Arbeits-, Produktions- und Unternehmenssysteme
- Ergonomie (ergonomische Arbeitsplatzgestaltung und -bewertung)
- Logistik und Materialfluss (Logistikplanung, Supply Chain Management, Behältermanagement, innerbetriebliche Logistik)
- Produkt- und Technologiestrategieentwicklung
- Produktentstehung.

Aus der Vielfalt der Aufgaben wird deutlich, dass auch die im Bereich des Industrial Engineerings eingesetzten Methoden und Verfahren sehr vielfältig sind.

Die in den nächsten Kapiteln beschriebenen 30 Methoden stellen somit nur eine Auswahl der nach Ansicht des Herausgebers häufig angewendeten Methoden dar. Sie hat nicht den Anspruch vollständig zu sein.

Zur Methodenkompetenz des Industrial Engineerings zählen nach wie vor die Arbeits- und Zeitwirtschaft, die Entgeltgestaltung, die Gestaltung von Arbeitssystemen, Arbeitsorganisation, Arbeitszeitsystemen und Arbeitsplänen sowie die ergonomische Gestaltung von Arbeitsplätzen. Zukünftig werden diese klassischen Inhalte vor allem um die Themen ganzheitliche Wertstrom- und Prozessorganisation, methodische Rationalisierung und Gestaltung von Produktionssystemen erweitert. Ein weiterer wesentlicher Aspekt des zukünftigen Industrial Engineering ist die Befähigung und Sensibilisierung der Führungskräfte, um eine nachhaltige Etablierung von Lösungen und Prozessoptimierungen zu gewährleisten. Nur so kann die kontinuierliche Verbesserung der Produktivität im Unternehmen verankert werden. Neben der Methodenkompetenz wird von den Beschäftigten im Bereich des Industrial Engineerings aber auch System und Problemlösungskompetenz verlangt. Die Kompetenzen sollen wie in der folgenden Abbildung dargestellt zusammenwirken.

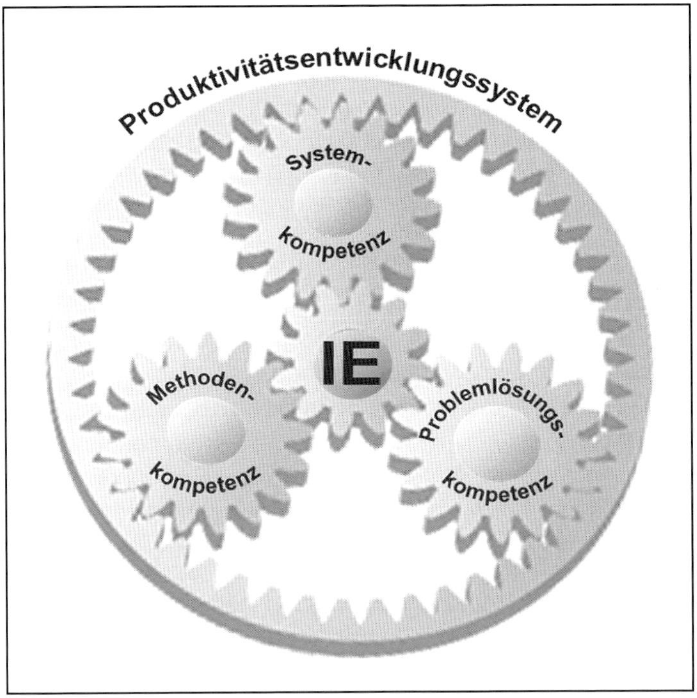

Die Systemkompetenz stellt in diesem Zusammenhang das Verständnis für den Gesamtfluss und die Einzelleistung auf Systemebene dar. Damit wird eine zielorientierte Ausrichtung von Prioritäten und Aktivitäten gewährleistet. Das heißt das Industrial Engineering verbindet die realitätsnahe Erfassung von Gesamtabläufen in der Produktion mit der Erfassung und Bewertung von Abweichungen vom Soll-Zustand in Form von „Streuungen" (z. B. bei Fertigungs- und Logistikprozessen) und leitet daraus schlüssige Handlungsfelder ab.

Moderne Ansätze des Industrial Engineerings beinhalten Methoden zur strategischen Planung und Realisierung von Produktionssystemen. Dazu gehört auch ein Prozesscontrolling. Somit wird die enge Verbindung von Industrial Engineering und Produktionssystemen deutlich. Mit der notwendigen Systemkompetenz wird die Produktivitätsentwicklung in den direkten, aber auch indirekten, administrativen Bereichen gemeinschaftlich vorangetrieben.

Grundlage für eine zielgerichtete und nachhaltige Problemlösung und Verbesserung (Problemlösungskompetenz) ist die klare Darstellung von Zielzuständen und die Visualisierung von Abweichungen vom gesetzten Standard. Dabei werden zur kontinuierlichen Verbesserung z. B. Vorgehensweisen wie der PDCA-Zyklus zugrunde gelegt. Durch die Erarbeitung, Dokumentation und Beteiligung an der Umsetzung der Verbesserungen trägt das IE zur systematischen Lösung von Problemen bei. Zusätzlich beinhaltet ein modernes Verständnis des Industrial Engineering auch die Qualifizierung und die Anleitung der Beschäftigten zur Problemlösung vor Ort.

Die Einbindung der Disziplin Industrial Engineering ist heutzutage in zahlreichen Unternehmen in eigenen funktionalen Einheiten organisiert, die sich häufig auch als „Industrial Engineering“ bezeichnen. Die organisatorische Gestaltung ist nicht einheitlich. Unternehmensspezifische Rahmenbedingungen, wie z. B. Branche, Technologiefelder, Markt- und Kundenstruktur, Unternehmensgröße, Unternehmensstrategie- und -ziele, Managementsysteme, Unternehmenskultur, Fertigungsstruktur (Einzel-, Klein- und Serienfertigung) bestimmen die jeweilige organisatorische Einbindung des Industrial Engineerings. Unterschiede sind z. B.:

- Aufbauorganisatorische Einbindung (Stab oder Linie, eigenständige disziplinarische und fachliche Einheiten, disziplinarisch in operativen Produktionseinheiten eingebunden u.a. Ausprägungen sind zu beobachten)
- Durchdringung in den Unternehmensebenen (IE in der Konzern-, Bereichs-, Werks-, Abteilungsebene)
- Aufgabenspektrum der IE-Organisationseinheit
- Gestaltung der Schnittstellen und Aufgabenzuordnung zu fachlich nahen Disziplinen (z.B. Logistik vs. IE; Lean-Management-Koordination vs. IE).

Standardmethoden und ihre Auswahl

Wie bereits erwähnt handelt es sich bei den hier aufgelisteten Methoden nur um eine Auswahl. Andere Autoren haben je nach Aufgabenstellung andere und zum Teil auch mehr Methoden beschrieben (vgl. Spath 2001, ifaa 2008, Ullmann 2009). Nach Auffassung des Herausgebers handelt es sich bei den beschriebenen 30 Methoden um diejenigen, die sowohl weit verbreitet sind als auch große Wirkung in vielen Anwendungsfällen gezeigt haben.

1. 5-A-Methode
2. ABC-XYZ-Analyse
3. Arbeitsstrukturierung
4. Balanced Scorecard
5. Fehlervermeidung
6. Fischgräten-Diagramm
7. KVP-Workshop
8. Multimomentaufnahme
9. Paarweiser Vergleich
10. Portfolio-Analyse
11. Produktionsgerechtes Konstruieren
12. Produktionsnivellierung/-glättung
13. Produktionssteuerungsmethoden
14. Prozessfähigkeitsanalyse
15. Qualifikationsmatrix
16. REFA-Arbeitsablaufanalyse
17. REFA-Arbeitssystemgestaltung
18. REFA-Planungssystematik
19. REFA-Standardarbeitsblatt
20. REFA-Zeitstudie
21. Rüstzeitminimierung
22. schlanke Liniengestaltung
23. Selbstaufschreibung
24. Six Sigma
25. SWOT-Analyse
26. Systeme vorbestimmter Zeiten
27. Total Productive Maintenance (TPM)
28. Vergleichen und Schätzen
29. Visualisierungstechniken
30. Wertstromanalyse und -design

Auf eine Definition, was eine „Methode" und was eher ein Prinzip oder eine Strategie ist, wurde bewusst verzichtet. Es wird vielmehr versucht aufzuzeigen, für welche

Fragestellung welche Methode (oder welches Prinzip) geeignet ist. Um diese Frage beantworten zu können, ist es notwendig die unterschiedlichen Problemstellungen zu unterscheiden:

1. **Alphabetische Suche**:
   Der Name einer Methode ist bekannt, nicht aber was darunter zu verstehen ist, welche Ergebnisse sie liefert und wie sie funktioniert.
2. **Zweckorientierte Suche**:
   Es werden Methoden und Prinzipien für eine *strategische Ausrichtung* des Unternehmens, für eine *Analyse* vorhandener Zustände und Identifikation von Verbesserungsmöglichkeiten oder zur optimalen *Gestaltung* von Prozessen und Abläufen gesucht.
3. **Suche nach Schlüsselzielen**:
   Zur Verbesserung oder Erreichung der Ziele bei den Faktoren *Kosten, Zeiten* oder *Qualität* werden geeignete Methoden gesucht.
4. **Ergebnisgerichtete Suche**:
   Das angestrebte Ziel (z.B. Materialbestandssenkung) ist aufgrund einer vorhergehenden Analyse bekannt, unbekannt ist die am besten passende Methode zur Realisierung des gewünschten Ergebnisses.
5. **Aufwandsgerichtete Suche**:
   Es werden Optimierungsmethoden gesucht, mit denen sich mit geringem Einsatz- und/oder Schulungsaufwand Verbesserungen erzielen lassen.
6. **Suche nach der Dauer der Ergebnisrealisierung**:
   Es werden Methoden gesucht, die kurz-, mittel- oder langfristig zu den gewünschten Ergebnissen führen.

1. Alphabetische Suche

Bezeichnung	Alternative Bezeichnung von	Seite
5 M	Fischgräten-Diagramm	82
5 S	5-A-Methode	47
5-A-Methode	——————————————>	47
6 M	Fischgräten-Diagramm	82
6-Stufen-Methode	REFA-Planungssystematik	174
7 M	Fischgräten-Diagramm	82
80/20-Regel	ABC-XYZ-Analyse	52
ABCD-Analyse	ABC-XYZ-Analyse	52
ABC-XYZ-Analyse	——————————————>	52
ABC-XYZ-Portfolio	ABC-XYZ-Analyse	52
Ablaufanalyse	REFA-Arbeitsablaufanalyse	162
Ablaufstudie	REFA-Arbeitsablaufanalyse	162
Arbeitsablaufanalyse	Wertstromanalyse und -design	268
Arbeitsfolgekarte	REFA-Standardarbeitsblatt	179
Arbeitsstrukturierung	——————————————>	61
Auftragsdurchlaufanalyse	REFA-Arbeitsablaufanalyse	162
Ausgewogener Berichtsbogen	Balanced Scorecard	69
Autonome Instandhaltung	Total Productive Maintenance (TPM)	248
Balanced Scorecard	——————————————>	69
BCG-Matrix	Portfolio-Analyse	109
BSC	Balanced Scorecard	69
Chancen-Risiko-Analyse	SWOT-Analyse	232
Design for Six Sigma	Six Sigma	222
Effektive Instandhaltung/Anlagenmanagement	Total Productive Maintenance (TPM)	248
Eigenbeobachtung	Selbstaufschreibung	214
Fachübergreifende Instandhaltung	Total Productive Maintenance (TPM)	248
Fehlerbaum-Diagramm	Fischgräten-Diagramm	82
Fehlervermeidung	——————————————>	77
Fertigungsgerechtes Konstruieren	Produktionsgerechtes Konstruieren	116
Fertigungssteuerungsmethoden	Produktionssteuerungsmethoden	134
Fischgräten-Diagramm	——————————————>	82
Ganzheitliche Anlagenbetreuung	Total Productive Maintenance (TPM)	248
Gruppenarbeit	Arbeitsstrukturierung	61
Heijunka	Produktionsnivellierung/-glättung	130
Ishikawa-Diagramm	Fischgräten-Diagramm	82
Job Enlargement	Arbeitsstrukturierung	61
Job Enrichment	Arbeitsstrukturierung	61
Job Rotation	Arbeitsstrukturierung	61
Kaizen	KVP-Workshop	86
Kontinuierlicher Verbesserungsprozess	KVP-Workshop	86
KVP	KVP-Workshop	86
KVP-Workshop	——————————————>	86
Levelling	Produktionsnivellierung/-glättung	130
Maschinenfähigkeitsanalyse	Prozessfähigkeitsanalyse	151
Maschinenfähigkeitsuntersuchung	Prozessfähigkeitsanalyse	151

2. Zweckorientierte Suche

	strategisch	analytisch	gestalterisch
Balanced Scorecard	x		
Produktionsgerechtes Konstruieren	x		
Produktionsnivellierung/-glättung	x		
schlanke Liniengestaltung	x		
Six Sigma	x		
Total Productive Maintenance (TPM)	x		
ABC-XYZ-Analyse		x	
Fischgräten-Diagramm		x	
Multimomentaufnahme		x	
Paarweiser Vergleich		x	
Portfolio-Analyse		x	
Prozessfähigkeitsanalyse		x	
REFA-Arbeitsablaufanalyse		x	
REFA-Zeitstudie		x	
Selbstaufschreibung		x	
SWOT-Analyse		x	
Vergleichen und Schätzen		x	
Wertstromanalyse und -design		x	
5-S-Methode			x
Arbeitsstrukturierung			x
Fehlervermeidung			x
KVP-Workshop			x
Produktionsnivellierung/-glättung			x
Produktionssteuerungsmethoden			x
Qualifikationsmatrix			x
REFA-Arbeitssystemgestaltung			x
REFA-Planungssystematik			x
REFA-Standardarbeitsblatt			x
Rüstzeitminimierung			x
schlanke Liniengestaltung			x
Six Sigma			x
Systeme vorbestimmter Zeiten			x
Total Productive Maintenance (TPM)			x
Visualisierungstechniken			x
Wertstromanalyse und -design			x

3. Suche nach Schlüsselzielen: Kosten

Bezeichnung	Kosten	Zeiten	Qualität
Produktionsgerechtes Konstruieren	●●●	●●●	●●●
REFA-Planungssystematik (früher: 6-Stufen-Methode)	●●●	●●●	●●●
Schlanke Liniengestaltung	●●●	●●●	●●
Produktionsnivellierung/-glättung	●●●	●●●	●
REFA-Standardarbeitsblatt	●●●	●●	●●●
Total Productive Maintenance (TPM)	●●●	●●	●●
Balanced Scorecard	●●●	●	●●●
Fehlervermeidung (Poka Yoke)	●●●	●	●●●
REFA-Arbeitssystemgestaltung	●●	●●●	●●●
REFA-Zeitstudie	●●	●●●	●●
Arbeitsstrukturierung	●●	●●●	●
Multimomentaufnahme	●●	●●●	●
Produktionssteuerungsmethoden	●●	●●●	●
REFA-Arbeitsablaufanalyse	●●	●●●	●
Rüstzeitminimierung	●●	●●●	●
Systeme vorbestimmter Zeiten	●●	●●●	●
Wertstromanalyse und -design	●●	●●●	●
5-A-Methode	●●	●●	●●
KVP-Workshop	●●	●●	●●
Selbstaufschreibung	●●	●●	●
Portfolio-Analyse	●●	●	●
Qualifikationsmatrix	●	●●	●●
Vergleichen und Schätzen	●	●●	●
Prozessfähigkeitsanalyse	●	●	●●●
Six Sigma	●	●	●●●
ABC-XYZ-Analyse	●	●	●
Fischgräten-Diagramm	●	●	●
Paarweiser Vergleich	●	●	●
SWOT-Analyse	●	●	●
Visualisierungstechniken	●	●	●

Starker Einfluss: ●●●
Mittlerer Einfluss: ●●
Geringer Einfluss: ●

Suche nach Schlüsselzielen: Zeiten

Bezeichnung	**Kosten**	**Zeiten**	**Qualität**
Produktionsgerechtes Konstruieren	●●●	●●●	●●●
REFA-Planungssystematik (früher: 6-Stufen-Methode)	●●●	●●●	●●●
REFA-Arbeitssystemgestaltung	●●	●●●	●●●
Schlanke Liniengestaltung	●●●	●●●	●●
REFA-Zeitstudie	●●	●●●	●●
Produktionsnivellierung/-glättung	●●●	●●●	●
Arbeitsstrukturierung	●●	●●●	●
Multimomentaufnahme	●●	●●●	●
Produktionssteuerungsmethoden	●●	●●●	●
REFA-Arbeitsablaufanalyse	●●	●●●	●
Rüstzeitminimierung	●●	●●●	●
Systeme vorbestimmter Zeiten	●●	●●●	●
Wertstromanalyse und -design	●●	●●●	●
REFA-Standardarbeitsblatt	●●●	●●	●●●
Total Productive Maintenance (TPM)	●●●	●●	●●
5-A-Methode	●●	●●	●●
KVP-Workshop	●●	●●	●●
Qualifikationsmatrix	●	●●	●●
Selbstaufschreibung	●●	●●	●
Vergleichen und Schätzen	●	●●	●
Balanced Scorecard	●●●	●	●●●
Fehlervermeidung (Poka Yoke)	●●●	●	●●●
Prozessfähigkeitsanalyse	●	●	●●●
Six Sigma	●	●	●●●
Portfolio-Analyse	●●	●	●
ABC-XYZ-Analyse	●	●	●
Fischgräten-Diagramm	●	●	●
Paarweiser Vergleich	●	●	●
SWOT-Analyse	●	●	●
Visualisierungstechniken	●	●	●

Starker Einfluss: ●●●
Mittlerer Einfluss: ●●
Geringer Einfluss: ●

Suche nach Schlüsselzielen: Qualität

Bezeichnung	**Kosten**	**Zeiten**	**Qualität**
Produktionsgerechtes Konstruieren	●●●	●●●	●●●
REFA-Planungssystematik (früher: 6-Stufen-Methode)	●●●	●●●	●●●
REFA-Arbeitssystemgestaltung	●●	●●●	●●●
REFA-Standardarbeitsblatt	●●●	●●	●●●
Balanced Scorecard	●●●	●	●●●
Fehlervermeidung (Poka Yoke)	●●●	●	●●●
Prozessfähigkeitsanalyse	●	●	●●●
Six Sigma	●	●	●●●
Schlanke Liniengestaltung	●●●	●●●	●●
REFA-Zeitstudie	●●	●●●	●●
Total Productive Maintenance (TPM)	●●●	●●	●●
5-A-Methode	●●	●●	●●
KVP-Workshop	●●	●●	●●
Qualifikationsmatrix	●	●●	●●
Produktionsnivellierung/-glättung	●●●	●●●	●
Arbeitsstrukturierung	●●	●●●	●
Multimomentaufnahme	●●	●●●	●
Produktionssteuerungsmethoden	●●	●●●	●
REFA-Arbeitsablaufanalyse	●●	●●●	●
Rüstzeitminimierung	●●	●●●	●
Systeme vorbestimmter Zeiten	●●	●●●	●
Wertstromanalyse und -design	●●	●●●	●
Selbstaufschreibung	●●	●●	●
Vergleichen und Schätzen	●	●●	●
Portfolio-Analyse	●●	●	●
ABC-XYZ-Analyse	●	●	●
Fischgräten-Diagramm	●	●	●
Paarweiser Vergleich	●	●	●
SWOT-Analyse	●	●	●
Visualisierungstechniken	●	●	●

Starker Einfluss: ●●●
Mittlerer Einfluss: ●●
Geringer Einfluss: ●

4. Ergebnisgerichtete Suche

	Methoden															
Ergebnisse	5-A-Methode	ABC-XYZ-Analyse	Arbeitsstrukturierung	Balanced Scorecard	Fehlervermeidung	Fischgräten-Diagramm	KVP-Workshop	Multimomentaufnahme	Paarweiser Vergleich	Portfolio-Analyse	Produktionsgerechtes Konstruieren	Produktionsnivellierung/-glättung	Produktionssteuerungsmethoden	Prozessfähigkeitsanalyse	Qualifikationsmatrix	REFA-Arbeitsablaufanalyse
Abweichung Soll-/Ist-Qualifikation															x	
Anteile Zeitarten								x								
Ausmaß Ablaufunterbrechungen																x
Bewertung alternativer Arbeitssysteme																
erfolgskritische Faktoren																
Erhöhung Anlagennutzung																
Erhöhung Arbeitsproduktivität			x													
Erhöhung Arbeitssicherheit	x						x									
Erhöhung Arbeitszufriedenheit			x													
Erhöhung Prozesssicherheit	x						x							x		
Erhöhung Qualität	x						x									
Erhöhung Transparenz der Abläufe	x		x													
Ermittlung Einflussgrößen						x										
Grundlage Strategieentwicklung																
Kennzahlen für Erfolgskontrolle																
kleinere Losgrößen												x				
Kosten-Nutzen-Vergleich																
Mehrmaschinenbedienung															x	
Mengen-Wert-Relationen		x														
nicht-wertschöpfende Ablaufabschnitte																x
Nutzungszeiten								x								
optimierte Produkte (fertigungstechnisch)											x					
optimierte Produkte (montagetechnisch)											x					
Priorisierung von Handlungsoptionen										x						
Prozessfähigkeitsindex														x		
Qualifikationsdefizite															x	
Rangfolge einzelner Elemente		x							x							
schnellere Reaktion auf Kundenwünsche												x				
Schwachstellenanalyse																

REFA-Arbeitssystemgestaltung	REFA-Planungssystematik	REFA-Standardarbeitsblatt	REFA-Zeitstudie	Rüstzeitminimierung	schlanke Liniengestaltung	Selbstaufschreibung	Six Sigma	SWOT-Analyse	Systeme vorbestimmter Zeiten	Total Productive Maintenance (TPM)	Vergleichen und Schätzen	Visualisierungstechniken	Wertstromanalyse und -design
						x							
						x							
x	x												
							x						
				x						x			
				x									
										x			
					x		x			x			
				x		x			x	x		x	x
									x				
								x					
x	x												
x	x												
					x								
						x			x				x
													x
								x					x

Ergebnisse	Methoden															
	5-A-Methode	ABC-XYZ-Analyse	Arbeitsstrukturierung	Balanced Scorecard	Fehlervermeidung	Fischgräten-Diagramm	KVP-Workshop	Multimomentaufnahme	Paarweiser Vergleich	Portfolio-Analyse	Produktionsgerechtes Konstruieren	Produktionsnivellierung/-glättung	Produktionssteuerungsmethoden	Prozessfähigkeitsanalyse	Qualifikationsmatrix	REFA-Arbeitsablaufanalyse
Sortierung von Objekten (zweidimensional)										x						
Stärkenanalyse																
Strukturierung von Problemursachen						x	x									
Vermeidung Fehlhandlungen					x											
Vermeidung Überproduktion													x			
Vermeidung von Fehlern					x											
Verringerung Aufwand Fehlerbeseitigung					x											
Verringerung Durchlaufzeiten																
Verringerung Einarbeitungsaufwand																
Verringerung Hilfsstoffbestand	x															
Verringerung Materialbestände													x			
Verringerung Monotonie			x				x									
Verringerung Produktionsfläche													x			
Verringerung Rüstzeiten	x															
Verringerung Schnittstellen			x													x
Verringerung Suchzeiten	x															
Verringerung Transportbehälter													x			
Verringerung Wegezeiten	x						x									
Verringerung Werkzeugbestand	x															
Visualisierung Abhängigkeiten						x										
Voraussetzung für standardisiertes Arbeite	x											x				
Wertanteile		x														
wertschöpfende Ablaufabschnitte																x
Zeitdaten für Planung und Kalkulation																
Zielgröße Finanzen				x												
Zielgröße Kunden				x												
Zielgröße Potenziale				x												
Zielgröße Prozesse				x												

REFA-Arbeitssystemgestaltung	REFA-Planungssystematik	REFA-Standardarbeitsblatt	REFA-Zeitstudie	Rüstzeitminimierung	schlanke Liniengestaltung	Selbstaufschreibung	Six Sigma	SWOT-Analyse	Systeme vorbestimmter Zeiten	Total Productive Maintenance (TPM)	Vergleichen und Schätzen	Visualisierungstechniken	Wertstromanalyse und -design
								X					
		X											
													X
					X								X
		X										X	
					X								X
					X								X
				X									
													X
												X	
									X				
													X
													X
						X			X				
			X			X			X		X		

5. Aufwandsgerichtete Suche

	Einsatzaufwand
5-A-Methode	gering
Fischgräten-Diagramm	gering
Paarweiser Vergleich	gering
Prozessfähigkeitsanalyse	gering
Selbstaufschreibung	gering
Vergleichen und Schätzen	gering
Visualisierungstechniken	gering
ABC-XYZ-Analyse	mittel
Fehlervermeidung	mittel
KVP-Workshop	mittel
Multimomentaufnahme	mittel
Portfolio-Analyse	mittel
Produktionsgerechtes Konstruieren	mittel
Produktionsnivellierung/-glättung	mittel
Qualifikationsmatrix	mittel
REFA-Arbeitsablaufanalyse	mittel
Rüstzeitminimierung	mittel
Systeme vorbestimmter Zeiten	mittel
Total Productive Maintenance (TPM)	mittel
Wertstromanalyse und -design	mittel
Arbeitsstrukturierung	hoch
Balanced Scorecard	hoch
Produktionssteuerungsmethoden	hoch
REFA-Arbeitssystemgestaltung	hoch
REFA-Planungssystematik	hoch
REFA-Standardarbeitsblatt	hoch
REFA-Zeitstudie	hoch
schlanke Liniengestaltung	hoch
Six Sigma	hoch
SWOT-Analyse	hoch

	Schulungsaufwand
5-A-Methode	gering
Fischgräten-Diagramm	gering
Paarweiser Vergleich	gering
Prozessfähigkeitsanalyse	gering
Selbstaufschreibung	gering
Vergleichen und Schätzen	gering
Visualisierungstechniken	gering
KVP-Workshop	gering
Qualifikationsmatrix	gering
REFA-Arbeitsablaufanalyse	gering
ABC-XYZ-Analyse	mittel
Fehlervermeidung	mittel
Multimomentaufnahme	mittel
Portfolio-Analyse	mittel
Produktionsgerechtes Konstruieren	mittel
Produktionsnivellierung/-glättung	mittel
Rüstzeitminimierung	mittel
Wertstromanalyse und -design	mittel
REFA-Standardarbeitsblatt	mittel
SWOT-Analyse	mittel
Systeme vorbestimmter Zeiten	hoch
Total Productive Maintenance (TPM)	hoch
Arbeitsstrukturierung	hoch
Balanced Scorecard	hoch
Produktionssteuerungsmethoden	hoch
REFA-Arbeitssystemgestaltung	hoch
REFA-Planungssystematik	hoch
REFA-Zeitstudie	hoch
schlanke Liniengestaltung	hoch
Six Sigma	hoch

6. Suche nach der Dauer der Ergebnisrealisierung

	Ergebnisrealisierung
ABC-XYZ-Analyse	kurzfristig
Fehlervermeidung	kurzfristig
Fischgräten-Diagramm	kurzfristig
KVP-Workshop	kurzfristig
Paarweiser Vergleich	kurzfristig
Prozessfähigkeitsanalyse	kurzfristig
Qualifikationsmatrix	kurzfristig
Selbstaufschreibung	kurzfristig
Vergleichen und Schätzen	kurzfristig
Visualisierungstechniken	kurzfristig
5-A-Methode	mittelfristig
Arbeitsstrukturierung	mittelfristig
Multimomentaufnahme	mittelfristig
Portfolio-Analyse	mittelfristig
Produktionsgerechtes Konstruieren	mittelfristig
REFA-Arbeitsablaufanalyse	mittelfristig
REFA-Arbeitssystemgestaltung	mittelfristig
REFA-Planungssystematik	mittelfristig
REFA-Standardarbeitsblatt	mittelfristig
REFA-Zeitstudie	mittelfristig
Rüstzeitminimierung	mittelfristig
Six Sigma	mittelfristig
Systeme vorbestimmter Zeiten	mittelfristig
Total Productive Maintenance (TPM)	mittelfristig
Balanced Scorecard	langfristig
Produktionsnivellierung/-glättung	langfristig
Produktionssteuerungsmethoden	langfristig
schlanke Liniengestaltung	langfristig
SWOT-Analyse	langfristig
Wertstromanalyse und -design	langfristig

Aufbau der standardisierten Beschreibung

Um eine bessere Vergleichbarkeit und eine schnellere Orientierung zu ermöglichen, wurden die Methoden alle nach dem gleichen Muster beschrieben. Aus anderen Zusammenstellungen von Methoden ist bekannt, dass sich diese Vorgehensweise bewährt hat.

Überschrift

Hier wurde jeweils die Bezeichnung gewählt, unter der die Methode nach Auffassung der Autoren am bekanntesten sein dürfte.

Alternative Bezeichnungen

Da häufig unterschiedliche Bezeichnungen für eine Methode existieren, wurden hier die auch gebräuchlichen alternativen Bezeichnungen aufgeführt. In der Liste der alphabetischen Suche sind diese alternativen Bezeichnungen auch aufgeführt und die in diesem Buch hauptsächliche Bezeichnung zugeordnet.

Ziel

Hier wird dargestellt, was mit dem Einsatz dieser Methode erreicht werden kann, für welche Fragestellungen und Zielrichtung die Methode geeignet ist. Damit soll eine erste Auswahl der Methode für die zu behandelnde Fragestellung erleichtert werden.

Weg

Einen ersten Überblick über die Vorgehensweise beim Einsatz der Methode liefern die Angaben an dieser Stelle. Damit wird auch deutlich, wie umfangreich sich der Einsatz der Methode gestalten wird.

Ergebnis

Bei der Entscheidung über den Einsatz einer Methode ist ausschlaggebend, welche Ergebnisse diese liefert. Sie sind an dieser Stelle aufgeführt. Um eine Auswahlhilfe zu bieten, wurden sie für die Methodensuche zu Oberbegriffen zusammengefasst (vgl. Auswahlliste auf den Seiten 34 bis 37).

	gering	mittel	hoch
Einsatzaufwand			
Schulungsaufwand			

Nach dieser Tabelle soll entschieden werden können, ob eine Methode unter Berücksichtigung der zeitlichen, personellen und finanziellen Ressourcen für einen Einsatz in Frage kommt. Die Einstufungen können nur einen groben Anhalt liefern und werden von unterschiedlichen Personen möglicherweise auch unterschiedlich ausfallen.

	kurzfristig	mittelfristig	langfristig
Dauer der Ergebnisrealisierung			

Mit diesen Angaben kann entschieden werden, ob für eine aktuelle Frage- und Problemstellung diese Methode in Betracht kommt. Insbesondere Methoden, die eher eine strategische Ausrichtung haben, werden vielfach erst über einen längeren Zeitraum betrachtet feststellbare Ergebnisse liefern. Unter dieser Perspektive sind sie aber durchaus sinnvoll.

Rahmenbedingungen für den erfolgreichen Einsatz

Nicht alle Methoden sind sofort und erfolgreich in einem Unternehmen einsetzbar. Generell gilt, dass eine Voraussetzung in dem Prinzip und der Anwendung geschultes Personal vorhanden sein muss. Darüber hinaus erforderliche Bedingungen wie z.B. geeignete Datenbasis oder eine entsprechende Unternehmenskultur sind hier beschrieben.

Einzelschritte der Methode

Prinzip:
Mit wenigen Sätzen wird beschrieben, wie und wodurch die Methode ihre Wirkung entfaltet.

Vorgehensweise:
So unterschiedlich die Methoden hinsichtlich Zielrichtung, Ergebnis und Aufwand sind, lassen sie sich doch alle in einer Abfolge von nacheinander zu bearbeitenden Schritten beschreiben. Die Anzahl ist sehr unterschiedlich und im Einzelfall werden einzelne Schritte mehrfach durchlaufen.

Anwendungsbeispiel:

Zur Verdeutlichung der Methodenbeschreibung wird an dieser Stelle jeweils ein betriebliches Beispiel für die Anwendung und die Ergebnisse präsentiert. Die Beispiele sind vom Umfang her sehr unterschiedlich. Im Einzelfall können sie als „Good Practice" verstanden werden, auch wenn sie nicht so bezeichnet sind. Es geht nicht darum, die beschriebenen Beispiele zu kopieren, sondern es soll deutlich gemacht werden, wie im Einzelfall die Methode ihre Wirkung erzielt hat und welche Bedingungen für den Erfolg maßgeblich waren.

Hilfsmittel:

Soweit die Methode auf Tabellen, Checklisten, Schemata oder ähnlichem basiert, wurden diese hier als Kopiervorlagen abgebildet.

Literaturhinweise:

Für interessierte Leser und zur Vertiefung sind hier Buch- und Zeitschriftenveröffentlichungen aufgelistet. Sie sind in den meisten Fällen über den Buchhandel oder über Fachbibliotheken zu beziehen. Es handelt sich auch hier jeweils nur um eine Auswahl, da die Fülle der Publikationen zu einzelnen Themen sehr umfangreich ist. Auf die Erstellung eines Gesamt-Literaturverzeichnisses wurde verzichtet, da dann die Zuordnung der Literatur zu den einzelnen Methoden verloren gegangen wäre.

Literaturhinweise

(zu den vorangegangenen Abschnitten)

Fischer, F.; Neuhaus, R.: Produktivitätssteigerung im Büro – das Konzept „Office Excellence“. In: angewandte Arbeitswissenschaft Nr. 189 (September 2006), S. 55 – 74

Gabler Wirtschaftslexikon. Wiesbaden: Betriebswirtschaftlicher Verlag Dr. Th. Gabler, 2000

Institut für angewandte Arbeitswissenschaft (Hrsg.): Methodensammlung zur Unternehmensprozessoptimierung. Köln: Wirtschaftsverlag Bachem, 2008

Institut für angewandte Arbeitswissenschaft (Hrsg.): Produktivität steigern – erfolgreich mit Industrial Engineering. Düsseldorf, 2010

Malik, F.: Die sechs Schlüsselgrößen des Unternehmenserfolgs. http://www.manager-magazin.de/unternehmen/karriere/0,2828,336518,00.html zuletzt aufgerufen: 19.7.2011

Monden, Y.: Toyota Production System. Industrial Engineering and Management Press, Institute of Industrial Engineers, 1983

Neuhaus, R.: Produktionssysteme: Aufbau – Umsetzung – Missverständnisse. In: Institut für angewandte Arbeitswissenschaft (Hrsg.): Produktionssysteme – Aufbau – Umsetzung – betriebliche Lösungen. Köln: Wirtschaftsverlag Bachem, 2008

Neuhaus, R.: Evaluation und Benchmarking der Umsetzung von Produktionssystemen in Deutschland. Norderstedt: Books on Demand, 2010

Nübel, H. und Wette, O.: Infineon Technologies AG. In: Institut für angewandte Arbeitswissenschaft (Hrsg.): Abläufe verbessern - Betriebserfolge garantieren. Köln: Wirtschaftsverlag Bachem, 2008

Ohno, T.: Das Toyota-Produktionssystem. Frankfurt, New York: Campus, 1993

Sauter, M.; von Killisch-Horn, G.: Produktivitätsmanagement in einer variantenreichen Fertigung. in: angewandte Arbeitswissenschaft Nr. 204 (Juni 2010), S. 35 – 85

Spath, D.; Dill, C.; Scharer, M.: Vom Markt zum Markt: Produktentstehung als zyklischer Prozess. Stuttgart: LOG_X, 2001

Stowasser, S.: Produktivität und Industrial Engineering. In: Produktivität und Betrieb, Hrsg.: Landau, K. Stuttgart: Ergonomia, 2009

Takeda, H.: Das synchrone Produktionssystem. Landsberg: Redline Wirtschaft bei Verlag Moderne Industrie, 2002

Ullmann, G.: Ganzheitliche Produktionssysteme: IPH-Methodensammlung. Hannover: Institut für Integrierte Produktion Hannover gemeinnützige GmbH, 2009 http://www.iph-hannover.de/sites/default/files/IPH-Methodensammlung_web.pdf, zuletzt aufgerufen: 21.7.2011

Womack, J.; Jones, D.; Roos, D.: Die zweite Revolution in der Autoindustrie. Frankfurt: Campus, 1991

Beschreibung von 30 Standardmethoden des Industrial Engineerings

5-A-Methode

Alternative Bezeichnungen

5 S, Ordnung und Sauberkeit, Rote-Karte-Aktion, SOS (Sicherheit – Ordnung – Sauberkeit)

Ziel

Schaffung von Übersicht und Ordnung , um z. B. Rüstzeiten zu reduzieren und Suchzeiten zu vermeiden. Die Methodik kann branchenübergreifend in allen Bereichen eines Unternehmens wie Produktion, Büro usw. angewendet werden.

Weg

Wiederholtes Abarbeiten einer in fünf Schritten systematisierten Folge, die

- **A**ussortieren,
- **A**ufräumen,
- **A**rbeitsplatz sauber halten,
- **A**nordnung zur Regel machen und
- **A**lle Schritte wiederholen

beinhaltet.

Ergebnisse

- Reduzierung von Such-, Rüst- und Wegezeiten,
- Reduzierung des Werkzeug- und Hilfsstoffbestandes,
- Steigerung des Verantwortungsbewusstseins und der Disziplin der Mitarbeiter und Führungskräfte,
- erhöhte Transparenz der betrieblichen Abläufe,
- Erhöhen der Arbeits- und Prozesssicherheit,
- Qualitätssteigerung durch Fehlervermeidung,
- Basis für vorbeugende Instandhaltung und Methoden wie z. B. Total Productive Maintenance und **Rüstzeitminimierung**

	gering	mittel	hoch
Einsatzaufwand	X		
Schulungsaufwand	X		

	kurzfristig	mittelfristig	langfristig
Dauer der Ergebnisrealisierung		X	

Rahmenbedingungen für den erfolgreichen Einsatz

Um die 5-A-Methode wirkungsvoll umsetzen zu können, muss dem Unternehmen klar sein, dass die Durchführung von 5-A-Workshops zwar verhältnismäßig einfach ist. Die stabile Implementierung erfordert aber insbesondere disziplinierte Führungskräfte und Mitarbeiter, die die geschaffenen neuen Standards in der Arbeitsplatzgestaltung stabilisieren und deren Einhaltung konsequent einfordern. Auf diese Weise kann 5A zu einem geordneten Grundzustand in einem abgegrenzten Verantwortungsbereich der Führungskraft, des Mitarbeiters oder des Teams (Arbeitsplätze, Produktionsanlagen und Hilfsmittel) führen.

5A ist daher mehr als nur Arbeitsplätze aufzuräumen und diese in einem sauberen Zustand zu halten. Es ist vielmehr eine Geisteshaltung. Die Methode ist die Grundlage für die Einführung von Standardisierung und **Visualisierung** (bzw. visuelles Management), die eng mit dem Thema „5A“ verknüpft sind.

Einzelschritte der Methode

Prinzip:

Die 5A sind Merkhilfe für die fünf Schritte Aussortieren, Aufräumen, Arbeitsplatz sauber halten, Anordnung zur Regel machen und Alle Schritte wiederholt durchlaufen, die zu einem geordneten Grundzustand in einem abgegrenzten Verantwortungsbereich des Mitarbeiters oder Teams (Arbeitsplätze, Produktionsanlagen und Hilfsmittel) führen. Die Methode stammt aus Japan und heißt dort „5 S“ und steht für Seiri (Aufräumen), Seiton (Ordnen), Seiso (Reinigung), Seiketsu (Sauberkeit) und Shitsuke (Disziplin). In Deutschland wurde „5 S“ in „5A“ übersetzt.

Vorgehensweise:

Schritt 1 **A**ussortieren der nicht benötigten Gegenstände

Der erste Schritt beinhaltet die Trennung verwendeter von überflüssigen Gegenständen im Arbeitsbereich. Als sinnvolles Hilfsmittel dazu hat sich die „Rote Karte“ oder „Red Tag“ oder die Verwendung von Klebepunkten (rot, gelb, grün) erwiesen. Diese bspw. als Klebezettel oder Klebepunkt ausgeführte Markierung wird auf alle Gegenstände geklebt, bei denen Unsicherheit über die tatsächliche Nutzungshäufigkeit besteht:

Rot: wird nicht benötigt und wird sofort entfernt,

Gelb: Klärungsbedarf,

Grün: weiterhin am Arbeitsplatz erforderlich. (Der Einsatz grüner Punkte muss nicht zwingend erforderlich sein.)

Nach der Identifizierung wird in einem gemeinsamen Gespräch entschieden, ob der Gegenstand tatsächlich entfernt werden kann (roter Punkt) oder weiterhin erforderlich ist (grüner Punkt).

Ist keine unmittelbare Klärung möglich, werden diese gelb markierten Gegenstände für einen bestimmten Zeitraum an einem gesonderten Ort im Arbeitsbereich aufbewahrt. Erfolgt während dieser Zeit kein Zugriff auf die Gegenstände, sind sie für den Arbeitsbereich überflüssig und werden umgehend entfernt. Hinweise für Überflüssigkeit sind beispielsweise:

- Dopplungen (Werkzeuge, Lappen, Hilfsstoffe),
- unbrauchbare (zu stark verschlissene) Werkzeuge,
- verschmutzte Kisten oder Aufbewahrungsbehälter,
- übermäßig stark gefüllte Aktenordner.

Schritt 2 **A**ufräumen der benötigten Gegenstände

Herstellung einer Grundordnung im Arbeitsbereich. Es gilt häufig benutzte von seltener benutzten Gegenständen zu trennen. Hilfreich ist eine Klassifizierung, z. B. in

- ständig,
- stündlich,
- täglich,
- wöchentlich,
- monatlich

genutzte Gegenstände, um den Anordnungsbereich festzulegen.

Bei der (Neu-) Anordnung der Gegenstände im Arbeitsbereich sind gesetzliche Rahmenbedingungen einzuhalten und ggf. Experten zurate zu ziehen.

Schritt 3 **A**rbeitsplatz sauber halten

Grundreinigung durchführen, Reinigungszyklen festlegen und dokumentieren (z. B. in Checkliste Schichtübergabe)

Schritt 4 **A**nordnung zur Regel machen

Das Ergebnis der 5-A-Methode in geeigneter Weise dokumentieren (z. B. mittels Foto/Skizze als Bestandteil des **Standardarbeitsblattes** bzw. Stationsblattes)

Schritt 5 **A**lle Schritte wiederholt durchlaufen und verbessern

Abschließend sind Zyklen – besser Ereignisse – zu definieren, bei denen die Methode wieder vollständig zu durchlaufen ist.

Anwendungsbeispiel

Das Bild zeigt das erste Ergebnis einer auf Reinigungswerkzeuge in einem Fertigungsbereich angewendeten 5-A-Methode.

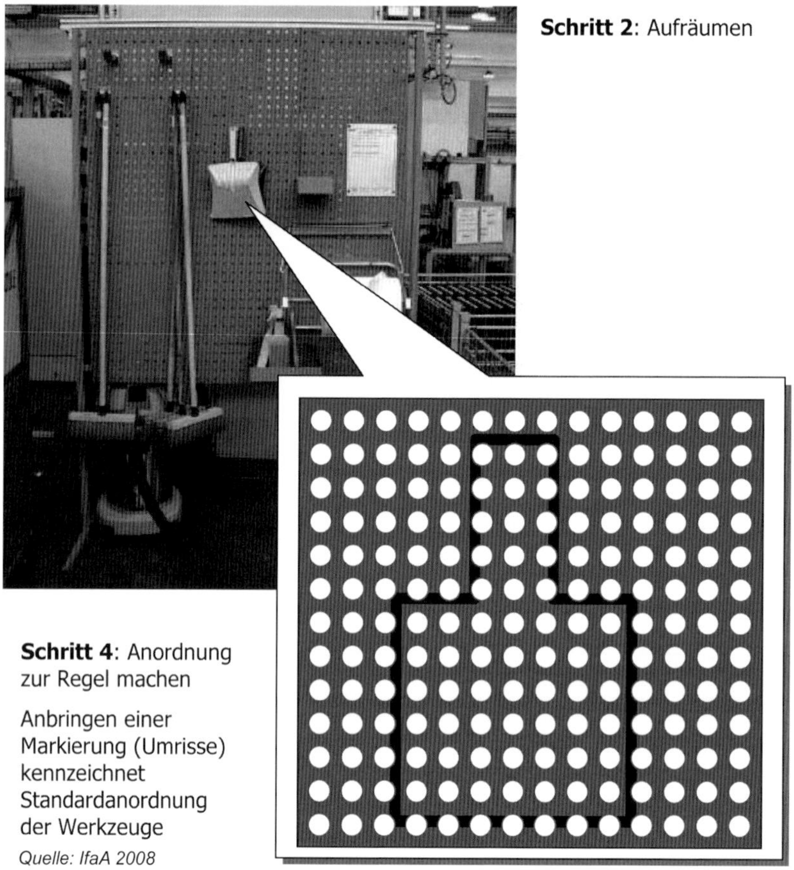

Schritt 2: Aufräumen

Schritt 4: Anordnung zur Regel machen

Anbringen einer Markierung (Umrisse) kennzeichnet Standardanordnung der Werkzeuge

Quelle: IfaA 2008

Um den Anfangseffekt nachhaltig zu standardisieren, reicht eine einfache Markierung der Umrisse der angeordneten Gegenstände (Schritt 4: Anordnung zur Regel machen). Jedes Werkzeug und jedes Hilfsmittel hat damit „seinen“ unverwechselbaren Platz, der Zustand der Werkzeuge oder ein Fehlen ist sofort erkennbar.

Hilfsmittel

- Red Tag (Rote Karte), um auszusortierende Dinge am Arbeitsplatz und im Arbeitsbereich kenntlich zu machen
- Visualisierungstechniken
- Arbeitsunterweisung
- sieben Arten der Verschwendung
- Spaghetti-Diagramme
- Stationsblatt

Literaturhinweise

Brunner, F. J.: Japanische Erfolgskonzepte. Müchen; Wien: Hanser, 2011

Hein-Bitzer, B.; Neuhaus, R.; Zink, W.: Einfach aber konsequent. Einführung eines Produktionssystems bei der Ott + Heugel GmbH. In: Industrial Engineering, Heft 3 (2010), S. 24-26

IfaA – Institut für angewandte Arbeitswissenschaft (Hrsg.): Methodensammlung zur Unternehmensprozessoptimierung. Köln: Wirtschaftsverlag Bachem, 2008

Syska, A.: Produktionsmanagement. Wiesbaden: Gabler, 2006

ABC-XYZ-Analyse

Alternative Bezeichnungen

ABC-XYZ-Portfolio, ABCD-Analyse, Pareto-Analyse, 80/20-Regel

Ziel

Die ABC-Analyse dient primär zur Ordnung, Darstellung und Analyse von Daten. Es werden Daten klassifiziert, um wesentliche von weniger wesentlichen Sachverhalten zu unterscheiden.

Weg

- Festlegen von Kriterien zur Bildung von Klassen (A, B, C / X, Y, Z)
- Zuordnen der Objekte zu den Klassen
- Ordnen der Klassen untereinander (kumuliert) oder grafisch (Lorenzkurve)

Ergebnisse

- Mengen-Wert-Relationen
- Wertanteile
- Bedeutung und Rangfolge einzelner Elemente
- Quantifizierung von Aufgaben oder Sachverhalten

	gering	mittel	hoch
Einsatzaufwand		X	
Schulungsaufwand		X	

	kurzfristig	mittelfristig	langfristig
Dauer der Ergebnisrealisierung	X		

Rahmenbedingungen für den erfolgreichen Einsatz

Es müssen geeignete Kriterien zur Bewertung der Elemente vorliegen. Zur Bildung von Klassen müssen aussagefähige Grenzen für eine differenzierte Klassifizierung bestimmt werden. Der betrachtete Analysezeitraum muss für alle Mengen- und Verbrauchseinheiten eingehalten werden. Die vorhandenen Daten müssen hinreichend, valide und verlässlich hinsichtlich Menge und Qualität sein.

Einzelschritte der Methode

Prinzip:

Mithilfe der ABC-XYZ-Analyse kann eine große Anzahl von Daten (bspw. Erzeugnisse oder Prozesse) anhand vorgegebener Kriterien (z. B. Umsatz, Gewinn, Einkaufspreis, Jahresverbrauch, Produktionsbedarf) in unterschiedliche Klassen (ABC/XYZ) unterteilt werden. Dabei besteht die Möglichkeit, diese Klassen entweder getrennt voneinander zu analysieren (bspw. eine reine ABC-Analyse) oder aber kombiniert in Form einer Matrix zu kategorisieren. Dieses muss auf einer gepflegten und aktuellen Datenbasis basieren und auf Datenanalysen aufbauende Optimierungsmaßnahmen hervorbringen.

In der Kombination der ABC-XYZ-Analyse haben die Kategorien/Klassen üblicherweise folgende Bedeutung:

- Klasse A – hohe Bedeutung (wichtig, hochwertig, umsatzstark)
  Diese Klasse umfasst eine relativ geringe Anzahl von Elementen, die einen hohen Anteil am Gesamtergebnis einnehmen. Ca. 10 Prozent der Teile sind für ca. 60 bis 85 Prozent der Kennzahl (Umsatz, Volumen, ...) verantwortlich. So stellen in vielen Unternehmen bspw. 10 bis 20 Prozent der Artikel einen Anteil von 60 bis 80 Prozent am gesamten Bestandswert dar.
- Klasse B – normale, durchschnittliche/mittlere Bedeutung (mittelwichtig, mittelwertig, mittlere Umsätze)
  Die Elemente dieser Gruppe haben üblicherweise 15 bis 25 Prozent Anteil am Bestandswert.
- Klasse C – geringe Bedeutung (weniger wichtig, niederwertig, umsatzschwach)
  Eine relativ große Zahl von Elementen hat nur einen geringen Anteil am Gesamtergebnis. So tragen in vielen Fällen ca. 50 bis 75 Prozent der Artikel nur zu 5 bis 10 Prozent zum Bestandswert in Unternehmen bei.
- Klasse D – nicht aktive Artikel
  Bei der Analyse von Bestandsdaten lassen sich meist auch Artikel identifizieren, für die kein Bestand oder keine Bestandsveränderung registriert wurde. Diese werden als eigenständiges D- oder als Teil des C-Segmentes ausgewiesen.

Bei der Klassifikation anhand der zeitlichen Verteilung der anfallenden Bedarfe wird zwischen X-, Y- und Z-Teilen unterschieden:

- X-Teile
  konstanter Verbrauch, nur gelegentlich Schwankungen, hohe Vorhersagegenauigkeit. Langfristig planbar und kein Bestandsrisiko.
- Y-Teile
  mäßige Verbrauchsschwankungen, mittlere Vorhersagegenauigkeit, jedoch muss mit Bedarfsschwankungen gerechnet werden.

- Z-Teile
  unregelmäßiger Verbrauch, niedrige Vorhersagegenauigkeit. Auftragsbezogene Beschaffung sinnvoll.

Durch die Kombination der sechs Klassen in Matrixform lässt sich bspw. eine Aussage über die zu wählende Materialsteuerungsart in einer Fertigung treffen (vgl. auch **Methode Produktionssteuerungsverfahren**). Eine solche Matrix ist exemplarisch in Bild 1 dargestellt.

Bedarfsverlauf \ Wertigkeit	A	B	C
X	hoher Verbrauchswert hohe Vorhersagegenauigkeit stetiger Verbrauch	mittlerer Verbrauchswert hohe Vorhersagegenauigkeit stetiger Verbrauch	niedriger Verbrauchswert hohe Vorhersagegenauigkeit stetiger Verbrauch
Y	hoher Verbrauchswert mittlere Vorhersagegenauikeit halbstetiger Wert	mittlerer Verbrauchswert mittlere Vorhersagegenauikeit halbstetiger Wert	niedriger Verbrauchswert mittlere Vorhersagegenauikeit halbstetiger Wert
Z	hoher Verbrauchswert niedrige Vorhersagegenauikeit stockastischer Verbrauch	mittlerer Verbrauchswert niedrige Vorhersagegenauikeit stockastischer Verbrauch	niedriger Verbrauchswert niedrige Vorhersagegenauikeit stockastischer Verbrauch

Bild 1: Klassifizierung nach Wertigkeit und Bedarfsverlauf von Material (vgl. Schulte 2001)

Das ABC-/XYZ-Portfolio erläutert demnach die Interpretation der einzelnen Klassifizierungen. Eine Variante des Typs AX z. B. besitzt einen hohen Wertanteil am Gesamtumsatz, zeigt einen konstanten Bedarf und die Vorhersagen des Kunden weisen eine hohe Wahrscheinlichkeit auf. So kann mithilfe der ABC-XYZ-Analyse teilebezogen ein geeignetes Dispositionsverfahren bestimmt oder bspw. die Eignung von Material zur Steuerung nach dem Pull-Prinzip (Vergleich **Methode Produktionssteuerungsverfahren**) oder eine produktionssynchrone Beschaffung bewertet werden.

Vorgehensweise:

Schritt 1 Festlegung der zu untersuchenden Merkmale, Objekte und Einsatzfelder

Schritt 2 Gliederung in Klassen festlegen und Anteile der Klassen ermitteln, z. B. die prozentualen Mengenanteile der Untersuchungsobjekte an der Gesamtverbrauchsmenge der Periode

Schritt 3 Klassen nach Rangfolge, also die Untersuchungsobjekte in wert- oder mengenmäßig absteigender Reihenfolge ordnen. Die Klasse mit dem größten Prozentanteil erhält den Rangplatz Nr. 1, die mit dem zweitgrößten Anteil den Rangplatz Nr. 2 usw.

Schritt 4 Einzelwerte/Verbrauchseinheiten kumulieren. Danach den prozentualen Wertanteil der Einzelpositionen am kumulativen Gesamtwert bestimmen und die Untersuchungsobjekte nach ihrem wertmäßigen Anteil (in Prozent) sortieren. Diesen den mengenmäßigen Anteil (in Prozent, aus Schritt 3) gegenüberstellen.

Schritt 5 ABC-Gruppen festlegen in Abhängigkeit des Anteiles an der Gesamtzahl. Addieren der Prozentzahlen, z. B.

bis 75 % der Gesamtkosten	→	A-Teile
die nächsten 15 %	→	B-Teile
die nächsten 10 %	→	C-Teile

Schritt 6 Ergebnis tabellarisch/grafisch darstellen. Nachdem in tabellarischer Form das Ergebnis festgehalten wurde, erfolgt die grafische Aufbereitung der Analysedaten mithilfe der Summenkurve (Lorenz-Kurve oder Pareto-Kurve).

Schritt 7 Daten interpretieren und Schlüsse ziehen

Um mithilfe der XYZ-Analyse beurteilen zu können, ob der Verbrauch eines Artikels im Betrachtungszeitraum konstant war bzw. der zukünftige Bedarf konstant sein wird, existieren verschieden Vorgehensweisen, um die Zuordnung zu einer Klassifikation vorzunehmen:

- Erfahrungen aus der Vergangenheit,
- Ergebnisse von Stücklistenauflösungen und
- Ermittlung von Variations- bzw. Schwankungskoeffizienten.

Bei der Ermittlung von Variations- bzw. Schwankungskoeffizienten ist zu beachten, dass die Wahl der Periodenlänge erhebliche Auswirkungen auf die Höhe des Variationskoeffizienten hat. Die richtige Periodenlänge hängt von der Länge der Dispositionsperioden und weiteren Parametern (Wiederbeschaffungszeiten/Soll-Lieferzeiten, ...) ab.

Die Standard-XYZ-Analyse misst Verbrauchsschwankungen mittels Berechnung des Variationskoeffizienten:

$$\text{Variationskoeffizient} = \frac{\text{Standardabweich. [ME]}}{\text{Mittelwert [ME]}}$$

Dabei erfolgt die XYZ-Analyse in vier Schritten:

1. Schritt:
   Aufstellung der Untersuchungsobjekte;
2. Schritt:
   Ermittlung der Variationskoeffizienten für jedes Untersuchungsobjekt;
3. Schritt:
   Sortierung der Produkte nach aufsteigendem Variationskoeffizienten;
4. Schritt:
   Grafische Darstellung, unterteilt in X-, Y- und Z- Bereiche (siehe Bild 2).

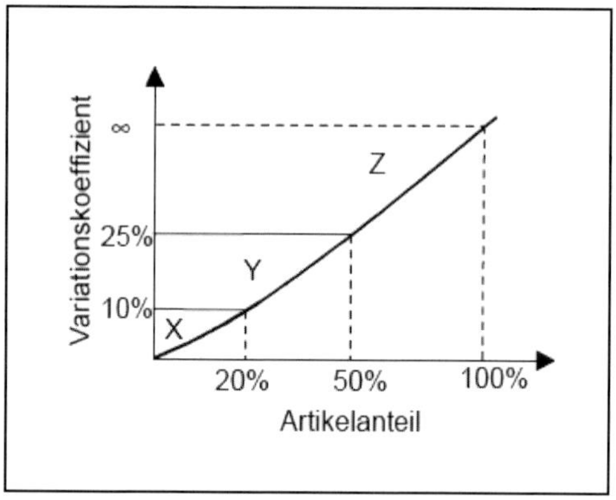

Bild 2: Ergebnis XYZ-Analyse

In einem letzten Schritt können dann die Ergebnisse der Analysen zusammengefasst und in einem Portfolio wie in Bild 3 gezeigt visualisiert werden.

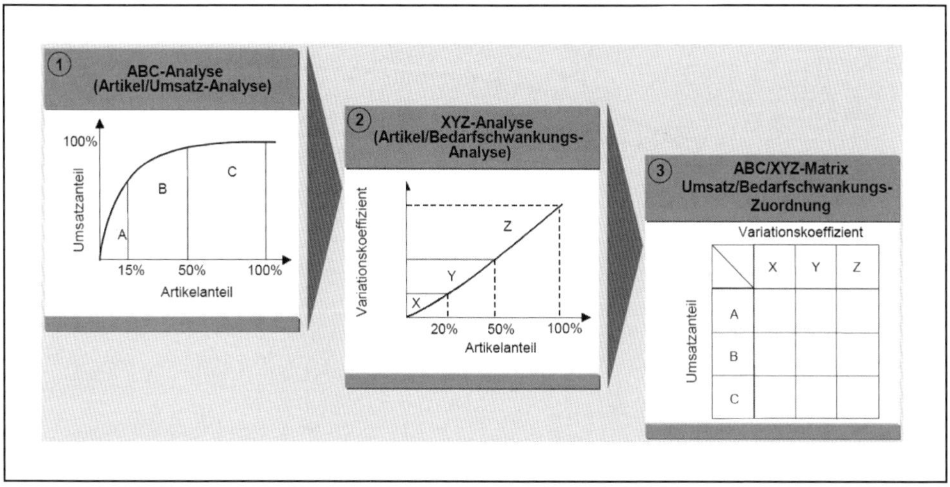

Bild 3: Vorgehensschritte ABC-XYZ-Analyse (vgl. fir 2003)

Anwendungsbeispiel

Benötigte Materialien werden aufgrund der Verbrauchswerte nach ihrem Mengen-Wert-Verhältnis in die Klassen A, B, C gegliedert. So enthält Klasse A Materialien mit geringem Mengen-, aber hohem Wertanteil (wichtig/hochwertig/umsatzstark), Klasse B solche mit verhältnismäßig ausgeglichenem Mengen-Wert-Anteil (mittelwichtig/ mittelwertig/mittlere Umsatzstärke), Klasse C Materialien mit hohem Mengen-, aber geringem Wertanteil (weniger wichtig/niedrigwichtig/umsatzschwach). Aufwendige Materialbereitstellungsverfahren wie eine einsatzsynchrone Anlieferung werden für Materialien der A-Klasse eingesetzt. Deren Lagerbestand wird damit niedrig gehalten. Gleichartige Überlegungen sind auch für die Lieferantenpolitik anzustellen. A-Lieferanten sind dann grundsätzlich anders als C-Lieferanten zu behandeln.

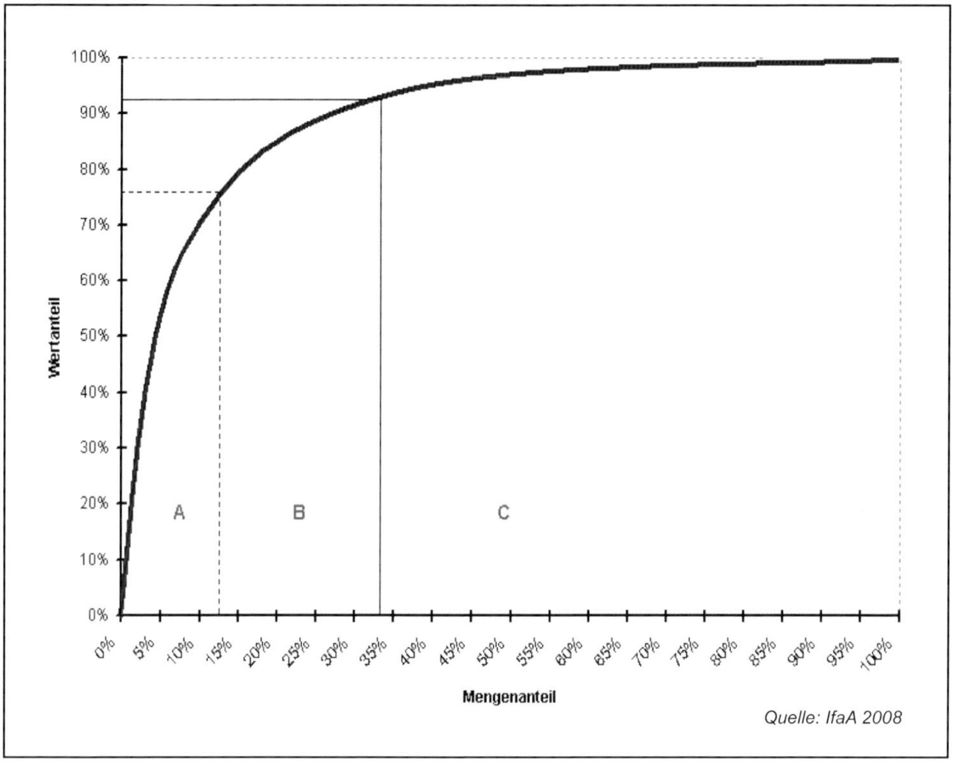

Bild 4: Mengen- und Wertanteile der Teile

Darüber hinaus stellt man stets fest, dass ein mengenmäßig kleiner Teil einen sehr hohen Wertanteil besitzt (Klasse A). Dies wird oft mit der 80/20-Regel (auch „Pareto-Prinzip“ genannt) in Verbindung gebracht; also stark vereinfacht gesagt: „Um 80 % Ertrag zu erzielen, ist (nur) 20 % Aufwand nötig.“

Hilfsmittel

ABC-Auswertung	Datum:	Bearbeiter:
Ablauf/Gliederung:		

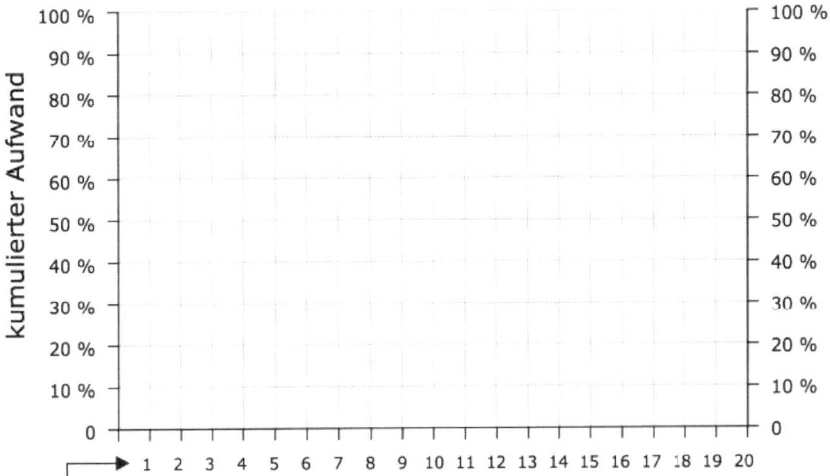

Rang	**Aufgaben/Teilaufgaben**				
	Ord.-Nr.	Bezeichnung	Zeitanteil [%]	Kum. Zeitanteil	Gruppe
1					
2					
3					
4					
5					
6					
7					
8					
9					
10					
11					
12					
13					
14					
15					
16					
17					
18					
19					
20					

Quelle: REFA 2005

Literaturhinweise

Aggteleky, B.: Fabrikplanung Bd. 2: Betriebsanalyse und Feasability-Studie. München: Hanser, 1982

Bokranz, R.; Kasten L.: Organisations-Management in Dienstleistung und Verwaltung. Wiesbaden: Gabler, 1999

Forschungsinstitut für Rationalisierung: Methoden zum inner- und überbetrieblichen Bestandsmanagement. Planungsmethoden – Grundlagen und Einsatzmöglichkeiten (Präsentation), 2003

IfaA – Institut für angewandte Arbeitswissenschaft (Hrsg.): Methodensammlung zur Unternehmensprozessoptimierung. Köln: Wirtschaftsverlag Bachem, 2008

Schulte, G.: Material- und Logistikmanagement; 2., wesentlich erw. und verb. Auflage. München, Wien: Oldenbourg, 2001

Spath, D.; Dill, C.; Scharer, Michael: Vom Markt zum Markt: Produktentstehung als zyklischer Prozess. Stuttgart: LOG_X, 2001

REFA (Hrsg.): Standard-Methoden des Organisierens für Verwaltung und Dienstleistung. München: Hanser, 2005

REFA (Hrsg.): REFA-Methodenlehre der Betriebsorganisation. Datenermittlung. München: Hanser, 1997

REFA (Hrsg.): REFA-Methodenlehre der Betriebsorganisation. Planung und Steuerung Teil 2. München: Hanser, 1991

REFA (Hrsg.): REFA-Methodenlehre der Planung und Steuerung Bd. 5. München: Hanser, 1985

Wiendahl, H.-P.: Betriebsorganisation für Ingenieure. München: Hanser, 1997

Wildemann, H.: Behältersysteme. München: TCW-Transfer-Centrum GmbH, 1995

Arbeitsstrukturierung

Alternative Bezeichnungen

Arbeitsorganisation wie z. B.: Job Enlargement, Job Enrichment, Job Rotation (Gruppenarbeit)

Ziel

Produktivitätswirksame Optimierung der Arbeitsteilung zur Nutzung und Entwicklung der Fähigkeiten des Personals

Weg

Erweiterung der Arbeitsinhalte einer Tätigkeit durch Arbeitsplatzwechsel und/oder Hinzufügen verschiedener Aufgaben gleicher oder höherer Arbeitsanforderungen.

Bild 1 (links) zeigt , wie bspw. die verschiedenen Teilaufgaben bei einer Baugruppen-Montage zusammengelegt werden können.

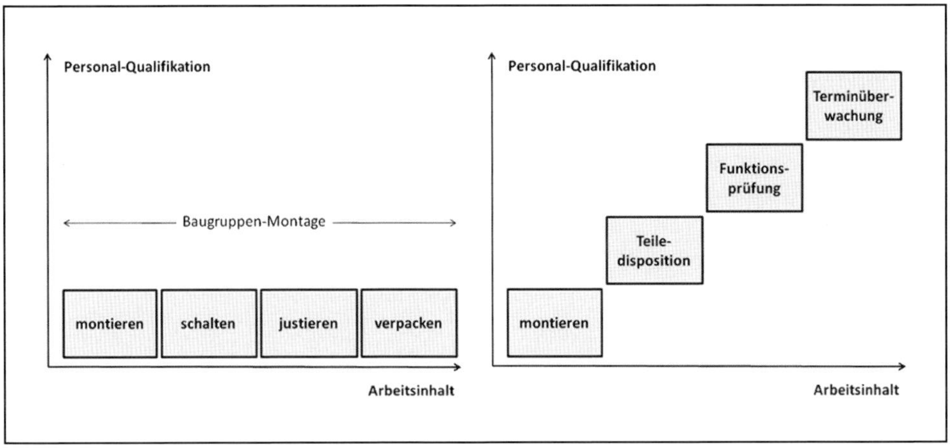

Bild 1: Aufgabenerweiterung durch Zusammenlegen gleichartiger Teilaufgaben (links) und Aufgabenbereicherung durch Einbeziehung prüfender und dispositiver Tätigkeiten (rechts) (REFA 1991)

Dabei versteht man unter **Job Enlargement** (Aufgabenerweiterung) das Zusammenfassen mehrerer gleichartiger Tätigkeiten, bspw. eine Zusammenfassung von vor- und nachgelagerten Tätigkeiten in der Fertigung mit dem Ziel, die Zykluszeit zu vergrößern. Durch diese strukturell ähnlichen Tätigkeiten und Aufgaben wird der Arbeitsumfang quantitativ erweitert. Bei der **Job Rotation** werden die Mitarbeiter im Wechsel an verschiedenen Arbeitssystemen eingesetzt. In beiden Fällen entsteht ein Belastungswechsel für den arbeitenden Menschen. Bild 1 (links) zeigt, dass bspw. die verschiedenen Teilaufgaben bei einer Baugruppen-Montage zusammengelegt werden können. Beim **Job Enrichment** (Aufgabenbereicherung) werden strukturell unterschiedliche Arbeitselemente zu einer sinnvollen, kompletten Aufgabe mit überschaubarem Anfang und Ende zusammengefasst. Dabei können bspw. die Überwachung von Quantität und Qualität des Produktionsprozesses, die Maschineninstandhaltung, Verwaltungsarbeiten und die Überprüfung der eigenen Tätigkeiten in die Verantwortung des jeweiligen Mitarbeiters delegiert werden (vgl. dazu Bild 1, rechts). Auch bei der **Gruppenarbeit** besteht die Zielsetzung darin, den Handlungsspielraum der Mitarbeiter zu erweitern, indem der Dispositions- und Entscheidungsspielraum vergrößert wird. Je nach Autonomiegrad wird den Mitarbeitern eine mehr oder weniger komplexe Aufgabe übertragen, und es obliegt den Gruppenmitgliedern selbst, die Erfüllung der Aufgabe zu planen, die entsprechenden Arbeiten zu verteilen und zu überprüfen.

Zink (2001) führt die anhaltende Notwendigkeit der Neustrukturierung aus heutiger Sicht neben negativen Konsequenzen der traditionellen Arbeitsorganisation und veränderten wirtschaftlichen, gesellschaftlichen und technologischen Rahmenbedingungen vor allem auf die ersten fünf der folgenden Auslösungsfaktoren zurück. Dabei verfolgt die Neustrukturierung folgende Ziele:

Ergebnisse

- Erhöhung der innerbetrieblichen Transparenz
- Erhöhung der Arbeitszufriedenheit und Motivation
- Flexibilisierung
- Erhöhung der Kundenorientierung
- Reduzierung von Schnittstellen und Komplexität
- Erhöhung der Arbeitsproduktivität
- Verringerung von Monotonie

	gering	mittel	hoch
Einsatzaufwand			**X**
Schulungsaufwand			**X**

	kurzfristig	mittelfristig	langfristig
Dauer der Ergebnisrealisierung		**X**	

Rahmenbedingungen für den erfolgreichen Einsatz

Die Komplexität der Aufgabe darf jedoch nicht unbedacht vergrößert werden, sondern muss optimal auf die jeweiligen Fähigkeiten abgestimmt sein, um die Mitarbeiter weder zu unterfordern, noch zu überfordern. In diesem Zusammenhang spielen die Qualifikation und der Bildungsgrad, d. h. die Eignung und Fähigkeiten der Mitarbeiter eine entscheidende Rolle (vgl. Stübler 1992).

Auch wenn die Gruppenarbeit heute in vielen betrieblichen Anwendungsbereichen ihre Umsetzung gefunden hat, haben sich nicht alle Hoffnungen, die mit dieser Form der Arbeitsorganisation verbunden waren, erfüllt. So werden (vgl. im Folgenden Dörich 2008) die Arbeitsbereicherung und -erweiterung nicht durchweg akzeptiert und es stellt sich mit der Einführung von Maßnahmen der Arbeitsstrukturierung vielfach auch „nicht von alleine" ein kontinuierlicher Verbesserungsprozess ein. Weiterhin ist es nach wie vor kaum möglich, den Nachweis zu erbringen, dass sich mit einer angestrebten Erhöhung der Zufriedenheit der Mitarbeiter auch wirtschaftliche Effekte in Bezug auf Qualität, Produktivität und Kosten einstellen. Beim Konzept der geführten Gruppenarbeit, im Sinne einer Weiterentwicklung der Arbeitsorganisation, geht es um die Konzentration auf die Kernaufgabe einer modernen Führungsrolle, die darin besteht, Arbeitsabläufe und -prozesse ständig zu verbessern. Dabei sind vernetzte Teamstrukturen, über die Bereichsgrenzen hinweg, eine Grundvoraussetzung für nachhaltige, erfolgreiche Veränderungsprozesse. Es muss aber auch sichergestellt werden, dass kein Vakuum hinsichtlich der Führungsaufgabe entsteht und keine falsch verstandene „Lean Kultur" mit zu großen Führungsspannen dazu führt, dass die Mitarbeiter aufgrund der Komplexität der Aufgaben und der intransparenten Prozesse überfordert sind.

Einzelschritte der Methode

Prinzip:

Abgleich von Arbeitsinhalten mit den Fähigkeiten und Bedürfnissen der Mitarbeiter durch Integration ausführender, vorbereitender, organisierender und kontrollierender Tätigkeiten.

Vorgehensweise:

Schritt 1 Abgrenzung des Untersuchungsbereiches (z. B. nach Teilearten, Arbeitsplätzen, Mitarbeitern etc.)

Schritt 2 Ermittlungen der Teilaufgaben im Untersuchungsbereich (z. B. Material holen, Materialbestand prüfen und ggf. Material nachbestellen, Montagetätigkeit). Dabei ist es zunächst unerheblich, welcher Mitarbeiter die Teilaufgabe zu diesem Zeitpunkt erledigt.

Schritt 3 Die Teilaufgaben sind bezüglich Anforderungsniveau (Anforderungsvielfalt) zu klassifizieren.

Schritt 4 Kombinationen der Teilaufgaben zur Gesamtaufgabe:

Untersuchung verschiedener Varianten flexibler Arbeitsteilung zur Gestaltung des möglichen inhaltlich-zeitlichen Tätigkeitsraumes.

Schritt 5 Die Gestaltungslösung ist bezüglich der Persönlichkeitsförderlichkeit, der Arbeitszufriedenheit und der Sozialverträglichkeit zu überprüfen (Arbeitsbewertung). Entsprechende Schulungen und Weiterbildungsmaßnahmen sind ggf. vorzunehmen.

Anwendungsbeispiel bei Prüf- und Kontrolltätigkeiten

Die Tätigkeit der Qualitätsprüfung bestimmt häufig ausschließlich den Arbeitsinhalt an Prüf- und Kontrollarbeitsplätzen. Im Hinblick auf eine Bereicherung der Tätigkeiten (im Sinne von Job Enrichment und Gruppenarbeit) kann daran gedacht werden, die operative Arbeitsorganisation stärker durch die Mitarbeiter der Arbeitsgruppe planen und überwachen zu lassen, anstatt einen hierarchisch übergeordneten Mitarbeiter mit dieser Aufgabe zu betrauen. Ähnliches gilt für die standardisierte Auswertung statistischer Fehlerauftretensanalysen bzw. deren Vorbereitung oder zumindest für höherwertige Dokumentationsaufgaben.

Lange Kontrolltätigkeiten, die nur darin bestehen, die Produkte visuell zu untersuchen, und die nur dadurch unterbrochen werden, dass Teile aus der Transportkiste entnommen werden, sind sehr monoton. Je nachdem, wie anstrengend die Tätigkeiten sind, sollten sie nach 15 – 30 min unterbrochen werden (vgl. Gallwey 1998). Im Sinne einer Entlastung der Mitarbeiter – bei gleichzeitiger Sicherung der Effektivität der Arbeitsleistung – ist es sinnvoll, die Tätigkeiten so zu gestalten, dass visuell/mental beanspruchende Kontrolltätigkeiten und manuelle Aufgaben in einem geeigneten Wechsel zueinander stehen (im Sinne von Job Enlargement und Job Rotation).

Dabei können die folgenden, sonst häufig vor- oder nachgelagerten Tätigkeiten in das Aufgabenspektrum der Prüf- und Kontrolltätigkeiten integriert werden (vgl. Brombach 2009):

- Materialan- und -abtransport,
- Überarbeiten/Nacharbeiten fehlerhafter Teile direkt am Arbeitsplatz,
- Dokumentationstätigkeiten,
- Verpackungstätigkeiten und Bereitstellen von Verpackungsmaterial am Arbeitsplatz,
- Etikettieren und Palettieren der auslieferungsfertig verpackten Materialien.

Ein einfacher Tisch mit Beleuchtung und Stuhl reicht natürlich nicht mehr aus, um die aufgeführten Tätigkeiten zu integrieren. Vielmehr muss mit den Tätigkeitsinhalten, die nur im jeweiligen Einzelfall sinnvoll integriert werden können, ein Arbeitssystem entworfen und umgesetzt werden, das auch ganzheitlichen ergonomischen Anforderungen entspricht.

Im hier geschilderten Fall wurde gegenüber dem alten Arbeitssystem ein neues Arbeitssystem entwickelt, das einen Wechsel zwischen visuellen und manuellen Tätigkeiten ermöglicht.

Im Ausgangszustand (vgl. Bild 2 oben) wurden die Teile nach der Inspektion zunächst in die Transportkisten zurückgeräumt, mit einem Flurförderfahrzeug transportiert und in einem Zwischenlager abgelegt. Von dort aus wurden die Produkte von einem anderen Mitarbeiter zum Verpackungsarbeitsplatz gefahren, an dem die Teile gewogen und palettiert wurden.

Wie im unteren Teil von Bild 2 dargestellt, werden der „Zwischenpuffer“ (zwischen Kontrolle und Verpacken) und die damit zusammenhängenden Handhabungen beim neuen Arbeitssystem eingespart. Durch die Integration des „Verpackens“ in den Arbeitsablauf am neuen Arbeitssystem wird ein wünschenswerter Wechsel zwischen der visuellen Kontrolle der Teile und manuellen Tätigkeiten sichergestellt.

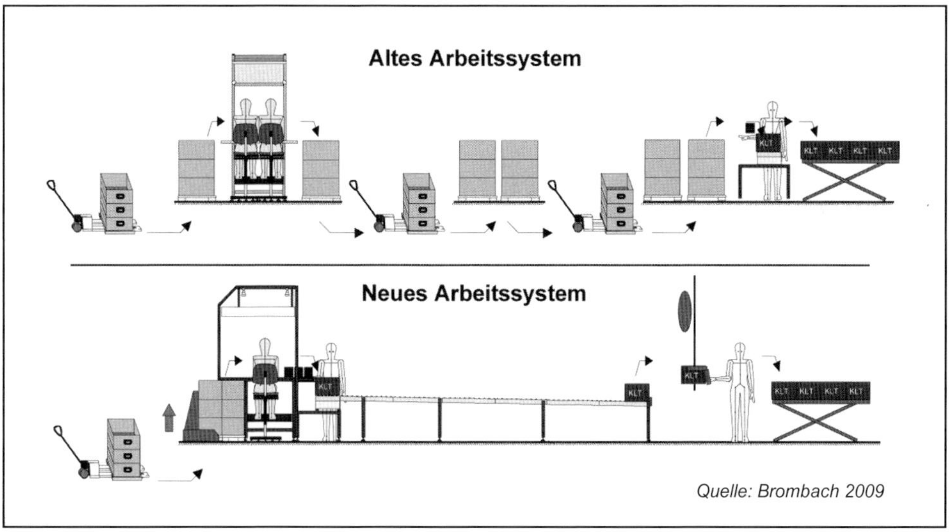

Bild 2: Unterschiede im Arbeitsablauf zwischen dem alten (oben) und neuen Arbeitssystem (unten)

Hilfsmittel

Mithilfe einer Qualifikationsmatrix können die Teilaufgaben und die Qualifikation der Mitarbeiter dargestellt und ggf. zusätzlicher Schulungsbedarf offengelegt werden. In der als Hilfsmittel angegebenen Darstellung (aus IfaA 1995) besteht für den jeweiligen Mitarbeiter die Möglichkeit, einzutragen, ob er die Aufgabe ausführen kann (K), die Aufgabe lernen möchte (WL) oder der Einsatz nicht geplant ist (–).

Hilfsmittel (als Beispiel in ausgefüllter Form)

	Funktionen	optimale Anzahl der Mitarbeiter je Funktion	Arbeitsaufgaben (AA) ergeben sich aus der Summe der Funktionen						
			AA 1	AA 2	AA 3	AA 4	AA 5	AA 6	...
			Anzahl der Arbeitsaufgaben in der Gruppe						
			1	1	1	1	1	1	
1	Bearbeitungszentrum bedienen	3	X	X	X				
2	Bearbeitungszentrum einrichten	3	X	X	X				
3	Bearbeitungszentrum warten, instand halten	3	X	X	X				
4	CNC-Fräsmaschine bedienen	5	X	X		X	X		
5	CNC-Fräsmaschine einrichten	5	X	X		X	X		
6	CNC-Fräsmaschine warten, instand halten	5	X	X		X	X		
7	Werkzeugvoreinstellung	3	X				X		
8	Qualitätsprüfung	4	X				X	X	
9	Materialtransport	4	X				X	X	
10	Verpacken der Teile	3	X					X	
11	Handarbeitsplatz Montage	3	X					X	
12	Maschinen reinigen	3	X		X			X	
13	Gruppengespräche moderieren	4	X	X		X			
14	Personaleinsatzplan erstellen	3	X	X		X			
15	Feinsteuerung der Fertigung	3	X	X		X			
16	...								

nach IfaA 1995

Hilfsmittel (leer)

	Funktionen	optimale Anzahl der Mitarbeiter je Funktion	Arbeitsaufgaben (AA) ergeben sich aus der Summe der Funktionen						
			AA 1	AA 2	AA 3	AA 4	AA 5	AA 6	...
			Anzahl der Arbeitsaufgaben in der Gruppe						
			1	1	1	1	1	1	
1	Bearbeitungszentrum bedienen	3							
2	Bearbeitungszentrum einrichten	3							
3	Bearbeitungszentrum warten, instand halten	3							
4	CNC-Fräsmaschine bedienen	5							
5	CNC-Fräsmaschine einrichten	5							
6	CNC-Fräsmaschine warten, instand halten	5							
7	Werkzeugvoreinstellung	3							
8	Qualitätsprüfung	4							
9	Materialtransport	4							
10	Verpacken der Teile	3							
11	Handarbeitsplatz Montage	3							
12	Maschinen reinigen	3							
13	Gruppengespräche moderieren	4							
14	Personaleinsatzplan erstellen	3							
15	Feinsteuerung der Fertigung	3							
16	...								

nach IfaA 1995

Literaturhinweise

Brombach, J.: Gestaltung und Beurteilung der räumlichen Bedingungen von Arbeitsplätzen unter ergonomischen Gesichtspunkten. In: angewandte Arbeitswissenschaft Nr. 201 (2009)

Dörich, J.: Geführte Gruppenarbeit: Die Rückkehr zu effizienten Arbeitsprozessen. In: angewandte Arbeitswissenschaft Nr. 198 (2008)

Gallwey, T. J.: Evaluation and Control of Industrial Inspection: Part II – The Scientific Basis for the Guide. In: International Journal of Industrial Ergonomics 22 (1998), S. 51-65

IfaA – Institut für angewandte Arbeitswissenschaft (Hrsg.): Einführung von Gruppenarbeit – Ein Leitfaden für Führungskräfte. Köln: Wirtschaftverlag Bachem, 1995

N. N.: Handbuch der Arbeitsgestaltung und Arbeitsorganisation. VDI-Gesellschaft, Produktionstechnik (ADB), Düsseldorf: VDI, 1980

REFA (Hrsg.): REFA-Methodenlehre der Betriebsorganisation. Grundlagen der Arbeitsgestaltung. München: Hanser, 1991

Stübler, E.: Planung und Gestaltung von Arbeitssystemen. Teil II. Beschreibung einzelner Planungsschritte. Kap. 1.2. in: Landau, K.; Stübler, E. (Hrsg.): Die Arbeit im Dienstleistungsbetrieb – Grundzüge einer Arbeitswissenschaft der personenbezogenen Dienstleistung. Stuttgart: Eugen Ulmer, 1992

Zink, K. J.: Arbeitsstrukturierung. Kap. 5.1. In: Landau, K.; Luczak, H. (Hrsg.): Ergonomie und Organisation in der Montage. München/Wien: Hanser, 2001

Balanced Scorecard

Alternative Bezeichnungen

Ausgewogener Berichtsbogen, BSC

Ziel

Quantitative Festlegung von strategischen Unternehmenszielen und deren Erreichung

Weg

- Für die vier wesentlichen Perspektiven eines Unternehmens (Finanz-, Prozess-, Kunden- und Potenzialperspektive) werden messbare Zielgrößen festgelegt.
- Es werden Maßnahmen zur Erreichung der Ziele festgelegt.
- Die Wechselbeziehungen zwischen den Zielgrößen der einzelnen Perspektiven werden berücksichtigt.

Ergebnisse

- Zielgrößen und Maßnahmen zur Ergebnissicherung unter
  - finanziellen Aspekten
  - Prozessaspekten
  - Kundenaspekten
  - Potenzialaspekten

	gering	mittel	hoch
Einsatzaufwand			X
Schulungsaufwand			X

	kurzfristig	mittelfristig	langfristig
Dauer der Ergebnisrealisierung			X

Rahmenbedingungen für den erfolgreichen Einsatz

Um eine Balanced Scorecard (BSC) wirkungsvoll einsetzen zu können, muss das Unternehmen über eine ausformulierte Unternehmensstrategie verfügen. Ein Berichtswesen, das aktuelle und richtig ermittelte Daten liefert, ist notwendig, da die Wirkung der BSC auf der sorgfältigen Definition und Ermittlung spezifischer Kennzahlen beruht. Aus dem Vergleich von Soll-Werten und Ist-Werten müssen Maßnahmen abgeleitet, konsequent umgesetzt und in ihrer Wirkung beobachtet werden.

Die Unternehmensberatung Bain & Company (2009) hat in einer weltweiten Erhebung über die Verbreitung von Methoden in Unternehmen der verschiedenen Wirtschaftszweige festgestellt, dass die Balanced Scorecard unter allen erfassten 25 Methoden am sechsthäufigsten eingesetzt wird. Sie wird von gut der Hälfte der befragten 1.430 Führungskräfte eingesetzt. Die Zufriedenheit mit dem Ergebnis des Methodeneinsatzes liegt im Durchschnitt aller erfassten Methoden. Besonders häufig wird die Balanced Scorecard im verarbeitenden Gewerbe wie z. B. der Metall- und Elektroindustrie eingesetzt.

Einzelschritte der Methode

Prinzip:

Erweiterung von traditionellen, finanziell orientierten Kennzahlen um weitere Perspektiven zur Bild und Steuerung von Kundenbeziehungen, internen Prozessen sowie Lern- und Entwicklungsperspektiven des Unternehmens und seiner Beschäftigten.

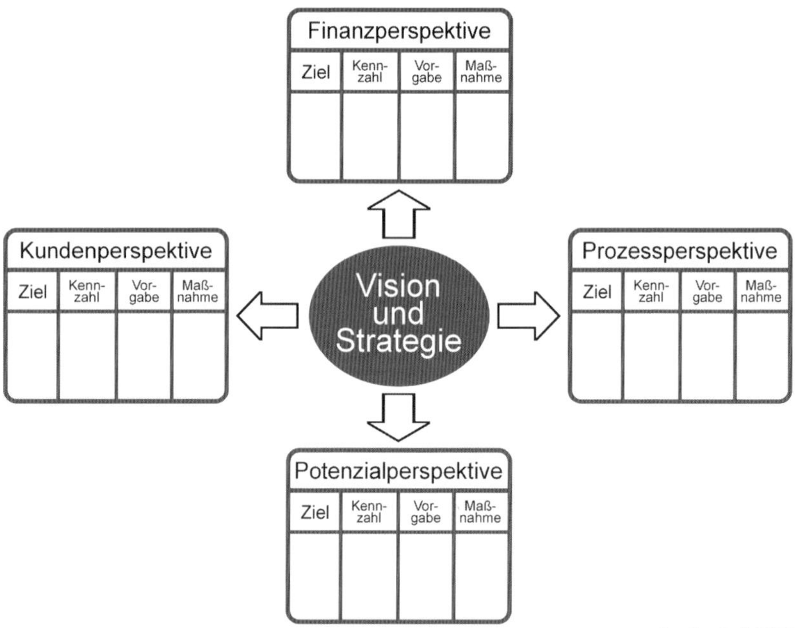

Quelle: IfaA 2008

Vorgehensweise:

Schritt 1 Unternehmensstrategie

Aus der Unternehmensvision wird abgeleitet, mit welcher Strategie (z. B. Nischen-, Marktführer- oder Kostenführerstrategie) diese verwirklicht werden kann. Daraus wiederum werden die kritischen Erfolgsfaktoren bestimmt und definiert, mit welchen Kennzahlen diese gemessen werden können. Diese Kennzahlen auf der Unternehmensebene werden den vier Perspektiven der BSC (Finanz-, Prozess-, Kunden- und Potenzialperspektive) zugeordnet oder alternativ werden für jede Perspektive aussagekräftige Kennzahlen definiert. Das Ursprungskonzept sieht die genannten vier Perspektiven vor. Jedem Unternehmen steht es aber frei, weitere relevante Perspektiven wie z. B. Umwelt, Gesellschaft oder Beschäftigte hinzuzufügen. In jeder Perspektive sind folgende Punkte zu erarbeiten:

- strategische Ziele bezogen auf die Perspektive,
- Messgrößen zur Messung der strategischen Zielerreichung,
- Werte als Soll-Vorgaben für jede Messgröße,
- Maßnahmen zur Umsetzung der strategischen Ziele und Erreichung der Zielwerte.

Die finanzielle Perspektive zeigt, ob die Verfolgung einer Strategie zur Verbesserung des Unternehmensergebnisses beiträgt. Typische Kennzahlen sind hier z. B. die Eigenkapitalrendite oder die Steigerung des Unternehmenswerts. Finanzielle Kennzahlen definieren dabei die finanzielle Leistung, die von einer Strategie erwartet wird. Darüber hinaus dienen sie auch als Endziele der anderen Perspektiven der Balanced Scorecard. Die anderen Perspektiven sind also der finanziellen Perspektive untergeordnet, die entsprechenden Kennzahlen müssen durch Ursache-Wirkungs-Beziehungen mit den finanziellen Zielen verbunden sein.

Die Kundenperspektive bildet die strategischen Ziele des Unternehmens in Bezug auf Kunden- und Marktsegmente ab. Für jedes Kunden- oder Marktsegment, auf dem das Unternehmen seine Konkurrenzfähigkeit ausbauen will, müssen Kennzahlen, Zielvorgaben und Maßnahmen entwickelt werden.

Zur Beurteilung der Unternehmensprozesse werden Kennzahlen und Ziele definiert, die eine Aussage zur Leistungsfähigkeit der internen Abläufe im Hinblick auf die finanziellen Kennzahlen und die Kundenperspektive liefern.

Die Kennzahlen zur Potenzialperspektive beschreiben die Lern- und Entwicklungsprozesse, die benötigt werden, um die Ziele der anderen drei Zielfelder zu erreichen. Kaplan/Norton (1997) betonen dabei besonders die Notwendigkeit von Investitionen in die Zukunft, insbesondere bei der Qualifizierung von Mitarbeitern, Erhöhung der Leistungsfähigkeit des innerbetrieblichen Informationssystems sowie Steigerung der Motivation und Zielausrichtung der Mitarbeiter.

Schritt 2 Ableitung der BSC für die einzelnen Unternehmensebenen

Die Kennzahlen der BSC für das ganze Unternehmen müssen für die nachgeordneten Unternehmensebenen und Bereiche entsprechend deren Aufgabe und Funktion für das gesamte Unternehmen konkretisiert werden. Auch auf diesen Ebenen sind ebenenspezifische Ziele, Kennzahl, Soll-Wert und Maßnahmen zur Erreichung der Ziele festzulegen.

Schritt 3 Auswertung der BSC

In regelmäßigen Abständen müssen die Kennzahlen der BSC aktualisiert und die Veränderungen interpretiert werden. Je näher die Unternehmensebene am Prozess der Wertschöpfung angesiedelt ist, desto häufiger sollte die Auswertung erfolgen. Die Zeitspannen reichen von täglicher bis zu jährlicher Kontrolle. Soweit Abweichungen zwischen den vorgegebenen Soll-Werten und den nach einer Periode erzielten Ist-Werten festgestellt werden, ist zu überlegen, welche Maßnahmen zur Verringerung der Abweichungen notwendig sind.

Schritt 4 Maßnahmenpläne erarbeiten

Die notwendigen Aktivitäten, um die künftigen Soll-Werte zu erreichen, sollen den jeweiligen Perspektiven und Kennzahlen zugeordnet zusammengestellt werden. Dabei sind Termine und Zuständigkeiten klar zu benennen.

Anwendungsbeispiel

Das Werk Babenhausen der Fa. Continental Automotive GmbH fertigt innerhalb der Unternehmensdivision Interior Instrumente und Displays für die führenden Automobil-Hersteller. Das Werk wird anhand der Kennzahlen einer Balanced Scorecard geführt. Dabei werden für die Perspektiven

- Kunde,
- Finanzen,
- Prozesse und
- Mitarbeiter

jeweils mehrere Kennzahlen – typisch drei – definiert. Die Zielwerte der nächsten Planungsperiode werden auf der Basis des Ergebnisses der Vorperiode und der aktuellen Werte zunächst auf der Werksebene festgelegt. Daraus leiten die Verantwortlichen der darunterliegenden Ebene – z. B. Bereichsebene – ihre Zielwerte ab. In Form einer Kaskade wird der Prozess fortgesetzt. Die so ermittelten Kennzahlen werden dann nach oben zurückgemeldet und aggregiert. Dabei stehen einzelne Zielwerte oft in Konkurrenz zueinander. Zum Beispiel steht eine hohe Lieferfähigkeit (Perspektive Kunde) in Konkurrenz zu niedrigen Materialbeständen (Perspektive Finanzen) innerhalb einer BSC, oder eine Prozesskennzahl Logistik (Turnrate Fertigware) in Widerspruch zur Prozesskennzahl Industrial Engineering (Rüstzeiten) innerhalb zweier Bereichs-BSCs. Der Abgleich derartiger Widersprüche und die Erzeugung eines „harmonischen" Gesamtbildes ist eine der Existenzberechtigungen des Industrial Engineerings bei Continental. Für jede einzelne Kennzahl wird eine Spannbreite für den Norm- oder Zielbereich („grüner Bereich"), für den Warnbereich und den Verbotsbereich festgelegt. In der laufenden Periode werden die Zahlen dann monatlich gemeldet.

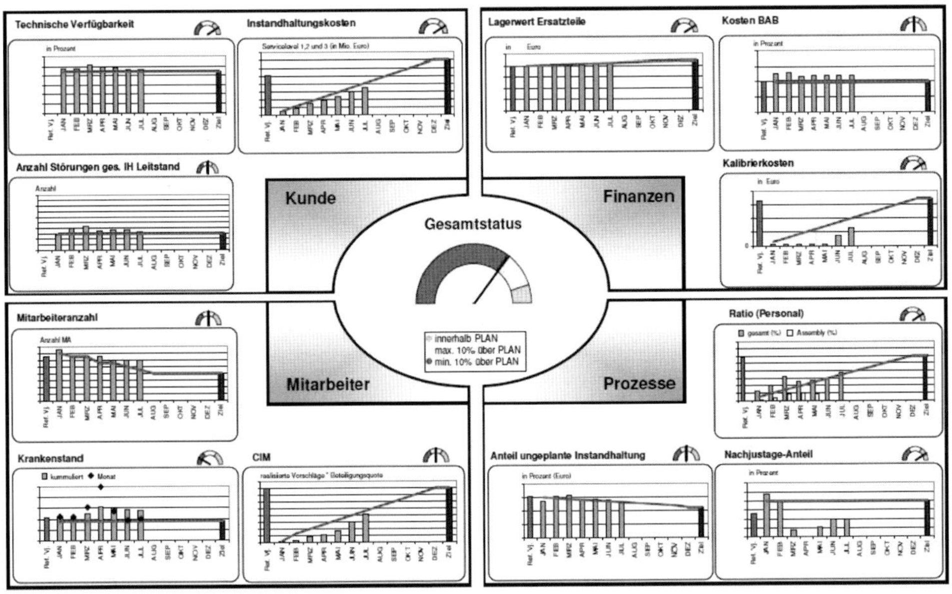

Quelle: IfaA 2010

Balanced Scorecard der Abteilung Industrial Engineering im Werk Babenhausen der Continental Automotive GmbH

Die Bild zeigt, dass das Industrial Engineering sowohl für die technische Verfügbarkeit der Anlagen als auch für die Instandhaltungskosten verantwortlich ist. Folglich sind die Instandhaltungsmitarbeiter – entgegen sonst oft üblicher Regelungen – auch dieser Abteilung zugeordnet.

Hilfsmittel

Strukturvorschlag für eine Balanced Scorecard

	Strateg. Ziele	Kennzahlen	Vorgaben
Finanzen: Was wollen wir im Finanzbereich leisten?	• ...	• ...	• ...
Kunden: Wie können wir die Bedürfnisse unserer Kunden befriedigen?	• ...	• ...	• ...
Interne Prozesse: Bei welchen Prozessen müssen wir Hervorragendes leisten?	• ...	• ...	• ...
Lernen und Entwicklung: Wie können wir flexibel und verbesserungsfähig bleiben?	• ...	• ...	• ...

Quelle: Kerth u. a. 2009

Vorschlag für eine detaillierte Balanced Scorecard

Perspektive	Strategische Ziele	Kennzahlen	Gewichtung	Erhebungs-frequenz	Verg. Jahr 2010	Akt. Jahr 2011 laufend	Akt. Jahr 2011 extrapoliert	Ziel 2011	Ziel 2012	extrapol. in % des Ziels	laufend in % des Ziels
Finanzen	…	…	…	…	…	…	…	…	…	…%	…%
Kunden	…	…	…	…	…	…	…	…	…	…%	…%
Interne Prozesse	…	…	…	…	…	…	…	…	…	…%	…%
Lernen und Entwicklung	…	…	…	…	…	…	…	…	…	…%	…%
Summe			100 %								… %

Zielerreichung: …%

Erhebungsfrequenz:
j = jährlich
hj = halbjährlich
q = quartalsweise
m = monatlich

Quelle: Kerth u. a. 2009

Literaturhinweise

Abel, J.; Campagna, S. (Hrsg.): Herausforderung Reorganisation. Düsseldorf: VDI, 2008

Bain & Company: Management Tools and Trends 2009, (http://www.bain.com/bainweb/PDFs/cms/Public/Management_Tools_2009.pdf, zuletzt aufgerufen 16.2.2011)

Binner, H. F.: Auf dem Weg zur Spitzenleistung. München: Hanser, 2005

IfaA – Institut für angewandte Arbeitswissenschaft (Hrsg.): Produktivität steigern – Erfolgreich mit Industrial Engineering. Düsseldorf: IfaA, 2010

Kaplan, R. S.; Norton, D. P.: Balanced Scorecard. Stuttgart: Schäffer-Poeschel, 1997

Kerth, K.; Asum, H.; Stich, V.: Die besten Strategietools der Praxis. München: Hanser, 2009

Schneider, D.: Unternehmensführung und strategisches Controlling. München: Hanser, 2007

Fehlervermeidung

Alternative Bezeichnungen

Poka-Yoke, PY-Prinzip, Null-Fehler-Strategie, Schlüssel-Schloss-Prinzip, mistake-proofing

Ziel

Verhinderung oder Vermeidung (japanisch: yoke) von zufälligen Fehlern (japanisch: poka)

Weg

- Durch (einfache) technische Vorkehrungen oder Zwangssteuerung von einzelnen Prozessschritten werden Fehler vermieden.
- Lassen sich solche Maßnahmen nicht anwenden, werden durch einen systematischen Umgang mit Fehlermöglichkeiten die Auswirkungen begrenzt.

Ergebnisse

- Vermeidung von Fehlern an Produkten und in Prozessen
- Verringerung des Aufwandes für Fehlerbeseitigung, Nacharbeit und Ausschuss
- Vermeidung von Fehlhandlungen

	gering	mittel	hoch
Einsatzaufwand		**X**	
Schulungsaufwand		**X**	

	kurzfristig	mittelfristig	langfristig
Dauer der Ergebnisrealisierung	**X**		

Rahmenbedingungen für den erfolgreichen Einsatz

Entscheidende Voraussetzung für eine wirksame Anwendung dieser Methode ist, dass die Beschäftigten sich mit Fehlern jeder Art bei der Arbeit nicht abfinden. Es geht nicht um eine möglichst kostengünstige Behebung von Fehlern, sondern darum, deren Entstehung von vornherein zu vermeiden.

Einzelschritte der Methode

Prinzip:

Prozesse, Produkte und Betriebsmittel werden so gestaltet, dass eine falsche Reihenfolge im Prozessablauf oder ein fehlerhaftes Bedienen nicht zu Fehlern bei den Produkten oder zu Gefährdungen von Gesundheit oder Leben führen kann bzw. dass fehlerhaftes Bedienen nicht möglich ist.

Vorgehensweise:

Schritt 1 Abgrenzung des fehlerintoleranten Prozesses bzw. Prozessabschnittes (z. B. Einsatz von ABC-Analysen)

Schritt 2 Analyse der bekannten und weiterer möglicher Fehler und ihrer Ursachen (z. B. FMEA – Fehler-Möglichkeits- und Einfluss-Analyse, Fischgräten-Diagramm) unter Bestimmung zufälliger Fehler

Schritt 3 Entwicklung von Gestaltungsansätzen zur Fehlerverhinderung unter Einsatz von Kreativitätstechniken wie Morphologie und Methode 635 sowie Checklisten und Best-practice-Beispielen nach dem Prinzip Schlüssel – Schloss (am besten im interdisziplinären Team):

- Symmetrie bei Verwechslungsgefahr vermeiden,
- Formschluss zur exakten Positionierung beim Fügen anstreben (Nuten, Nasen etc.),
- Materialeigenschaften wie Magnetismus, Dichteunterschiede, elektrische Leitfähigkeit etc. für Positionierhilfen ausnutzen,
- klare Größen- oder Formunterschiede bei Verwechslungsgefahr im Ist-Zustand definieren (z. B. verwendete Schrauben deutlich stufen, Einfüllstutzen für unterschiedliche Medien geometrisch unterscheidbar gestalten)
- Fügehilfen vorsehen (z. B. Fasen, Anschläge etc.),
- Teile im Set bereitstellen, um Gefahr des Vergessens zu mindern,
- erforderliche Zuordnungen durch Farben unterstützen (z. B. blaue Behälter auf blauen Bereitstellplatz, roter Schlauch für roten Anschluss, o. Ä.)
- elektrische oder mechanische Verriegelungsmechanismen nutzen.

Schritt 4 Entwicklung und Bewertung von Lösungen aus den gefundenen Gestaltungsansätzen. Einfache Lösungen sind zu bevorzugen.

Schritt 5 Festlegung von Maßnahmen zur Umsetzung der Lösungen (Aufstellen eines Maßnahmenplanes mit Terminen und Verantwortlichkeiten)

Schritt 6 Maßnahmenumsetzung:

- Beteiligte schulen
- Wirkung nachweisen und dokumentieren
- Gestaltungslösung als Poka-Yoke-Beispiel verfügbar machen (z. B. Foto im Intranet)

Anwendungsbeispiel

1. Stecker werden asymmetrisch gestaltet, um einen falschen Anschluss zu vermeiden.

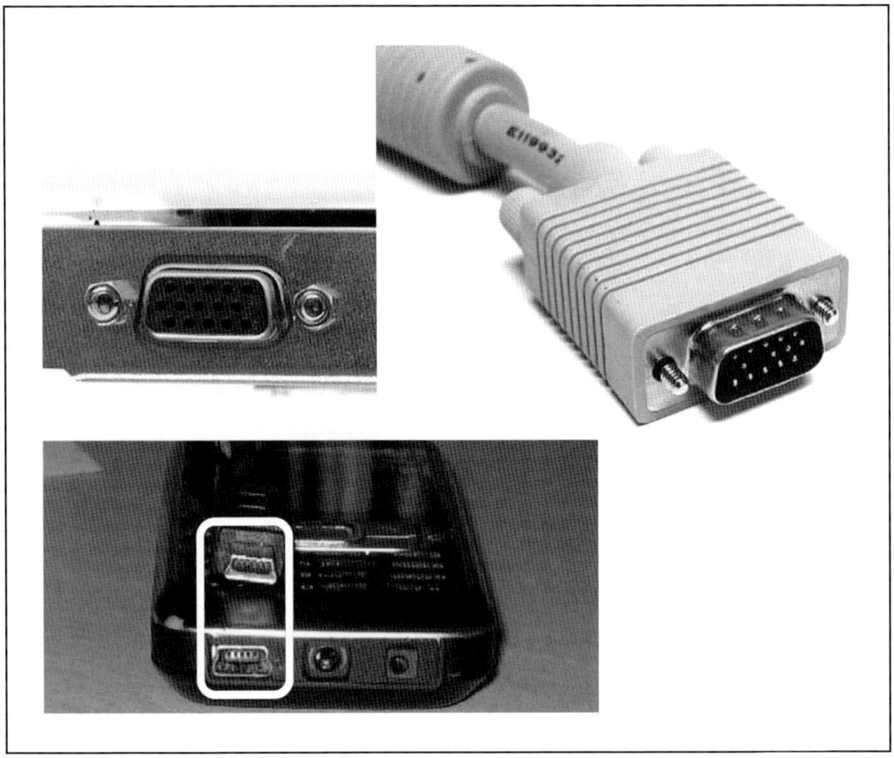

2. Anbringen korrekter Bohrungen

Vor der Verbesserung:
Die korrekte Bohrtiefe hing vom Können des Werkers ab. Manchmal wurde der Bohrer zu früh zurückgezogen. Die fehlerhaften Bohrungen riefen Probleme in der Montage hervor.

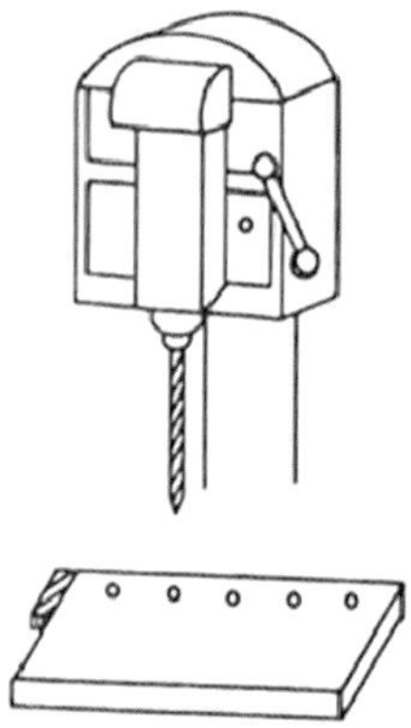

Quelle: Hirano 1992

Nach der Verbesserung:
An die Bohrmaschine wurden zwei Endschalter angebracht. Ein Hinweis auf die fehlerhaften Bohrungen ergibt sich, wenn Endschalter 1 vor dem Betätigen von Endschalter 2 freigegeben wird.

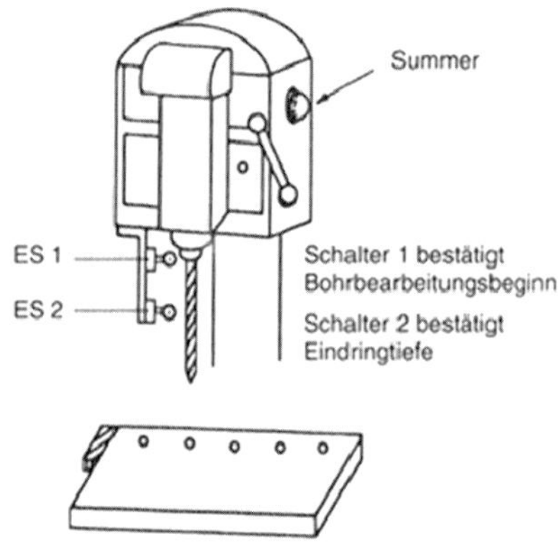

ES 1 = Endschalter 1
ES 2 = Endschalter 2

Hilfsmittel

Poka-Yoke-Systemmatrix

Vorrangig sollte die Fehlerquellenbeseitigung angestrebt werden. Dadurch werden Fehlhandlungen ausgeschlossen. Die Beseitigung von Fehlerquellen ist insbesondere in der Planungsphase von Produkten und Prozessen von Bedeutung. Lassen sich Fehlerquellen nicht gänzlich verhindern, sollte nach der folgenden Matrix mindestens eine Methode in jeder Spalte zum Einsatz kommen.

Prüfmethode (**Wann** und **wo** wird der Fehler entdeckt?)	**Auslösemechanismus** (**Was** ist der Fehler?)	**Reguliermechanismus** (**Wie** wird die Fehlerfolge unterbrochen?)
Fehlerquellenprüfung: Die Ursache, die zu einem Fehler führen kann, wird verhindert.	**Kontaktmethode**: Der Fehler kann durch die Abmessungen oder durch Farbe, Gewicht o. Ä. erkannt werden.	**Eingriffsmethode**: Bei einem Fehler werden Maschinen und Anlagen abgeschaltet.
Prüfung mit direktem Feedback: Der Fehler wird erkannt und korrigiert.	**Konstantwertmethode**: Anhand der Anzahl der Arbeitsschritte kann der Fehler erkannt werden.	**Warnmethode**: Durch optische oder akustische Anzeigen wird auf den Fehler aufmerksam gemacht.
Prüfung mit indirektem Feedback: Ein entstandener Fehler kann sich nicht in den nächsten Prozessschritt fortpflanzen.	**Schrittfolgemethode**: An dem Ablauf der Arbeitsschritte kann der Fehler erkannt werden.	

Literaturhinweise

Hirano, H.: Poka-Yoke – 240 Tips für Null-Fehler-Programme. Landsberg/Lech: verlag moderne industrie, 1992

Shingo, S.: Poka-Yoke – Prinzip und Technik für eine Null-Fehler-Produktion. St. Gallen: Ges. für Management und Technologie, 1991

Syska, A.: Produktionsmanagement. Wiesbaden: Gabler, 2006

Takeda, H.: Das synchrone Produktionssystem. München: Redline Wirtschaft b. verlag moderne industrie, 2002

Fischgräten-Diagramm

Alternative Bezeichnungen

Ishikawa-Diagramm, Ursache-Wirkungs-Diagramm, Ursache-Folge-Kette, Fehlerbaum-Diagramm, 5M, 6M, 7M

Ziel

Erkennen von Zusammenhängen und damit Ursachen von Problemen oder Störungen

Weg

- Ausgehend von einem Problem (Fischkopf) werden Gruppen von Ursachen benannt und grafisch zugeordnet (Fischgräten).
- Die einzelnen Gruppen werden weiter untergliedert und die Abhängigkeiten zwischen den Ursachen verdeutlicht.

Ergebnisse

- Strukturierung von Ursachen für ein Problem
- Visualisierung von Abhängigkeiten zwischen Ursachen
- Ermittlung von Einflussgrößen auf ein Problem

	gering	mittel	hoch
Einsatzaufwand	X		
Schulungsaufwand	X		

	kurzfristig	mittelfristig	langfristig
Dauer der Ergebnisrealisierung	X		

Rahmenbedingungen für den erfolgreichen Einsatz

Um die Ursachen von Mängeln aus verschiedenen Blickrichtungen diskutieren zu können, müssen Experten aus verschiedenen Bereichen, die von dem Problem betroffen sind, zusammenarbeiten. Sie müssen sich gleichberechtigt und mit einem gemeinsamen Verständnis des Problems um eine Lösung bemühen. Das zu erarbeitende Diagramm zur Verdeutlichung der Zusammenhänge kann dazu führen, dass die Situation aufgrund des beschränkten Platzes zu vereinfacht dargestellt wird und nicht an der Erstellung Beteiligte ein anderes Verständnis der verwendeten Begriffe haben. Werden andererseits alle denkbaren Ursachen festgehalten, geht leicht der Blick für die relevanten Ursachen verloren. Dann ist eine Priorisierung vorzunehmen.

Einzelschritte der Methode

Prinzip:

Für ein klar formuliertes Problem werden Schritt für Schritt mit zunehmendem Detaillierungsgrad für jeden Haupteinflussfaktor (Ursachenklasse) die Quellen der Problemursachen identifiziert. Vorteilhaft ist eine moderierte Erarbeitung in einer interdisziplinären Gruppe auch unter Beteiligung von externen Experten.

Vorgehensweise:

Schritt 1 Problemformulierung (Wirkung)

- Das Problem wird als knappe Formulierung (Stichpunkt) an das Ende (Fischkopf) des Fischgräten-Diagramms geschrieben.
- Wird das Fischgräten-Diagramm in einer Arbeitsgruppe erstellt, muss über die Formulierung des Problems Konsens geschaffen werden.

Schritt 2 Festlegung der grundlegenden Ursachenklassen

- Vorgabe weniger Ursachenklassen als Bezeichner für die Gräten des Diagramms, z. B. 5M (Mensch, Methode, Maschine, Material, Management) oder 6M (Mensch, Methode, Maschine, Material, Management, Milieu)
- Wird in einer Gruppe gearbeitet, muss Konsens über die Inhalte der Ursachenklassen bestehen.

Schritt 3 Sammeln möglicher Ursachen

Nennungen von Ursachen erfolgen zunächst spontan, ohne Wertung und in zufälliger Reihenfolge. Sie werden z. B. auf Karten festgehalten (entweder in der Gruppe auf Zuruf oder zunächst einzeln im Stillen) und auf die Metaplanwand geheftet.

Schritt 4 Bewertung und Einordnung der Ursachen (Überprüfung der Kausalität Ursache – Wirkung mit Unterursachen)

- Ursachen (Nennungen) werden den festgelegten Ursachenklassen zugewiesen.
- Gibt es für eine genannte Ursache keine klare Zuweisung, muss untersucht werden, inwieweit
  (a) die genannte Ursache weiter zu zerlegen ist oder
  (b) eine neue Ursachenklasse festgelegt werden muss.
- Als weitere Ursachenklassen werden häufig verwendet:
  - Umwelt,
  - Organisation.

- Komplexe Ursachen sollten in eigenen Fischgrät-Diagrammen aufbereitet werden.

Schritt 5 Auswertung

Das Ziel besteht darin, die wesentlichsten Ursachen und Ursachenklassen zu erkennen (z. B. mittels ABC-Analyse clustern), um Maßnahmen für deren Beseitigung ableiten und priorisieren zu können. Dies erfordert i. d. R. das Anstoßen eines PDCA-Zyklusses (PDCA – Plan-Do-Check-Act).

Anwendungsbeispiel

Das Problem (Wirkung) „zu wenig Kreativität und Innovation im Unternehmen" wird anhand eines Fischgrät-Diagramms zerlegt in sechs Ursachenklassen:

- Mensch,
- Umwelt (hier auch im Sinne von Organisation bzw. Management),
- Methode,
- Material,
- Unterlagen und
- Maschine.

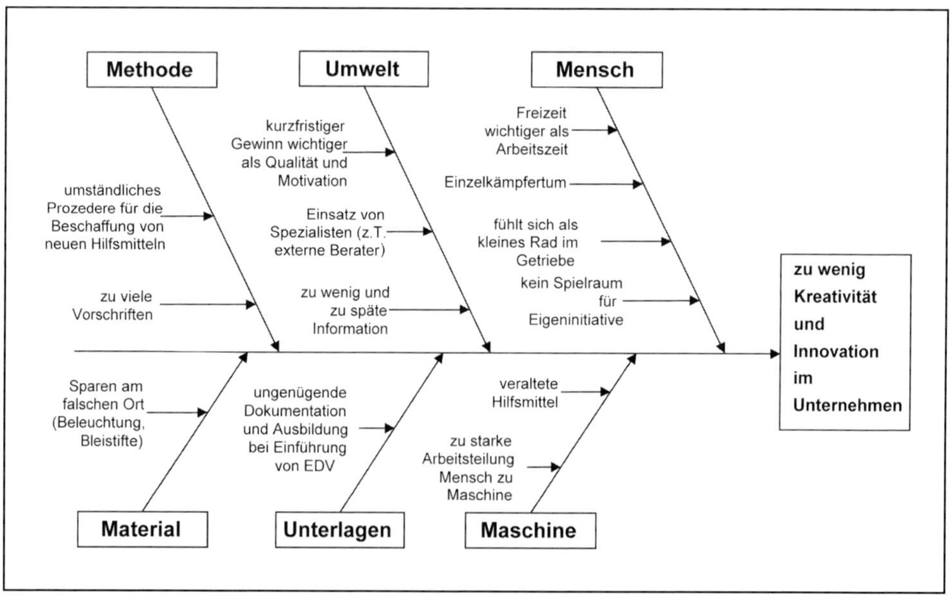

Hilfsmittel

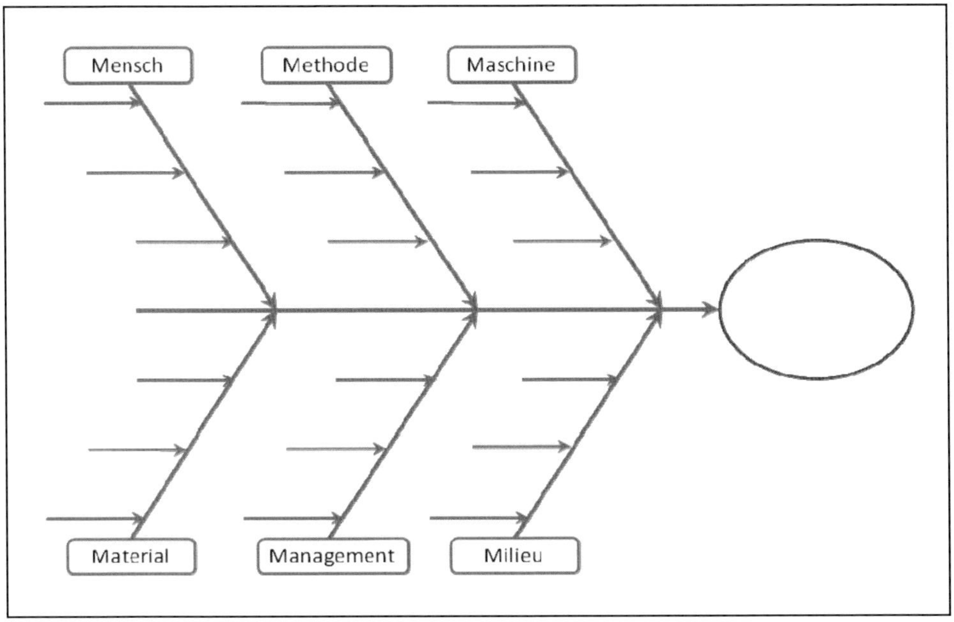

Literaturhinweise

Gabler Wirtschaftslexikon. Wiesbaden: Gabler, 2001

Heeg, F.-J.; Meyer-Dohm, P.: Methoden der Organisationsgestaltung und Personalentwicklung. München: Hanser, 1994

IfaA – Institut für angewandte Arbeitswissenschaft (Hrsg.): Methodensammlung zur Unternehmensprozessoptimierung. Köln: Wirtschaftsverlag Bachem, 2008

Syska, A.: Produktionsmanagement. Wiesbaden: Gabler, 2006

KVP-Workshop

Alternative Bezeichnungen

Kaizen, KVP, Kontinuierlicher Verbesserungsprozess

Ziel

Wiederholte mitarbeitergetragene Ermittlung und Umsetzung von Verbesserungspotenzialen in allen Bereichen

Weg

Moderierte, systematische Arbeit in Gruppen

Ergebnisse

- höhere Anlagenverfügbarkeit
- Leistungs- und Ergebnisverbesserung
- Energieeinsparung
- Kostenersparnisse
- Verminderung von Störungen
- systematische Ausfallursachenanalyse und Dokumentation
- Erhöhen der Arbeits- und Prozesssicherheit
- Qualitätssteigerung durch Fehlervermeidung
- Aktivierung der Mitarbeiter
- Erfolgserlebnisse und Nachhaltigkeit durch Regelkreisprinzip
- Erkennen von Verschwendung
- Transfer von Mitarbeiterwissen in Konstruktion und Planung
- Verbesserung des Verhältnisses Wertschöpfung zu Aufwand
- Senkung der Durchlaufzeiten (Liegezeiten, Rüstzeiten, Bearbeitungszeiten)
- Senkung der Logistikkosten (Wege, Umschlaghäufigkeiten etc.)
- bessere Motivation
- Förderung von Verantwortung und Initiative
- Steigerung der Arbeitssicherheit
- Verringerung von Monotonie

	gering	mittel	hoch
Einsatzaufwand		X	
Schulungsaufwand	X		

	kurzfristig	mittelfristig	langfristig
Dauer der Ergebnisrealisierung	X		

Rahmenbedingungen für den erfolgreichen Einsatz

Um den KVP in der Organisation verankern zu können, wird eine hohe Motivation aller Beteiligten benötigt, was sowohl für die Mitarbeiter, die Verbesserungsvorschläge erarbeiten sollen, als auch für die Führungskräfte gilt, die das KVP-Konzept aktiv fördern und nicht nur eine Beobachterrolle übernehmen müssen. Der KVP lässt sich als ein Führungskonzept und -instrument beschreiben, das die Mitarbeiter eines Unternehmens dafür gewinnen will, kontinuierlich und systematisch Verbesserungsmaßnahmen in einem Unternehmen zu erarbeiten. Dies erfordert aber auch eine konsequente Präsenz der Führungskräfte vor Ort an den Arbeitsplätzen, um dort den Verbesserungsprozess in Gang zu setzen, zu koordinieren, zu stimulieren, nachhaltig zu unterstützen und zu stabilisieren. Das Nachdenken darf nicht aufhören, wenn ein KVP-Workshop beendet worden ist.

Einzelschritte der Methode

Prinzip:

KVP heißt ständige, mitarbeitergetragene Verbesserung von Produkten und Dienstleistungen sowie des Entwicklungs-, des Herstellungs- und des Vertriebsprozesses.

Vorgehensweise:

Schritt 1 Vorbereiten des Workshops (Moderator)

- Problemfeld abstecken bzw. eingrenzen (z. B. Arbeitsbereich, Prozess)
- Grunddaten zum Problemfeld sammeln (Layouts, Standardarbeitsblätter etc.)
- alle eingegangenen Verbesserungsvorschläge zum Problembereich sammeln und ordnen (Recherchieren)
- zeitlichen Rahmen, Ablauf und Teilnehmer festlegen (ggf. Experten einbeziehen)

- Workshop-Termin mit betroffenen Führungskräften abstimmen und festlegen, Teilnehmer ggf. freistellen lassen
- Verfügbarkeit der Hilfsmittel und Räumlichkeiten sichern

Schritt 2 Bekanntmachung (Moderator)

persönliche Einladungen versenden mit

- Problemfeld
- Inhalt eingegangener Vorschläge
- Ansprechpartner für weitere Vorschläge (ggf. „Briefkasten")
- Termin, Dauer, Ort, Verteiler

Schritt 3 Eröffnung des Workshops (Moderator)

- Ablauf und Teilnehmer vorstellen
- „Spielregeln" für den Workshop klären
- Auffrischen der KVP-Philosophie
- PDCA-Zyklus erläutern

Schritt 4 Checken der Situation (Moderator mit Teilnehmern)

- vorliegende Verbesserungsvorschläge nach Themen ordnen
- „spontane" Verbesserungsthemen aufnehmen
- über analytische Verfahren (z. B. Wertschöpfung und Nichtwertschöpfung bzw. sieben Verschwendungsarten, **REFA-Arbeitsablaufanalysen**) Verbesserungspotenziale ermitteln

Schritt 5 Agieren im Sinne von Handlungsbedarf ermitteln (Moderator mit Teilnehmern)

- Verbesserungspotenziale wenn möglich quantifizieren
- Verbesserungspotenziale priorisieren

Schritt 6 Planen der Lösungen und der Umsetzung (Moderator mit Teilnehmern)

- Lösungen und Umsetzungsmaßnahmen für hoch priorisierte Potenziale entwickeln und nach Umsetzungsaufwand, Umsetzungsdauer und Effekt in kurzfristig, mittelfristig und langfristig umzusetzende Lösungen einteilen
- Maßnahmen festlegen und mit Maßnahmenplänen unter Festlegung von Zieltermin, Umsetzungskontrollmechanismus und Verantwortlichkeit hinterlegen

Schritt 7 Tun (Teilnehmer)

- kurzfristige Maßnahmen schon während des Workshops umsetzen
- Ergebnisse vor betroffenem Führungskreis präsentieren
- ggf. Hauptergebnis im Anwendungsbereich visualisieren

Anwendungsbeispiel

Ablauf eines KVP-Workshops für einen von manuellen Tätigkeiten geprägten Montagebereich

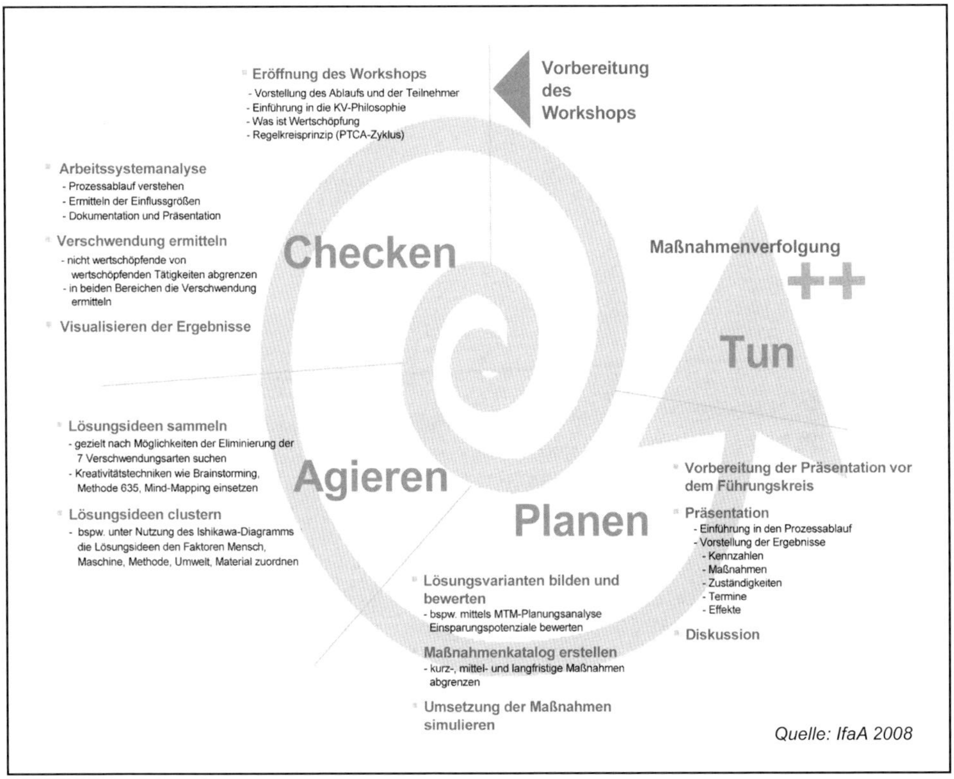

Quelle: IfaA 2008

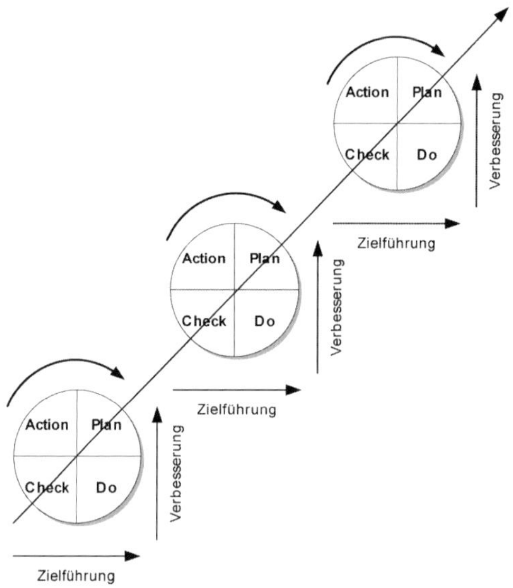

Ein wirklicher kontinuierlicher Verbesserungsprozess entfaltet sich jedoch erst durch **wiederholte Aktivitäten** (KVP-Workshops), die typischerweise gezielt initiiert werden müssen. Dazu ist es erforderlich, erreichte Verbesserungen durch **Standards** abzusichern und nach Möglichkeit auf weitere Anwendungsbereiche zu übertragen.

Quelle: IfaA 2008

Hilfsmittel

Prüfliste zur KVP-Workshop-Vorbereitung

Tätigkeit	erledigt	Bearbeiter	Termin	Bemerkung
Teilnehmerkreis festlegen				
Termin abstimmen				
Teilnehmer informieren				
Ist-Zustand erfassen				
Unterlagen an Teilnehmer versenden: ▪ Teilnehmerverzeichnis ▪ Systembeschreibung ▪ zeitlicher Ablauf ▪ ggf. Formblätter				
Hilfsmittel für Workshop vorbereiten: ▪ Video, Foto ▪ Messgeräte ▪ Beamer, Laptop ▪ Flip-Chart, Pinwand ▪ Schreibbretter ▪ Namensschilder ▪ Papier und Stifte ▪ Arbeitsblätter				

Literaturhinweise

Brunner, F. J.: Japanische Erfolgskonzepte. Müchen; Wien: Hanser, 2011

IfaA – Institut für angewandte Arbeitswissenschaft (Hrsg.): Methodensammlung zur Unternehmensprozessoptimierung. Köln: Wirtschaftsverlag Bachem, 2008

Imai, M.: KAIZEN. München: Langen-Müller, 1992

Kostka, C.; Kostka, S.: Der kontinuierliche Verbesserungsprozess. Methoden des KVP. München, Wien: Hanser, 2002

Neuhaus, R.: Evaluation und Benchmarking der Umsetzung von Produktionssystemen in Deutschland. Norderstedt: BOD-Verlag, 2010

Multimomentaufnahme

Alternative Bezeichnungen

Multimoment-Häufigkeitsverfahren, Stichprobenverfahren

Ziel

Erfassen der Häufigkeit und/oder Dauer relevanter Ereignisse, basierend auf einer nach dem Zufallsprinzip durchgeführten Anzahl von Beobachtungen/Stichproben

Weg

- stichprobenartige Augenblicksbeobachtung
- Feststellung und Registrierung zuvor festgelegter Merkmale/Ablaufarten bzw. Ereignisse zu wechselnden Zeitpunkten bei einer gleichbleibenden Rundgangsfolge
- Protokollieren des erfassten Ist-Zustands und Auswertung der Einzeldaten

Ergebnisse

- Häufigkeit bzw. Anteile von Vorgängen oder Zeitarten an mehreren Arbeitsplätzen
- statistisch gesicherte Grundlage für betriebliche Kennzahlen
- Nutzungszeiten von Maschinen, Anlagen, Vorrichtungen, Werkzeugen und Fördermitteln (Auslastungskontrolle)
- Tätigkeits- und Verteilzeiten als Grundlage für Vorgabezeiten
- Bestandskontrolle von Lagervorräten

	gering	mittel	hoch
Einsatzaufwand		**X**	
Schulungsaufwand		**X**	

	kurzfristig	mittelfristig	langfristig
Dauer der Ergebnisrealisierung		**X**	

Rahmenbedingungen für den erfolgreichen Einsatz

Für die Durchführung einer Multimomentaufnahme ist Fachpersonal für die Vorbereitung und Auswertung erforderlich. Die zu erfassenden Ereignisse müssen eindeutig erkennbar sein. Personen und Beteiligte müssen über den Einsatz der Methode informiert sein und den Sinn und Zweck verstehen, sodass es zu keiner Beeinflussung der Ergebnisse (durch Manipulation der Ereignisse) kommt. Der normale Ablauf darf nicht gestört werden, damit die erfassten Ereignisse den realen Ist-Zustand abbilden. Es muss eine für den Anwendungsfall ausreichende Anzahl von Beobachtungen gemacht werden, um die Genauigkeit der Erhebung und Auswertung zu gewährleisten.

Einzelschritte der Methode

Prinzip:

Die Multimomentaufnahme als Beobachtungstechnik hat das Ziel, aus stichprobenartig genommenen Momentaufnahmen statistisch gesicherte Häufigkeiten/Mengen und Zeitverbräuche von zuvor festgelegten Ablaufarten bzw. Ereignissen zu gewinnen. Dadurch ist eine Aussage über die prozentuale Häufigkeit bzw. über die Dauer sich wiederholender Ereignisse beliebiger Art möglich. Multimomentaufnahmen sind geeignet für die Analyse von Prozessen, in denen sich bestimmte Ereignisse mehr oder weniger oft wiederholen, um aus einer begrenzten Anzahl von Stichprobenbeobachtungen auf die Gesamtheit aller Ereignisse zu schließen. Beim Multimomentverfahren handelt es sich wie bei der REFA-Zeitaufnahme um Fremdaufschreibungen durch eine andere Person als die ausführende.

Grundsätzlich können zwei Formen von Multimomentaufnahmen unterschieden werden:

1. Beim **Multimoment-Häufigkeitszählverfahren** wird im Rahmen von zufällig verteilten stichprobenartigen Beobachtungen die Häufigkeit des Auftretens von Ablaufabschnitten bzw. Ereignissen gezählt. Die gewünschte Genauigkeit der Aufnahme lässt sich über Stichprobenumfang und -struktur beeinflussen. Aus den Ergebnissen lassen sich dann statistisch die Zeitanteile als Prozentsatz für die beobachteten Ablaufabschnitte ermitteln (vgl. Haller-Wedel 1969 und Kaminsky 1980).
2. Das **Multimoment-Zeitmessverfahren** läuft nach dem gleichen Prinzip ab, jedoch wird für jedes erfasste Ereignis der/die Beobachtungszeitpunkt/-uhrzeit festgehalten, um damit anschließend im Gegensatz zum Multimoment-Häufigkeitszählverfahren die Zeitdauer der beobachteten Ablaufabschnitte zu ermitteln.

Im Gegensatz zum Multimoment-Häufigkeitszählverfahren wird beim Multimoment-Zeitmessverfahren die Zeitdauer der beobachteten Ablaufabschnitte ermittelt.

Vorgehensweise:

Der Durchführende der Aufnahme beobachtet zu im Vorfeld nach dem Zufallsprinzip festgelegten Zeitpunkten auf definierten Rundgängen die vorkommenden Ereignisse oder Ablaufarten von Prozessen (z. B. Mitarbeiter bedient Maschine, Mitarbeiter rüstet Maschine, Stillstand Maschine usw.). Somit wird ein Gesamtüberblick über die Verteilung und Häufigkeit von Ereignissen in einem Prozess gewonnen.

Schritt 1 Zielbestimmung

Beantwortung der Frage, welche Informationen und Daten mit der Aufnahme gewonnen werden sollen

Schritt 2 Festlegung der zu erfassenden Beobachtungselemente bzw. Ablaufarten

Diese sollten eindeutig erkennbar sein und neben der Nennung durch eindeutig wahrnehmbare Erkennungsmerkmale beschrieben werden.

Schritt 3 Ermittlung der erforderlichen Anzahl an Beobachtungen und Rundgängen

Die Zeitintervalle der Beobachtungen in Form eines Beobachtungszeitplanes müssen festgelegt werden. Die Zeitintervalle sind von der Zahl der zu ermittelnden Ereignisse abhängig.

Schritt 4 Festlegung der Rundgangswege und Beobachtungsstandpunkte

Die Reihenfolge der Beobachtungen je Rundgang, die während der gesamten Aufnahmezeit einzuhalten ist, muss bestimmt werden. Der Rundgangsplan wird in einer Skizze dokumentiert.

Schritt 5 Aufstellung Zeitplan

Die Zeitpunkte für den Beginn des Rundgangs werden festgelegt, wobei diese zufällig gewählt werden sollen. Die Anzahl der erforderlichen Beobachtungen (Stichprobenumfang) wird bestimmt.

Schritt 6 Entwurf des Formulars für die Stichprobenbeobachtungen

Schritt 7 Information

Die von den Rundgängen betroffenen Beschäftigten sollten über Hintergrund, Ziel und Ablauf der Multimomentaufnahme informiert werden. Eventuelle Mitwirkungsrechte des Betriebsrates sind zu prüfen.

Schritt 8 Eintragung der Ergebnisse in das Formular

Die auf dem Rundgang beobachteten Ereignisse werden in das vorbereitete Erfassungsformular eingetragen und für die spätere Auswertung protokolliert.

Schritt 9 Auswertung der Ergebnisse

Die erfassten Daten werden nach statistischen Regeln ausgewertet.

Die Durchführung einer Multimomentaufnahme kann sich auch an der Vorgehensweise nach REFA orientieren:

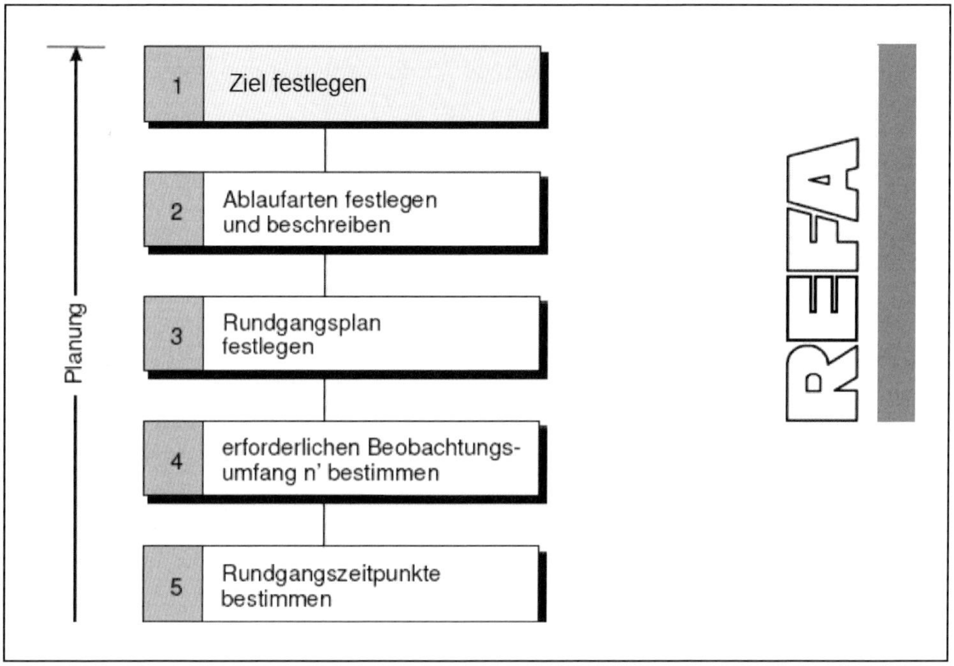

Bild 1: REFA-Standardprogramm Multimomentaufnahme

Anwendungsbeispiel

Durchführung einer Multimomentaufnahme

Die zeitliche Auslastung von 20 Pressen in einem Betrieb mit kleiner Losgrößenfertigung soll kontrolliert und insbesondere in Erfahrung gebracht werden, welche Ursachen die Unterbrechungen haben. Die *mittlere* Auslastung *aller* Pressen ist zu bestimmen.

Lösung:

Diese Aufgabe wird nach Eignungsprüfung über das Multimomentverfahren gelöst. Am besten geht man so vor, dass eine Aussagegenauigkeit des zu beobachtenden Mittelwertes festgelegt und rückwärts auf die Anzahl der erforderlichen Aufnahmen geschlossen wird. Den Ergebnisanteil muss man nach Erfahrung schätzen und nach erfolgter Aufnahme korrigieren. Für kleinere Ergebnisanteile (1 bis 5 Prozent), die noch dazu einer erhöhten Genauigkeit bedürfen, wird eine große Anzahl von Beobachtungen erforderlich, was mit höheren Kosten und längerer Aufnahmedauer verbunden ist. In den kleinen Ergebnisanteilen liegt auch die Grenze des Verfahrens.

Vorgehensweise:

1. Bestimmung der erforderlichen Beobachtungszahl *N* nach geschätztem Ergebnisanteil für die einzelnen Tätigkeiten und nach sinnvoll geschätztem Streumaß *f* gemäß Tabelle 1. Ergebnis: maximales *N*.

$N = [3{,}84\, p\, (100 - p)] / f^2$ Anzahl der Beobachtungen

3,84		Faktor für eine statistische Sicherheit von 95 %
p	in %	Anteil einer Teilgröße an der Gesamtheit der ermittelten Größen p = [n (Beobachtungen je Größe) / N (Gesamtbeobachtungen)] 100
f	in %	Streumaß (absolute Streuung) von n in Bezug auf N

Tätigkeit	Zeitanteil $\overline{p}$ geschätzt	Streumaß $\overline{f}$ gewünscht	Zahl der Beobachtungen N	
Produktion	$\overline{p_1}$ = 55 %	± 2,0 %	2380	größter N-Wert
Unterbrechung:				
Einrichten	$\overline{p_2}$ = 10 %	± 1,5 %	2540	
Reparatur	$\overline{p_3}$ = 5 %	± 1,5 %	810	
Material fehlt	$\overline{p_4}$ = 5 %	± 1,0 %	1830	
Personal fehlt	$\overline{p_5}$ = 15 %	± 1,5 %	2180	
undefinierbar	$\overline{p_6}$ = 10 %	± 1,5 %	1540	

Tabelle 1: Art und Anzahl der zu beobachtenden Tätigkeiten

2. Ermittlung des Gesamtzeitaufwands für die Multimomentaufnahmen (Beobachtungen). Nach festgelegtem Rundgangsweg ergeben Proberundgänge eine mittlere Dauer von t_R = 15 Minuten. Die Anzahl der erforderlichen Rundgänge R für *N* = 2.380 Beobachtungen und *n* = 20 Pressen beträgt dann:

$$R = \frac{N}{n} = \frac{2380}{20} = 120 \text{ Rundgänge}$$

$$R \cdot t_R = 120 \cdot 15 \text{ Minuten} = 30 \text{ Stunden}$$

Für einen Beobachter wären bei 10 Rundgängen pro Tag 12 Tage erforderlich. Die Beobachtungszeiten werden aus allgemeinen Zufallstabellen (Zufalls-Stundentafel, Zufalls-Minutentafel VDI 2492) entnommen.

3. Aufnahme und Auswertung: Ein Multimoment-Beobachtungsbogen erfasst in Form einer Strichliste pro Tag bei allen Rundgängen die Tätigkeiten jeder Presse und kann gleichzeitig zur Auswertung benutzt werden. Die einzelnen Ergebnisanteile *p* erhält man aus der Anzahl der Beobachtungen je Tätigkeit dividiert durch die Gesamtzahl der Beobachtungen in Prozent. Diese Prozentsätze entsprechen auch den Zeitanteilen der betreffenden Tätigkeiten. Das tatsächliche Streumaß f (absolute Streuung) wird jetzt für die wirkliche Beobachtungszahl *N* und den ermittelten Ergebnisanteil *p* durch Auflösen der folgenden Formel nach *f* errechnet.

$N = [3{,}84\, p\, (100 - p)] / f^2$ Anzahl der Beobachtungen

3,84		Faktor für eine statistische Sicherheit von 95 %
p	in %	Anteil einer Teilgröße an der Gesamtheit der ermittelten Größen p = [n (Beobachtungen je Größe) / N (Gesamtbeobachtungen)] 100
f	in %	Streumaß (absolute Streuung) von n in Bezug auf N

Daraus folgt:

$$p = \frac{n'}{N} \cdot 100$$

In Tabelle 2 werden die geschätzten und ermittelten Anteile gegenübergestellt. Das ergibt für das aufgeführte Beispiel eine effektive Produktionszeit aller 20 Pressen bei einer statistischen Sicherheit von 95 Prozent von $p1 \pm f1 = 57{,}4 \pm 1{,}98$, also einen Bereich von 55,4 Prozent bis 59,4 Prozent.

Tätigkeit	Zeitanteil *p*		Streumaß *f*	
	geschätzt	ermittelt	gewünscht	erreicht
Produktion	55 %	57,4 %	± 2,0 %	± 1,98 %
Einrichten	10 %	12,4 %	± 1,5 %	± 1,32 %
Reparatur	5 %	6,7 %	± 1,5 %	± 1,00 %
Material fehlt	5 %	4,2 %	± 1,0 %	± 0,8 %
Personal fehlt	15 %	17,1 %	± 1,5 %	± 1,51 %
undefinierbar	10 %	2,2 %	± 1,5 %	± 0,6 %
Summe	100 %	100 %	–	–

Quelle: Heinrich 2006

Tabelle 2: Ergebnisse der Multimomentaufnahmen bei N = 2.380 Beobachtungen

Hilfsmittel

MM1	REFA-Multimoment-Ablaufarten-Katalog	Bearbeiter	Datum
		geprüft	

Gliederung der Ablaufarten für beobachtete Menschen und Betriebsmittel Nr.	1	2	3	4	5	6	7	8	9	10	11	12	13	14	15

Nr.	Ablaufart	Bezeichnung	Kurzzeichen	Erkennungsmerkmale

MM1	REFA-Multimomentaufnahme Ergebnisbogen	Ablage Nr. Blatt von Blättern

Ziel der Multimomentaufnahme

Beginn (Datum)	Ende (Datum)	Vorlage der Ergebnisse (Datum)

voraussichtlich erforderliche Zahl der Beobachtungen n´=	geforderter Vertrauensber. f´= %	für Ablaufart Nr.	Aussage-wahrscheinlichkeit S = %

	Nr.	Ablaufart	Anteil p in %	Vertrauensbereich f in %	Ablaufarten-Profil
	1				
	2				
	3				
	4				
	5				
	6				
	7				
	8				
	9				
	10				

8	Nr.	Name des beobachteten Menschen / Benennung, Type des beobachteten Betriebsmittels	Personal-Nr. / Betriebsmittel-Nr.	m	w	Dauer der Ausübung: ähnl. Arbeit / unters. Arbeit / technische Daten, Zustand	Kostenstelle	Auftrags-zusammensetzung
	1							
	2							
	3							
	4							
	5							
	6							
	7							
	8							
	9							
	10							
	11							
	12							
	13							
	14							
	15							

Umgebungseinflüsse	Entlohnung

Bemerkungen

Qualität des Arbeitsergebnisses

Gruppenleiter	geprüft	Datum

MM2	REFA-Multimomentaufnahmebogen für zusammengefasste Aufschreibungen	Beobachter	Datum	Ablage Nr.
		geprüft		Blatt von Blättern

Ablaufart / Rundgang		Tag																				Ergebnisse			
		Nr.																				Anzahl	Übertrag	Summe	Anteil
Nr.	Bezeichnung	Uhrzeit																				x_a	$x_ü$	x	p in %
Beobachtungen je Rundgang n_R																									100,00

Rundgang Nr.	Tag	Uhrzeit	besonderes Vorkommnis							

Ablaufart / Rundgang		Tag																				Ergebnisse			
		Nr.																				Anzahl	Übertrag	Summe	Anteil
Nr.	Bezeichnung	Uhrzeit																				x_a	$x_ü$	x	p in %
Beobachtungen je Rundgang n_R																									100,00

Rundgang Nr.	Tag	Uhrzeit	besonderes Vorkommnis							

Bemerkungen

Literaturhinweise

Eversheim, W.; Schuh, G.: Produktion und Management. „Betriebshütte“ 2 Bde. Berlin: Springer, 2000

Haller-Wedel, E.: Das Multimomentverfahren in Theorie und Praxis. München: Hanser, 1969

Heinrich, M.: Transport- und Lagerlogistik. Wiesbaden: Vieweg & Sohn, 2006

Janas, I.; Hoffmann, K.: Benchmark indirekter Bereiche – Multimoment-Häufigkeitsanalyse zum Vergleich ähnlich strukturierter Prozesse in indirekten Gießereibereichen. In: Gießerei, Düsseldorf, 87 (2000) 8, S. 51-54

REFA (Hrsg.): REFA-Methodenlehre der Betriebsorganisation. Datenermittlung. München: Hanser, 1997

VDI Richtlinie 2492

Paarweiser Vergleich

Alternative Bezeichnungen

Matrixvergleich, Matrixverfahren

Ziel

Bildung einer Rangfolge mehrerer voneinander unabhängiger Einzelkriterien

Weg

Auflösung der Entscheidungskomplexität durch direkten (paarweisen) Vergleich von Einzelkriterien und Verknüpfung der Einzelbewertungen zu einer Rangziffer

Ergebnisse

- Rangfolge von Bewertungskriterien
- Grundlage zur Bestimmung von Gewichtungsfaktoren
- Verkürzung der Zeit zur Entscheidungsfindung

	gering	mittel	hoch
Einsatzaufwand	**X**		
Schulungsaufwand	**X**		

	kurzfristig	mittelfristig	langfristig
Dauer der Ergebnisrealisierung	**X**		

Rahmenbedingungen für den erfolgreichen Einsatz

Es müssen mehrere voneinander unabhängige Kriterien vorliegen, die bewertet werden sollen. Wird die Bewertung von mehreren Personen gemeinsam vorgenommen, ist ein Konsens über die Inhalte und Bedeutung der Bewertungskriterien herzustellen. Dennoch können die individuellen Einschätzungen unterschiedlich ausfallen. Diese sind dann ggf. zu mitteln.

Einzelschritte der Methode

Prinzip:

Vergleich jedes Einzelkriteriums (A) mit jedem anderen (B) und Festlegung einer Wichtigkeit in der direkten Gegenüberstellung, wobei sich die Entscheidungsmenge auf (A wichtiger B), (A gleichgewichtig B) und (A unwichtiger B) reduziert. Die Summe dieser Einzelbewertungen führt zu einer Aussage zur Gesamtwichtigkeit jedes Einzelkriteriums in Form einer Rangziffer.

Vorgehensweise:

Schritt 1 Zusammenstellung der Bewertungskriterien

Hierbei ist auf eine Unabhängigkeit der Einzelkriterien zu achten, da eine Gewichtung abhängiger Kriterien nicht möglich ist (Beispiel: Dichte, Volumen und Masse eines Körpers können nicht gemeinsam gegeneinander gewichtet werden, wohl aber Masse und Volumen).

Außerdem dürfen nur Kriterien, nicht ihre Ausprägungen in den Vergleich einbezogen werden (Beispiel: Preisobergrenzen, Mindestgarantiezeit etc.)

Schritt 2 Vergleich jedes Einzelkriteriums (A) mit jedem anderen (B)

Für das sehr gebräuchliche Matrixverfahren ist dabei für n Bewertungskriterien eine Matrix mit (n+1) Zeilen und (n+2) Spalten zu nutzen:

- Eintrag der Kriterien in die 1. Spalte und 1. Zeile der Matrix jeweils in der gleichen Reihenfolge von oben nach unten bzw. von links nach rechts;
- Felder der Matrixdiagonalen für Einträge sperren.

Jedes Kriterium der 1. Spalte (A) ist nun jedem der 1. Zeile (B) gegenüberzustellen. Die Wichtigkeitsaussage wird durch einen Zahlenwert ausgedrückt, wobei

- A wichtiger B den größten Wert (z. B. 2) zugewiesen bekommt,
- A unwichtig gegenüber B den kleinsten Wert (z. B. 0) erhält
- und bei A gleichgewichtig mit B der Mittelwert zwischen den beiden Werten (in diesem Falle 1) zugewiesen wird.

Der Wert wird in das entsprechende Matrixfeld rechts der Diagonalen eingetragen. Beim Finden der richtigen Aussage ist es hilfreich, die zu vergleichenden Kriterien gedanklich in ihre gewünschten und ungewünschten Extremausprägungen zu führen und danach die Wichtigkeitsaussage zu treffen.

Schritt 3 Auswertung der Einzelvergleiche

Durch die Verkettung der gefundenen Entscheidungen in einer Matrix wird die Summe der Entscheidungen als Rangwert gebildet.

Beim Matrixverfahren sind dazu links der Matrixdiagonalen die Gegenwerte der Felder rechts der Diagonalen einzutragen (hat bspw. ein Feld direkt oberhalb (rechts) der Diagonalen den Wert 2, so erhält das senkrecht zur Diagonalen gegenüberliegende Feld den Wert 0). Die Summen der Zeilen führen in der letzten Spalte auf den Rangwert, wobei der größte Wert bei dem wichtigsten Kriterium entsteht.

Anwendungsbeispiel

Im folgenden Anwendungsbeispiel diente der paarweise Vergleich einem Verbesserungsteam dazu, mögliche Ausschussursachen einer Produktionslinie für Verpackungsmaterial zu identifizieren und aus Sicht der Mitarbeiter zu gewichten. Ursachen mit hoher Bedeutung wurden anschließend zielgerichtet analysiert und mit geeigneten Maßnahmen beseitigt.

Der Ausschuss verursacht nicht nur Materialkosten, sondern ist in der Regel auch mit Störungen der automatisierten Abläufe und mit teils längeren Stillstandzeiten der Produktionslinie verbunden. Ziel war deshalb, die Menge an Ausschuss zu halbieren.

Grundsätzlich kommen als Auslöser für Ausschuss sowohl personal- als auch maschinen- oder materialbedingte Ursachen infrage. Der Umfang der je Produktionsauftrag anfallenden Fehler wird bereits seit Längerem im BDE-System (BDE – Betriebsdatenermittlung bzw. betrieblichen Datenerfassung) erfasst. Aus diesen Daten wurden als kritische Stationen identifiziert:

- Schneide- und Faltstation;
- Klebestation.

An jeder Station gibt es komplexe automatisierte Arbeitsabläufe mit einer Vielzahl von Einflussfaktoren und möglichen Fehlerursachen. Diese wurden per Brainstorming gesammelt und aus Sicht der Mitarbeiter mithilfe des paarweisen Vergleichs gewichtet. Die Einschätzung aus Sicht der Schichtmannschaft 2 für die Schneide- und Faltstation ist in Bild 1 dargestellt. Die Ursachen Positionierelement, Vakuumgreifer und Separiereinheit sind darin die drei wichtigsten potenziellen Fehlerursachen, wobei der Einfluss weiterer Ursachen nur unwesentlich geringer scheint.

Rangkriterien:

2 = wichtiger
1 = gleich
0 = unwichtiger

Schneide- und Faltstation	1. Mitarbeiter	2. Material	3. Fixierbalken	4. Transporteinheit	5. Messer	6. Vakuumgreifer	7. Positionierelement	8. Andrückrolle	9. Falzkante	10. Separiereinheit	Summe
1. Mitarbeiter		0	2	1	1	1	0	1	1	1	8
2. Material	2		2	1	1	0	0	1	1	1	9
3. Fixierbalken	0	0		1	1	0	0	1	1	2	6
4. Transporteinheit	1	1	1		2	1	0	1	1	1	9
5. Messer	1	1	1	0		0	0	1	1	0	5
6. Vakuumgreifer	1	2	2	1	2		1	0	0	1	10
7. Positionierelement	2	1	2	2	2	1		2	2	1	15
8. Andrückrolle	1	1	1	1	1	2	0		1	1	9
9. Falzkante	1	1	1	1	1	2	0	1		0	8
10. Separiereinheit	1	1	0	1	2	1	1	1	2		10

Bild 1: Paarweiser Vergleich möglicher Fehlerursachen an der Schneide- und Faltstation

Um eine schichtübergreifende Bewertung aus Sicht aller Teams und Mitarbeiter zu erhalten, wurde der paarweise Vergleich für die kritischen Stationen von allen Schichtteams erstellt. Die Ergebnisse wurden einander gegenübergestellt (Bild 2).

	Schneid- und Faltstation	Schichtmannschaft 1	Schichtmannschaft 2	Schichtmannschaft 3	Summe
1.	Positionierelement	8	15	12	**35**
2.	Andrückrolle	11	9	10	**30**
3.	Material	11	9	9	**29**
4.	Falzkante	11	8	10	**29**
5.	Vakuumgreifer	3	10	7	**20**
6.	Messer	7	5	6	**18**
7.	Transporteinheit	3	9	5	**17**
8.	Mitarbeiter	5	8	3	**16**
9.	Fixierbalken	2	6	3	**11**
10.	Separiereinheit	0	10	0	**10**

	Klebestation	Schichtmannschaft 1	Schichtmannschaft 2	Schichtmannschaft 3	Summe
1.	Ansaugstation	16	12	13	**41**
2.	Transportband	14	12	11	**37**
3.	Positionierer	11	12	13	**36**
4.	Greiferelemente	12	10	12	**34**
5.	Mitarbeiter	12	11	10	**33**
6.	Aufsetzstation	6	12	9	**27**
7.	Leimdosierer	4	12	8	**24**
8.	Material	5	3	4	**12**
9.	Andruckleiste	6	4	4	**14**
10.	Leim	7	3	2	**12**

Bild 2: Gegenüberstellung von Bewertungsergebnissen aus dem paarweisen Vergleich

Anhand der Gegenüberstellung konnte das Verbesserungsteam mögliche Fehlerursachen aus Sicht der Mitarbeiter ablesen und sich mit diesen in der Reihenfolge ihrer Bedeutung auseinandersetzen. Größere Unterschiede in der Bewertung gaben darüber hinaus Hinweise auf Gesprächs- und Klärungsbedarf.

Aus der ersten Einschätzung der Mitarbeiter sowie anschließenden Analysen und intensiven Gespräche konnten wertvolle Hinweise für sinnvolle Verbesserungen gewonnen werden. Im Vordergrund standen dabei weniger technische Maßnahmen als vielmehr die Entwicklung einheitlicher schichtübergreifender Standards für die Einstellung der Linie bei Auftragswechsel, die Wartung und Reinigung sowie die Entwicklung und Umsetzung entsprechender Schulungen. Die Zielvorgabe wird seitdem beständig erreicht bzw. unterschritten.

Hilfsmittel

Rangkriterien:

2 = wichtiger
1 = gleich
0 = unwichtiger

		1.	2.	3.	4.	5.	6.	7.	8.	9.	10.	Summe
1.												0
2.												0
3.												0
4.												0
5.												0
6.												0
7.												0
8.												0
9.												0
10.												0

Literaturhinweise

Deutsche MTM-Vereinigung e.V. (Hrsg.): Das Ganzheitliche Produktionssystem. Anwenderhandbuch. Hamburg: Deutsche MTM-Vereinigung e.V., 2002

IfaA – Institut für angewandte Arbeitswissenschaft (Hrsg.): Abläufe verbessern – Betriebserfolge garantieren. Köln: Wirtschaftsverlag Bachem, 2008

Kaminske, G. F.: Die Hohe Schule des Total Quality Management. Berlin: Springer, 1994

REFA (Hrsg.): REFA-Methodenlehre der Betriebsorganisation. Planung und Steuerung Teil 5. München: Hanser, 1991

Spath, D.; Dill, C.; Scharer, M.: Vom Markt zum Markt. Stuttgart: LOG_X, 2001

Portfolio-Analyse

Alternative Bezeichnungen

Vier-Felder-Matrix, Neun-Felder-Matrix, BCG-Matrix

Ziel

Sortierung von Projekten, Maßnahmen oder Produkten nach zwei Dimensionen und Ableitung von Handlungsoptionen

Weg

- Entsprechend den zwei gewählten Dimensionen wie z. B. Aufwand und Nutzen, die auch eine Aggregation von einzelnen Bewertungskriterien sein können, werden die zu beurteilenden Projekte oder Maßnahmen in einem Diagramm grafisch abgebildet.
- In Abhängigkeit von den gewählten Dimensionen und der zu beantwortenden Fragestellung finden sich die relevanten Objekte in einem Quadranten, einem dreieckförmigen Bereich oder längs einer Diagonalen.

Ergebnisse

- Priorisierung von Handlungsoptionen
- Sortierung von Objekten nach zwei Dimensionen

	gering	mittel	hoch
Einsatzaufwand		**X**	
Schulungsaufwand		**X**	

	kurzfristig	mittelfristig	langfristig
Dauer der Ergebnisrealisierung		**X**	

Rahmenbedingungen für den erfolgreichen Einsatz

Ursprünglich wurde die Portfolio-Analyse 1952 vom Wirtschaftswissenschaftler Harry M. Markowitz zur Zusammenstellung eines Bündels von Wertpapieren entwickelt, um nach bestimmten Kriterien eine optimale Gesamtverzinsung unter Berücksichtigung der Risiken zu erhalten. Das Konzept wurde durch die Unternehmensberatungsgesellschaft Boston Consulting Group (BCG) in den 1960er-Jahren zur Darstellung der Marktposition von Produkten oder Unternehmenseinheiten angepasst. Ziel war die ausgewogene Verteilung der Produkte unter den Dimensionen „Marktwachstum“ und „Marktanteil“. Zu jeder Kombination der Dimensionen wurden sogenannte Normstrategien definiert. Im übertragenen Sinne eignen sich Projekte,

Produkte und Produktgruppen, Maßnahmen oder andere Objekte für eine Portfolio-Analyse. In allen Fällen ist es notwendig, die relevanten Bewertungsdimensionen festzulegen und eine Bewertung der zu vergleichenden Objekte nach diesen Dimensionen vorzunehmen. Ein hilfreiches Formblatt hierfür findet sich unter **www.meport.net** (Stand: Mai 2011).

Einzelschritte der Methode

Prinzip:

Die Portfolio-Analyse stellt die zu untersuchenden Objekte so in einem zweidimensionalen Diagramm (Matrix) dar, dass die jeweiligen Ausprägungen der beiden beurteilten Dimensionen auf der vertikalen und der horizontalen Achse des Diagramms abgelesen werden können (Portfolio-Matrix). Jede Achse wird meist in zwei Teile (Vier-Felder-Portfolio) geteilt.

Ein sehr häufig verwendetes Portfolio ist das Marktanteils-/Marktwachstums-Portfolio. In diesem Portfolio wird die Stärke des Unternehmens in der waagerechten Achse durch den relativen Marktanteil ausgedrückt. Das Marktwachstum zeigt die Erfolgschancen auf dem Markt und ist in der senkrechten Achse aufgetragen.

Vorgehensweise:

Schritt 1 Festlegung der Hauptdimensionen

Die beiden zu beurteilenden Hauptdimensionen der zu vergleichenden Objekte sind auszuwählen und festzulegen. Häufig verwendete Paarungen sind:

- Marktwachstum und relativer Marktanteil,
- Anforderung und Umsetzung,
- Effektivität und Effizienz,
- Marktattraktivität und Wettbewerbsvorteil,
- Risiko und Amortisationszeit,
- Aufwand und Nutzen,
- Kosten und Ertrag,
- Anforderung und Erfüllungsgrad,
- Wichtigkeit und Dringlichkeit.

Andere Kombinationen sind nach Aufgabenstellung frei wählbar.

Die Bewertungskriterien und deren Skalierung sind für jede Hauptdimension zu bestimmen. Ggf. sind Gewichtungen der Einzelkriterien vorzunehmen. Es ist auch festzulegen, ob die Skalierung offen oder geschlossen sein soll, d.h. ob es einen Höchstwert geben soll.

Schritt 2 Bewertung der Objekte

Für jedes zu untersuchende Objekt ist die Einstufung gemäß den Bewertungskriterien für jede Hauptdimension vorzunehmen und in die Portfolio-Matrix einzutragen. Je nach gewünschter Genauigkeit der Auswertung werden die beiden Achsen in zwei oder drei gleiche Abschnitte unterteilt. Daraus ergeben sich dann vier oder neun Felder in der Matrix.

Schritt 3 Interpretation der Ergebnisse

In Abhängigkeit von den gewählten Hauptdimensionen finden sich die vorrangig weiter zu verfolgenden Objekte in einem oder mehreren der Felder der Matrix. Für jedes der entstandenen Felder lassen sich „Normstrategien“ formulieren wie z. B. „Weiterverfolgen und Ausbauen“, „Verwerfen“, „Zurückstellen“ oder „Weiterlaufen lassen“.

Anwendungsbeispiel

1. Portfolio-Matrix der Boston Consulting Group

Ein fiktives Unternehmen sei in fünf verschiedenen Geschäftsfeldern tätig. Für die weitere Strategie sind die Geschäftsfelder auf die Potenziale zu untersuchen, um die Investitionen erfolgsorientiert einzusetzen. Die folgenden Kennzahlen wurden ermittelt:

Produktbereich	relativer Marktanteil	Marktwachstum	Umsatz
Medizintechnik	27 %	34 %	2.000.000 €
Telekommunikation	19 %	4 %	23.000.000 €
Automobiltechnologie	5 %	-4 %	12.000.000 €
Computer	18 %	3 %	6.000.000 €
Unterhaltungselektronik	4 %	14 %	1.000.000 €

Visualisiert man diese Werte mithilfe der Portfolio-Analyse, so kommt man zu dem in Bild 1 dargestellten Ergebnis:

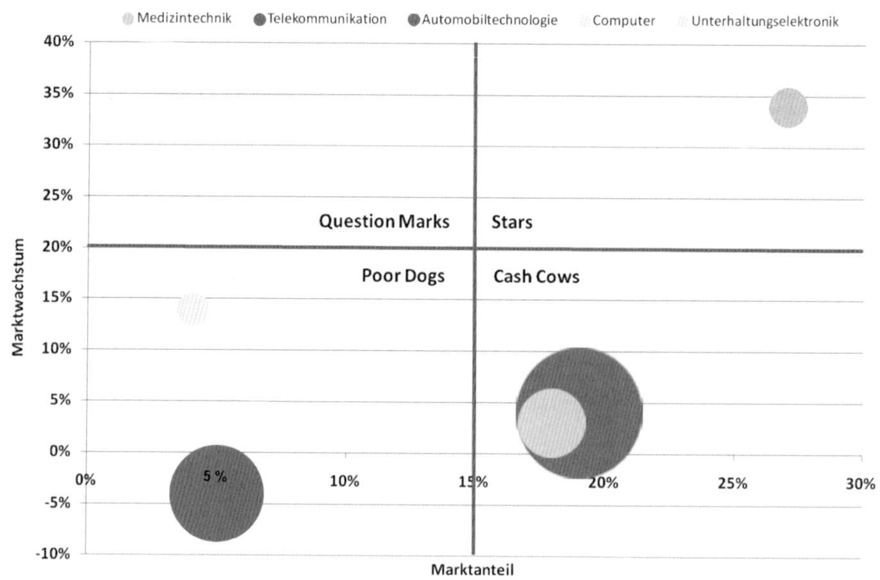

Quelle: Kerth; Asum; Stich 2009

Bild 1: Zusammenhang zwischen Marktwachstum und Marktanteil

Setzt das Unternehmen die empfohlenen Normstrategien um, so kommt es zu folgendem Ergebnis:

- Die Medizintechnik ist ein eindeutiger Star. Der Umsatz ist zwar noch gering, aber durch das Marktwachstum hat dieser Bereich gute Erfolgsaussichten. Der komplette Cashflow aus der Medizintechnik sollte zur Stärkung derselben verwendet werden.
- Die Bereiche Telekommunikation und Computer dienen als Cashcow der Finanzierung der Stars und Question Marks, hier also Medizintechnik und Unterhaltungselektronik.
- Der Bereich der Automobiltechnologie ist ein Poor Dog und sollte noch abgeschöpft werden, ohne weitere Investitionen zu tätigen. Alternativ kann ein Verkauf statt der Schließung angestrebt werden, um einen maximalen Cashflow zu generieren. Falls sich die Produktionsbereiche technologisch und vom Know-how ähneln, so können die frei werdenden Ressourcen auch auf die anderen Produktbereiche, insbesondere auf die Stars, übertragen werden.
- Die Unterhaltungselektronik ist ein Question Mark, sodass noch nicht klar ist, wie sich der Bereich weiterentwickelt. Durch gezielte Förderungen (z. B. besondere Innovationen) kann der Bereich gestärkt werden, um ihn zu einem Star zu machen.

2. Zielerfüllung-Bewertungs-Portfolio

Zur ganzheitlichen und systematischen Potenzialanalyse und -bewertung hat Binner (2010) ein sogenanntes MITO-Methoden-Tool entwickelt, das sehr intensiv die Portfolio-Analyse nutzt und mit anderen Methoden wie PDCA-Regelkreis, Ishikawa-Diagramm, RADAR-Systematik und anderen verknüpft ist. Exemplarisch beschreibt er, wie mit der Portfolio-Analyse die Kundenanforderungen an die Unternehmensprozesse und deren Umsetzung beurteilt werden können. Damit werden die erfolgskritischen Unternehmensprozesse identifiziert und eventuelle Defizite verdeutlicht. Einen Auszug aus der Analyse zeigt Bild 2.

Prozessbezogene Kundenanforderungs-Portfoliobewertung

Anforderungen, z.B.:		P1		P2		P3		P4	
		V	H	V	H	V	H	V	H
1. Management-/Leitungsanforderungen, z.B.:									
1.1	Wird ein Managementsystem verlangt?	2	3	4	5	3	2	4	4
1.2	Gelten gesetzliche Forderungen?	2	1	6	4	3	2	6	4
1.3	Gelten Forderungen von Behörden?	3	3	4	4	2	1	5	4
1.4	Gibt es Anforderungen an die Sicherheit?	2	2	5	4	2	3	4	5
	Σ C	9	9	19	17	10	8	19	17
	Σ C/n	2,3	2,3	4,8	4,3	2,5	2	4,8	4,3
2. Personalbezogene Anforderungen, z.B.:									
2.1	Wird eine bestimmte Projektorganisation gefordert?	2	1	4	4	2	2	4	4
2.2	Werden besondere Qualifikationen gefordert?	2	3	5	4	3	3	5	4
2.3	Sind die vorhandenen Kapazitäten ausreichend?	3	1	4	4	2	3	4	4
2.4	Wird die Erreichbarkeit d. person.bezogenen Ziele gefordert?	3	2	6	5	2	3	4	4
	Σ C	10	7	19	17	9	11	17	16
	Σ C/n	2	18	4,8	4,3	2,3	2,8	4,3	4
3. Anforderungen an die Beschaffung, z.B.:									
3.1	Werden Lieferanten vorgeschrieben?	2	3	4	2	3	3	3	5
3.2	Liegen bestimmte Einkaufsbedingungen vor?	2	1	3	3	3	3	3	4
3.3	Gibt es Bestellvorschriften?	3	2	3	3	4	1	2	3
3.4	Gibt es weitere Auflagen?	2	2	5	3	2	3	2	4
	Σ C	9	8	15	11	12	10	10	16
	Σ C/n	2,3	2	3,8	2,8	3	2,5	2,5	4
4. Anforderungen an Durchführungsrichtlinien und -normen, z.B.:									
4.1	Gibt es Kundenrichtlinien und / oder Hausnormen?	2	3	4	3	2	3	4	5
4.2	Liegen Qualitätssicherungsvereinbarungen vor?	2	2	3	2	4	1	2	4
4.3	Sind Qualitätsnormen zugrunde gelegt?	2	2	3	3	4	2	2	5
4.4	Gibt es gültige technische Spezifikationen?	1	3	2	3	5	3	3	4
	Σ C	7	10	12	11	15	9	11	18
	Σ C/n	1,8	2,5	3	2,8	3,8	2,3	2,8	4,5
5. Produktionsbezogene Anforderungen, z.B.:									
5.1	Werden Produkte, Materialien oder Werkzeuge bereitgestellt?	2	2	5	4	2	3	4	5
5.2	Müssen gewisse Prüfungen durchgeführt werden?	1	3	4	5	2	2	4	4
5.3	Sind Prüfmittel notwendig? Wenn ja, welche?	2	3	4	3	3	3	4	4
5.4	Werden bestimmte Dokumentationen verlangt?	2	1	6	4	3	3	3	4
	Σ C	7	9	19	16	10	11	15	17
	Σ C/n	1,8	2,3	4,8	4	2,5	2,8	3,8	4,3
6. Anforderungen an Kennzeichnung, Verpackung und Transport, z.B.:									
6.1	Sind Verpackungsvorschriften vorhanden?	3	2	6	5	2	3	4	4
6.2	Muss eine Kennzeichnung erfolgen (und evtl. wie)?	2	3	4	5	3	2	5	5
6.3	Gelten bestimmte Transportvorschriften?	3	3	4	3	2	3	4	5
6.4	Gibt es bestimmte Zeitfenster für die Anlieferung?	2	2	5	4	2	3	3	5
	Σ C	10	10	19	17	9	11	16	19
	Σ C/n	2,5	2,5	4,8	4,3	2,3	2,8	4	4,8
Skala: 1 = niedrig, 6 = hoch	Gesamt	52	53	103	89	64	61	88	103
	Ges./n	2,1	2,2	4,3	3,7	2,7	2,5	3,7	4,3

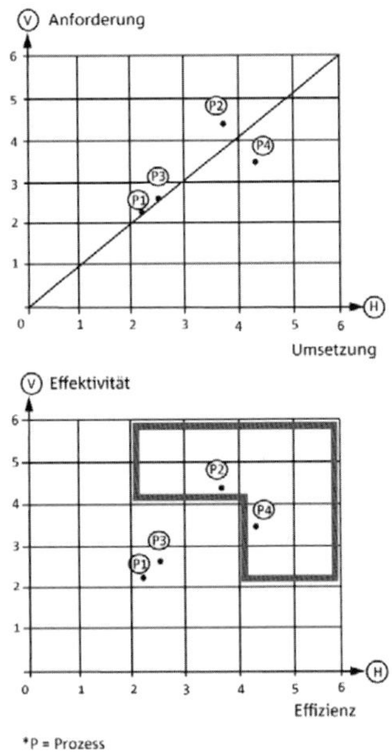

Quelle: Binner 2010

Bild 2: Prozessbezogene Kundenanforderungs-Portfolioberwertung

Hilfsmittel

Portfolio-Matrix

Bewertungskriterien	Objekt 1		Objekt 2		Objekt 3	
	Hauptbewertungsdimension 1	Hauptbewertungsdimension 2	Hauptbewertungsdimension 1	Hauptbewertungsdimension 2	Hauptbewertungsdimension 1	Hauptbewertungsdimension 2
Hauptkriterium 1						
Unterkriterium 1.1						
Unterkriterium 1.2						
Unterkriterium 1.3						
...						
Σ Unterkriterien						
Σ Unterkriterien/ Anzahl Unterkriterien						
Hauptkriterium 2						
Unterkriterium 2.1						
Unterkriterium 2.2						
Unterkriterium 2.3						
...						
Σ Unterkriterien						
Σ Unterkriterien/ Anzahl Unterkriterien						
Hauptkriterium 3						
Unterkriterium 3.1						
Unterkriterium 3.2						
Unterkriterium 3.3						
...						
Σ Unterkriterien						
Σ Unterkriterien/ Anzahl Unterkriterien						

Mögliche Skala: 1 = niedrig bis 6 = hoch

Literaturhinweise

Binner, H. F.: Systematische ganzheitliche Potenzialanalyse und -bewertungen mit dem MITO-Methoden-Tool, in: angewandte Arbeitswissenschaft Nr. 206 (2010), S. 51-69

Binner, H. F.: MITO – ein ganzheitliches Unternehmensmodell zur Prozessorientierung, in: Industrial Engineering Nr. 4 (2010), S. 24-28

Gabler Wirtschafts-Lexikon. Wiesbaden: Gabler, 2001

Kerth, K.; Asum, H.; Stich, V.: Die besten Strategietools der Praxis. München: Hanser, 2009

Nau, H.-R.: Controlling-Instrumente. Planegg/München: Rudolf Haufe, 2007

Schneider, D.: Unternehmensführung und strategisches Controlling. München: Hanser, 2007

Produktionsgerechtes Konstruieren

Alternative Bezeichnungen

Fertigungsgerechtes Konstruieren, montagegerechtes Konstruieren. Im Folgenden wird Produktion als Oberbegriff für Fertigung und Montage verstanden.

Ziel

Optimierung des Wertschöpfungsprozesses in der Produktion durch eine produktionsgerechte Gestaltung beginnend in der Entwicklungs- und Konstruktionsphase

Weg

Bewertung des Produktionsaufwandes während der Entwicklung und Konstruktion und Generierung aufwandsarmer Lösungen durch gezielte Variation relevanter konstruktiver Parameter

Ergebnisse

Fertigungs- und montagetechnisch optimierte Produkte im Hinblick auf die unternehmensspezifischen Produktionsmöglichkeiten

	gering	mittel	hoch
Einsatzaufwand		X	
Schulungsaufwand		X	

	kurzfristig	mittelfristig	langfristig
Dauer der Ergebnisrealisierung		X	

Aufwand und Dauer sind nicht eindeutig festzulegen. Optimierungsteams für aktuelle Aufträge erfordern einen geringen Aufwand und bringen kurzfristig Ergebnisse. Die Einführung komplexer Simulationssoftware hingegen kann mit hohem Einsatz- und Schulungsaufwand verbunden sein.

Rahmenbedingungen für den erfolgreichen Einsatz

Vertragsrelevante Merkmale für den Endkunden und wichtige Funktionen dürfen durch eine produktionsgerechte Produktgestaltung nicht beeinträchtigt werden. Im Unternehmen muss eine ganzheitliche und keine abteilungsbezogene Denkweise herrschen. Alle Bereiche und Mitarbeiter des Unternehmens sollen die Optimierung des Wertschöpfungsprozesses als gemeinsames übergeordnetes Ziel sehen. Produktionsgerechtes Konstruieren ist als eine ständige Aufgabe zu sehen, die niemals abgeschlossen ist. Die Akteure unterziehen alle Vorschläge – auch ungewohnte – einer offenen Kosten-Nutzen-Betrachtung. Die Beteiligten aus dem Produktionsbereich verfügen über umfangreiche Erfahrung und sind in der Lage, konstruktive Varianten zumindest qualitativ rasch zu bewerten. Die Wirksamkeit ergriffener Maßnahmen wird überwacht und rückgekoppelt. Gewonnene Erfahrungen fließen stetig in das Know-how der Produktgestaltung ein, z. B. über Konstruktionsrichtlinien oder aktualisierte Kosten-, Kriterien-, Komponenten- und Vorlagenkataloge oder -datenbanken.

Einzelschritte der Methode

Prinzip:

Im Bereich der Entwicklung und Produktion wird der größte Teil der Herstellkosten sowie der im Produktlebenszeitraum entstehenden Kosten – einschließlich evtl. Demontage- und Entsorgungskosten – festgelegt. Dabei können die Auswirkungen getroffener Entscheidungen auf Kosten und Aufwand in nachgelagerten Bereichen nicht immer vollständig bekannt sein. Ursachen hierfür sind u. a. der sequenzielle Ablauf des Produktentstehungsprozesses, die Komplexität nachgelagerter Prozesse und die dynamischen Entwicklungen der Produktionstechnik.

Die produktionsgerechte Konstruktion umfasst die Optimierung der Schnittstelle Konstruktion/Produktion im Sinne einer internen Kunden-Lieferanten-Beziehung. Die Produktion als interner Kunde von Entwicklung und Konstruktion definiert dabei ihre Anforderungen gegenüber dem internen Lieferanten. Dies muss möglichst frühzeitig passieren, weil der Aufwand und die Kosten für Änderungen mit dem Konkretisierungsgrad der Produkte zunehmen. Die Anforderungen resultieren aus vorhandenen Fertigungsverfahren, Maschinen, Mitarbeitern und Arbeitsplätzen sowie dem vorhandenen produktionstechnischen Know-how.

Vertrieb, Entwicklung und Konstruktion vertreten an der Schnittstelle die Anforderungen des Endkunden. Sie zeigen evtl. Grenzen des Gestaltungsspielraumes auf, die sich aus seinen Forderungen ergeben.

Vorgehensweise:

Im Sinne des oben beschriebenen Prinzips ist produktionsgerechte Konstruktion keine standardisierte Vorgehensweise mit definierten Einzelschritten. Es ist vielmehr eine Philosophie, die unternehmensspezifisch entwickelt und praktiziert werden muss. Der Weg hängt u. a. von der Komplexität der Produkte und der Fertigungsart ab (z. B. Einzelfertigung, Kleinserienfertigung oder Massenfertigung).

Bei Einzel- oder Kleinserienfertigung darf der Optimierungsaufwand je Produkt nicht zu hoch werden, weil die Anzahl zu optimierender Produkte (Aufträge) in der Regel hoch ist, die Ressourcen meist knapp sind und der erzielbare Nutzen wegen der geringen Stückzahlen je Auftrag begrenzt ist.

Bei Massenfertigung hingegen rechtfertigen hohe Stückzahlen und damit verbundene Kostendegressionseffekte sowie die Vorteile stabiler und störungsfreier Prozesse auch einen erhöhten Optimierungsaufwand bei der Produktgestaltung, einen hohen Grad an Regelung und Formalisierung sowie den Einsatz aufwendiger EDV-gestützter Planungs- und Simulationswerkzeuge.

Allgemein sind grundsätzlich folgende Schritte erforderlich, die jedoch situativ sehr unterschiedlich umgesetzt werden können. Der Begriff Produktion umfasst im Folgenden auch alle einzelnen Herstellungsschritte, der Begriff Produkt alle Komponenten und Einzelteile.

Schritt 1 Bestimmung relevanter nachgelagerter Bereiche und Ansprechpartner durch den Produktverantwortlichen, z. B. Vertrieb, Entwicklung, Konstruktion, Fertigungs- und Montageplanung, Fertigung und Montage, Qualitätsmanagement, Einkauf, Logistik, Verpackung und Versand

Schritt 2 Vorstellung des aktuellen Standes der Produktgestaltung, in einem frühen Entwicklungsstadium, das noch genügend Freiheitsgrade für Optimierung bietet

- Evtl. berücksichtigt der aktuelle Stand bereits Ergebnisse bereichsübergreifender Abstimmungen aus der Projekt- oder Angebotsphase.
- Bei der Vorstellung sind entweder alle oder nur ein Teil der in Schritt 1 genannten Ansprechpartner zu berücksichtigen.
- Die Vorstellung kann über gemeinsame Treffen oder einen fest organisierten Informationsfluss mit den einzelnen Ansprechpartnern erfolgen.

Schritt 3 Grundsätzliche Prüfung hinsichtlich der technischen Möglichkeiten und Prämissen der nachgelagerten Bereiche

- Welche Fertigungsverfahren sind erforderlich? Sind diese vorhanden?
- Ist eine werkzeuggebundene Fertigung erforderlich (z. B. Schmieden, Gießen usw.)? Falls ja: Ist diese wirtschaftlich und strategisch sinnvoll?
- Ist evtl. ein Wechsel zwischen Eigenfertigung oder Fremdvergabe erforderlich? Falls ja: Ist das mit dem aktuellen Design möglich?
- Sind die erforderlichen Produktionsschritte in den einzelnen Bereichen technisch und termingerecht möglich? Falls nein: Welche konstruktiven Änderungen sind erforderlich?

Schritt 4 Detaillierte Prüfung hinsichtlich Aufwand und Optimierungspotenzial aus Sicht der nachgelagerten Bereiche

- Wie groß ist der Aufwand für die Produktionsschritte in den einzelnen Bereichen? Zur Bestimmung des Aufwandes sind Schätzungen und Vorkalkulationen entsprechend dem Detaillierungsgrad des Produktes erforderlich. Hierbei unterstützen vorhandene Vorgabezeiten, Systeme vorbestimmter Zeiten oder diverse Simulationsprogramme. Diese Hilfsmittel ermöglichen, aufwendige Komponenten und Arbeitsschritte zu identifizieren, Verbesserungen abzuleiten und konstruktive Varianten zu vergleichen.
- Optimierungsfragen allgemein
  Durch welche konstruktiven Änderungen könnte der Aufwand reduziert werden?
  Ist die Komplexität (Anzahl der Teile und Komponenten) des Produktes handhabbar?
  Kann die Komplexität reduziert werden?
  Kann das Produkt sicher und einfach transportiert werden?
  Welche Risiken sind erkennbar?
  Können evtl. Fehler zuverlässig erkannt werden?
  Kann das Produkt einfach und zuverlässig geprüft werden?
- Optimierungsfragen v. a. für die Einzel- und Kleinserienfertigung
  Werden vorhandene Lagermaterialien genutzt?
  Können bewährte Lieferanten genutzt werden?
  Ist ein Rückgriff auf bewährte Lösungen und Erfahrungen möglich?
- Optimierungsfragen v. a. für die Massenfertigung
  Ist Automatisierung erforderlich?
  Ist die Produktgestaltung dafür geeignet?
  Ist der Prozess sicher und robust (Eignung für Pull-Prinzip)?
  Ist schnelles Rüsten möglich?
  Besteht Verwechslungsgefahr mit anderen Produkten oder Komponenten?
  Wie können Fehler durch **Poka-Yoke** verhindert werden?
  Sind Abläufe und Prozesse sinnvoll zu verknüpfen?

Schritt 5 Bewertung verschiedener Varianten und Realisierung der besten Lösung

Schritt 6 Erfolgskontrolle

Schritt 7 Ergebnisse und Erfahrungen im Know-how von Entwicklung und Konstruktion verankern.

Anwendungsbeispiel

Montagegerechte Optimierung der Konstruktion des Gegenlagers einer KFZ-Sonnenblende.

	Ist-Zustand	**Soll-Zustand**
Foto	**Lagerbock** **Abdeckkappe**  **2 Blechschrauben**	**Lager** (1. Rasten) **Abdeck-kappe** (2. Rasten) 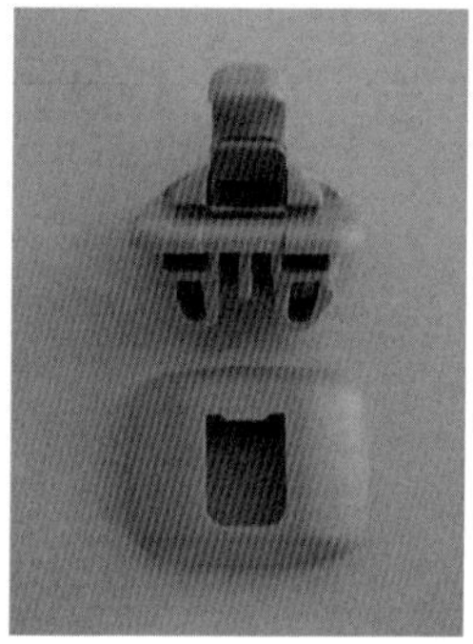
Montage-ablauf	• Lagerbock aufnehmen • Lagerbock an Dachrahmen Mitte vorn an 2 Bohrungen fügen • Lagerbock mit 2 Blechschrauben befestigen • Abdeckkappe aufnehmen • Abdeckkappe auf Lagerbock einrasten	• Lager aufnehmen • Lager an Dachrahmen Mitte vorn an Bohrung fügen • Lager einrasten (1. Rastvorgang) • Abdeckkappe aufnehmen (sitzt mittels Filmscharnier am Lager) • Abdeckkappe einrasten (2. Rastvorgang)
Bauteile	• 1 Lagerbock • 2 Blechschrauben • 1 Abdeckkappe	• 1 Lager mit integrierten Befestigungselementen • 1 Abdeckkappe
Montage-zeit	**0,50 min je Gegenlager**	**0,25 min je Gegenlager**

Quelle: IfaA 2008

Je Fahrzeug werden zwei Gegenlager verbaut. Daraus resultiert eine Fertigungszeiteinsparung von 0,50 min je Fahrzeug. Zusätzlich entfallen vier Blechschrauben mit einem Materialwert von 0,08 €. Dem stehen die Kosten für die Neufertigung oder Anpassung des Spritzguss-Werkzeuges gegenüber.

Anwendungsbeispiel

Good-practice-Beschreibung „Produktionsgerechte Konstruktion“

Einleitung

Die im Folgenden beschriebene „good practice" schildert die Entwicklung und Erprobung eines unternehmensspezifischen Konzeptes für die „**Beteiligung der Produktion am Prozess der Projektierung und Konstruktion (BPK)**“ bei auftragsgebundener Einzelfertigung im hüttentechnischen Anlagenbau. Das Konzept wurde im Rahmen eines gleichnamigen Verbundprojektes in einem betrieblichen Teilprojekt der Mannesmann Demag Hüttentechnik entwickelt. Das Bundesministerium für Bildung, Wissenschaft, Forschung und Technologie (BMBF) förderte das Verbundprojekt.

Ein Ziel des Verbundprojektes war, die globale Wettbewerbsfähigkeit deutscher Unternehmen zu steigern. Die Intensivierung der Zusammenarbeit von Konstruktion und Produktion durch BPK soll Herstellkosten, Durchlaufzeiten, Qualität und Flexibilität positiv beeinflussen. Ziele und Weg von BPK umfassen somit auch diejenigen der **„Produktionsgerechten Konstruktion“ (PK)**. BPK steht deshalb im Folgenden stets auch für eine produktionsgerechte Konstruktion.

Der Beitrag verdeutlicht exemplarisch, welche Elemente unternehmensspezifische Konzepte für BPK und PK bei auftragsgebundener Einzelfertigung umfassen können. Konzepte für Unternehmen mit Massenfertigung werden sich von diesem Beispiel sicher deutlich unterscheiden.

Produkte des hüttentechnischen Anlagenbaus werden überwiegend in auftragsgebundener Einzelfertigung hergestellt. Die Fertigung in Deutschland umfasst in der Regel nur noch technologisch und fertigungstechnisch anspruchsvolle Anlagenkomponenten. Diese Bauteile sind hochkomplex und haben eine hohe Fertigungstiefe, die Brennen, Sägen, Heften, Schweißen, Glühen, Fräsen, Drehen und Montage umfasst.

Im Projekt wirkten Mitarbeiter der Projektierung, Konstruktion, Arbeitsvorbereitung, Schweißfertigung, Werkmontage und Qualitätssicherung sowie Hochschulinstitute und andere externe Partner mit. Das angestrebte Konzept sollte u. a. die Elemente

- Konstruktionsbewertung,
- Rückgriffsystem,
- freiraumbehaftete Produktmodelle und
- BPK-Auftragsteam

umfassen. Projektteams mit jeweils etwa zehn Mitarbeitern aus allen an der Abwicklung beteiligten Bereichen erarbeiteten hierzu Teilkonzepte, die später zu einer Gesamtlösung kombiniert wurden.

Teilkonzept „Konstruktionsbewertung“

Als geeignete Bewertungsverfahren identifizierte das Team die

- Nutzwertanalyse (NWA) für den systematischen Vergleich mehrerer konstruktiver Lösungen hinsichtlich verschiedener Kriterien und die
- Fehler-Möglichkeits-Einflussanalyse (FMEA) zur systematischen Risikountersuchung einzelner konstruktiver Lösung hinsichtlich verschiedener Kriterien.

Konstruktionsbewertung verursacht bei Konstruktion und Produktion zusätzlichen Aufwand. Deshalb war sie zunächst nur vorgesehen für Bauteile

- mit hohen Fertigungskosten,
- mit langen Durchlaufzeiten,
- mit Termin- und Kostenabweichungen beim Vorauftrag und/oder
- für Bauteile, für die keine Fertigungserfahrung vorliegt (Neukonstruktionen).

Das Projektteam erstellte einen Katalog, der sowohl markt- und kundenbezogene als auch fertigungsbezogene Kriterien umfasste. Je nach Bauteil und Auftragsrandbedingungen können für die Konstruktionsbewertung aus dem Katalog relevante Kriterien gewählt und konkretisiert werden. Die Bewertungen sollten in moderierten Gruppen durchgeführt werden, deren Zusammensetzung vom Bauteil und den gewählten Kriterien abhängt. Im Projekt wurden positive Erfahrungen mit einer Grundbesetzung aus Konstruktion, Arbeitsvorbereitung, Schweißfertigung, mechanischer Fertigung, Werkmontage und Qualitätssicherung gemacht.

Die Konstruktionsbewertung sollte möglichst früh durchgeführt werden, um von Anfang an die Erfahrungen aller Bereiche zu nutzen und Kosten durch Korrekturschleifen zu mindern. Nutzwertanalysen können bereits während der Entwurfsphase stattfinden. Für die FMEA, die der Ermittlung möglicher Fehler und Probleme bei der Produktion oder dem Einsatz des Bauteils dient, sollte dieses bereits konkreter beschrieben sein. Die FMEA ist deshalb in der Regel erst zu einem späteren Zeitpunkt, während der Detaillierungsphase, sinnvoll.

Teilkonzept „Rückgriffsystem“

Das Projektteam konzipierte ein Rückgriffsystem mit den zwei Hauptfunktionen

- Suche nach geeigneten Arbeitsvorlagen und
- Bereitstellung von Wissen, Informationen und Erfahrungen („WIE“), die für BPK bzw. PK relevant sind.

Die Suche nach geeigneten Arbeitsvorlagen ist besonders für die Konstruktion und Arbeitsvorbereitung (AV) von Bedeutung. Suchergebnisse sind Zeichnungen, Stücklisten und Arbeitspläne. Verbesserte Suchmöglichkeiten, die schnell möglichst alle gut geeigneten Vorlagen liefern, können Konstrukteure und Arbeitsvorbereiter von Routinetätigkeiten entlasten. Dann ist bspw. mehr Zeit verfügbar für die Kooperation zwischen Konstruktion, AV und Werkstatt.

Folgende drei Suchmöglichkeiten waren in der konzipierten Datenbank vorgesehen:

- Pfadsuche
  Suche nach gewünschten Bauteilen in einem Spektrum geeigneter Aufträge (z. B. Mittellagergehäuse von Stranggießanlagen für eine bestimmte Strangabmessung und ein bestimmtes Sortenspektrum);
- Ebenensuche
  Suche nach gewünschten Bauteilen über die Beschreibung der Bauteilmerkmale (z. B. beschichtete Rollen eines bestimmten Durchmessers und einer bestimmten Länge);
- „Ident-Nummern-Historie (IDH)"
  Suche nach sämtlichen Vorgängern und Nachfolgern eines Bauteiles anhand seiner Ident-Nummer.

Die zweite Hauptfunktion des Rückgriffkonzeptes war die datenbankgestützte systematische Bereitstellung von Wissen, Information und Erfahrungen (WIE), die für BPK bzw. PK relevant sein können. Dazu gehören:

- Zeichnungsänderungsanträge (ZÄA), die Konstruktionsfehler dokumentieren,
- Prüfberichte (PB), die Fertigungsfehler dokumentieren,
- Verbesserungsvorschläge (VV) aus dem betrieblichen Verbesserungsvorschlagswesen (BVW),
- Ergebnisse von BPK-Teamsitzungen und Produkttagen (siehe Teilkonzept BPK-Auftragsteam),
- Ergebnisse von Konstruktionsbewertungstreffen (siehe Teilkonzept Konstruktionsbewertung).

WIE kann für einzelne Bauteile, durch Eingabe einer Ident-Nummer, oder für Teilefamilien abgerufen werden. Die zu einer Teilefamilie gehörigen Ident-Nummern lassen sich mit der Ident-Nummern-Historie ermitteln.

Teilkonzept „Freiraumbehaftetes Produktmodell"

Jedes Produktmerkmal, das ohne Beeinträchtigung der Funktionsfähigkeit im Sinne einer produktionstechnisch günstigeren Ausführung veränderbar ist, stellt einen Freiraum dar. Die Grundidee des freiraumbehafteten Produktmodells ist es, Freiräume in der Zeichnung darzustellen und einschließlich der Angabe zulässiger Grenzen für variable Elemente (Abmessung, Anordnung, Anzahl, Werkstoff, ...) so zu beschreiben, dass nachgelagerte Bereiche den Freiraum selbständig bestmöglich ausfüllen können.

Für das freiraumbehaftete Produktmodell konzipierte das Team folgende Umsetzung:

Wie können Freiräume gefunden werden?

- Beratung der Konstruktion durch die Produktion
  Speziell bei neuen konstruktiven Lösungen soll die Konstruktion bereits im Entwurfsstadium von der Produktion (Arbeitsvorbereitung, Werkstatt) beraten werden, ob die vorgesehene Ausführung fertigungstechnisch günstig ist. Umsetzbare Optimierungsvorschläge der Fertigung sind Freiräume.
- Durchführung von Detail-Engineering-Arbeiten durch die Arbeitsvorbereitung
  Bei aufwendigen Schweißkonstruktionen schließt sich an die Entwurfsphase das Detail-Engineering an, das normalerweise in der Konstruktionsabteilung oder in Ingenieurbüros durchgeführt wird. Es ist vorteilhaft, dies fertigungsnah in der Arbeitsvorbereitung vorzunehmen. Dabei werden zahlreiche Freiräume entdeckt und fertigungstechnisch günstig ausgefüllt.
- Verbesserungsvorschläge (VV) aus BPK-WIE

Wer darf Freiräume ausfüllen?
Aus praktischen Gründen sah das Konzept vor, Freiräume zunächst nur an zwei Stellen auszufüllen:

- in der Konstruktion nach vorheriger Bewertung (abteilungsintern oder -übergreifend);
- in der AV-Konstruktion, wenn die Produktion Detail-Engineering-Arbeiten übernimmt.

Teilkonzept BPK-Auftragsteam

Das BPK-Auftragsteam ist ein bereichsübergreifendes, auftragsbezogenes Team zur Optimierung der konstruktiven Lösung, vor allem bei

- Neukonstruktionen,
- Bauteilen mit kritischer Kostensituation und/oder
- Bauteilen mit kritischer Terminsituation.

Als Aufgaben des Teams wurden definiert:

- Verbesserungsvorschläge (VV) aus Sicht der vertretenen Bereiche während der Entwurfs- und Detaillierungsphase sammeln. Die Konstruktion präsentiert hierzu jeweils den neuesten Stand ihrer Arbeit;
- Umsetzbarkeit sowie Aufwand und Nutzen der VV bewerten
  - Bewertung im Auftragsteam oder
  - Bewertung in Teilgruppen oder Konstruktionsbewertungsteams;
- laufende Termin- und Kostenkontrollen durchführen;

- Werkstattbesuche mit Problembesprechungen und Sammlung von Verbesserungsvorschlägen vor Ort ab dem Beginn der Fertigung;
- Produkttag nach Abschluss der Werkmontage organisieren
  Hierbei treffen sich Vertreter aller Bereiche am fertigen Bauteil, um Verbesserungsmöglichkeiten und aufgetretene Schwierigkeiten zu diskutieren.
  Ein Produkttag zum Vorauftrag bildet einen sinnvollen Auftakt der Arbeit eines BPK-Auftragsteams.

BPK-Gesamtkonzept

Die beschriebenen Teilkonzepte sind nicht isoliert zu betrachten, sondern greifen ineinander. Sie ergeben ein Gesamtkonzept, dass in Bild 1 dargestellt ist.

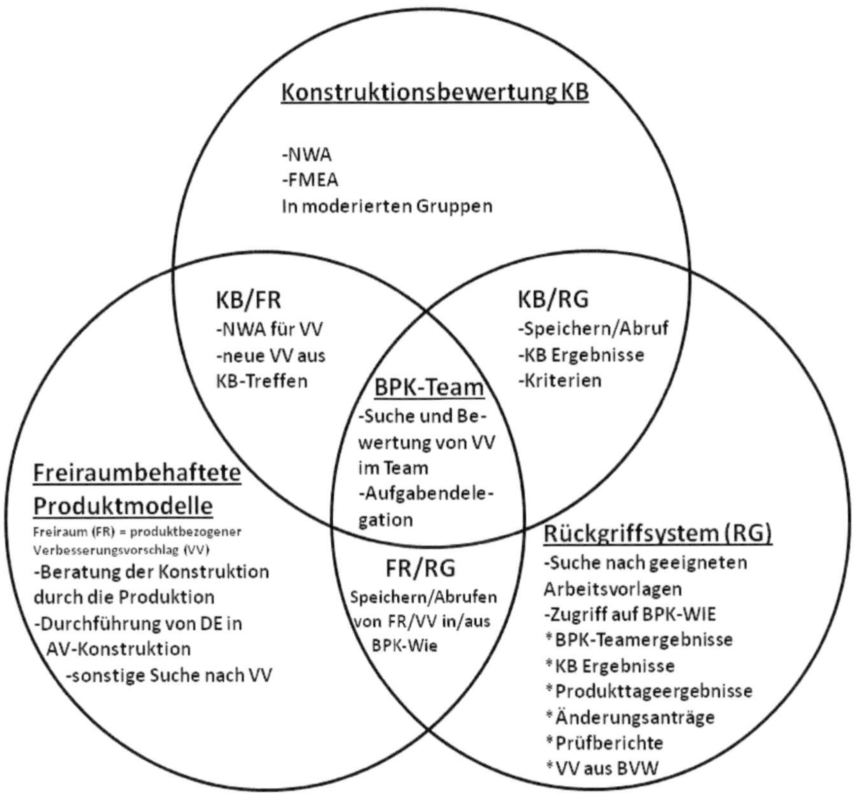

Quelle: Lennings 1997

Bild 1: Elemente des BPK-Gesamtkonzeptes und deren Zusammenwirken (Abkürzungen gemäß Text)

Praxisbeispiel

Das Konzept BPK-Auftragsteam wurde im Verlauf des Projektes bei der Abwicklung eines aktuellen Auftrages erprobt und optimiert. Im Team waren Teilnehmer aus Projektierung, Konstruktion, Arbeitsvorbereitung, Schweißfertigung, mechanischer Fertigung, Werkmontage und Qualitätssicherung vertreten. Das Team hat sich ab dem Beginn der Entwurfsarbeiten etwa monatlich getroffen und in moderierten Sitzungen nach einer festen Methodik gearbeitet.

Dabei wurden die konstruktive Ausführung der Strangführungssegmente einer Stranggießanlage für Stahl überarbeitet und Verbesserungsmöglichkeiten aus der Sicht von Produktion und Konstruktion im Team realisiert. Zusätzlich wurde das Detail-Engineering für komplizierte Schweißteile produktionsnah in der Arbeitsvorbereitung in Absprache mit den Werkstattbereichen durchgeführt, siehe Teilkonzept „Freiraumbehaftete Produktmodelle“.

In einer Stranggießanlage wird der gegossene Strang in einem Viertelkreis aus der Vertikalen in die Horizontale geleitet. Der Strang wird dabei von Rollen gestützt und geführt, die in schnell wechselbaren Segmenten angeordnet sind, siehe Bild 2.

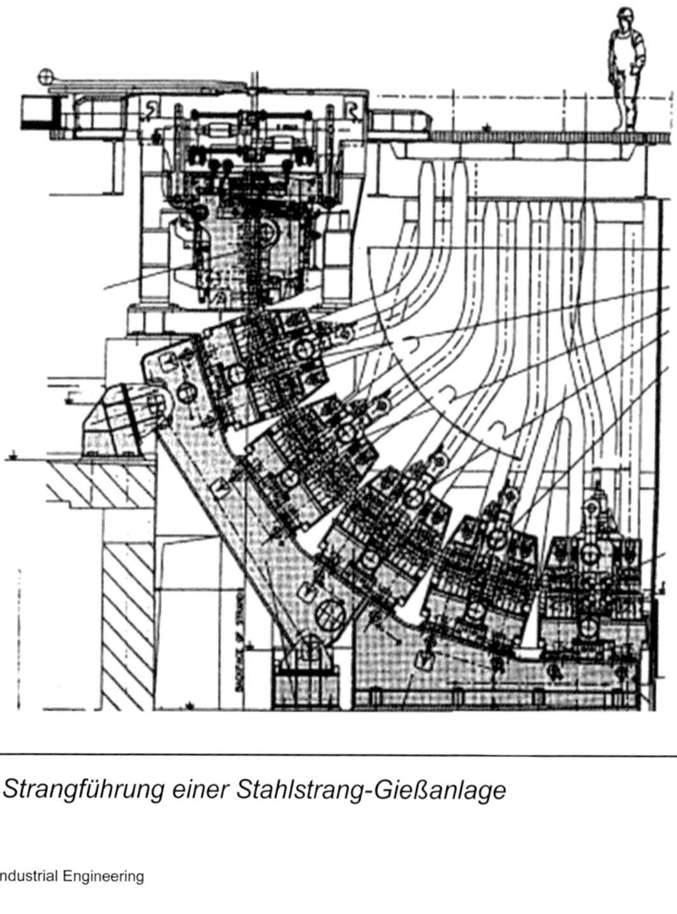

Quelle: Lennings 1997

Bild 2: Strangführung einer Stahlstrang-Gießanlage

Wesentliche tragende Bestandteile eines Segmentes sind ein Ober- und ein Unterrahmen, auf denen die Rollen montiert sind, sowie zwei Seitenrahmen. Aufgrund der hohen Wärmebelastungen sind die Rollen und Rahmen wassergekühlt. Gegenüber dem Vorauftrag wurde neben vielen kleineren Verbesserungen vor allem die Konstruktion der Rahmen, auf die etwa die Hälfte der für ein Segment benötigten Fertigungsstunden entfällt, verändert.

- Die Traversen, auf denen die Rollen angeordnet sind, wurden nicht als geschweißte Kastenkonstruktion, sondern als tieflochgebohrte Dickbleche ausgeführt.
- Die Rollen wurden über tieflochgebohrte Dickbleche mit Kühlwasser versorgt.

Die Auswirkungen der im BPK-Team angeregten konstruktiven Änderungen auf die Herstellkosten sind Bild 3 zu entnehmen.

Fall 1 ohne BPK

Fall 2 mit BPK (BPK-Team, Detail-Engineering in der Produktion)

Fertigungsstundenvergleich Segmentrahmen

	Fall 1 Ist	Fall 2 Vorgabe	Fall2 kalkuliert
Unterrahmen	100 %	67 %	52 %
Oberrahmen	100 %	68 %	70 %
Seitenrahmen	100 %	84 %	83 %
Hubtraverse	100 %	55 %	23 %
Tieflochbohren (ausw.)	100 %	800 %	800 %
Rahmen gesamt	**100 %**	**69 %**	**64 %**

Fertigungskostenvergleich Segmentrahmen

Unterrahmen	100 %		75 %
Oberrahmen	100 %		66 %
Seitenrahmen	100 %		89 %
Hubtraverse	100 %		45 %
Tieflochbohren (ausw.)	100 %		1080 %
Rahmen gesamt	**100 %**		**75 %**

Gewichts- und Materialkostenvergleich Segmentrahmen

Gewicht und Materialkosten	100 %		110 %

Herstellungskostenvergleich Segmentrahmen
(Fertigungskosten + Materialkosten)

Herstellkosten	100 %		79 %

Bild 3: Herstellkostenvergleich von Segmentrahmen

Die Fertigungsstunden für die Segmentrahmen konnten gegenüber dem Vorauftrag auf 64 % reduziert werden. Unter Berücksichtigung der jeweiligen Stundensätze resultiert daraus eine Senkung der Fertigungskosten je Segment auf 75 %.

Durch die gewählte Dickblechkonstruktion erhöhten sich das Gewicht und damit auch die Materialkosten um etwa 10 %.

Insgesamt sanken die Herstellkosten als Summe der Fertigungs- und Materialkosten um etwa 20 %.

Hilfsmittel

Ebenso vielfältig und unternehmensspezifisch wie die Umsetzungsmöglichkeiten können die eingesetzten Hilfsmittel sein:

- Datenbanken;
- Herstellkostenanalyse;
- Kataloge;
- Nutzwertanalyse;
- Rückgriffsysteme;
- Produkt-FMEA;
- Prozess-FMEA;
- Simulations- und Planungswerkzeuge;
  das Programm ProKon von MTM beschreibt z. B. die Montagevorgänge von Einzelteilen oder Baugruppen eines Erzeugnisses. Die dabei wirkenden Einflussgrößen sind als Montage-Erschwernis definiert und mit einem Wert belegt. Die Summe der Einzelwerte für alle Montagevorgänge des Erzeugnisses ermöglicht eine Aussage über die Montagetauglichkeit der Konstruktion und gibt zudem Hinweise auf Optimierungsmöglichkeiten.
- Vorgabezeitenkataloge.

Literaturhinweise:

Andreasen, M.; Kähler, S.; Lund, T.: Montagegerechtes Konstruieren. Berlin: Springer, 1985

Ehrlenspiel, K.; Kiewert, A.; Lindemann, U.: Kostengünstig Entwickeln und Konstruieren – Kostenmanagement bei der integrierten Produktentwicklung. Berlin, Heidelberg: Springer, 2007

IfaA – Institut für angewandte Arbeitswissenschaft (Hrsg.): Methodensammlung zur Unternehmensprozessoptimierung. Köln: Wirtschaftsverlag Bachem, 2008

Kirchner, J.-H.; Baum, E.: Ergonomie für Konstrukteure und Arbeitsgestalter. München: Hanser, 1990

Lennings, F.; Fallstudie I, Großunternehmen: In Lorscheider, B.; Unger, H.; Henning, K.; BPK – Möglichkeiten der gegenseitigen Beteiligung an Produktion und Konstruktion. Aachen: Verlag der Augustinus Buchhandlung, 1997

Lorscheider, B.; Unger, H.; Henning, K.; BPK – Möglichkeiten der gegenseitigen Beteiligung an Produktion und Konstruktion. Aachen:Verlag der Augustinus Buchhandlung, 1997

VDI-Richtlinie 2222, Blatt 1, Konstruktionsmethodik – Konzipieren technischer Systeme und Produkte. Berlin: Beuth, 1977

VDI-Richtlinie 2234, Wirtschaftliche Grundlagen für den Konstrukteur. Berlin: Beuth, 1990

VDI-Richtlinie 2235, Wirtschaftliche Entscheidungen beim Konstruieren – Methoden und Hilfen. Berlin: Beuth, 1987

Produktionsnivellierung/-glättung

Alternative Bezeichnungen

Levelling, Heijunka

Ziel

Durch Nivellierung und Glättung erfolgt eine Entkopplung der einzulastenden Fertigungsaufträge bezüglich Menge und zeitlicher Reihenfolge von den vorliegenden Kundenaufträgen. Dadurch soll eine gleichmäßige Auslastung der Produktion erzielt werden und gleichzeitig den Kunden die gesamte Produktvielfalt jederzeit angeboten werden können. Damit wird eine ausreichende Flexibilität gegenüber schwankenden Kundenbedarfen bei gleichzeitig optimaler Kapazitätsauslastung sichergestellt.

Weg

- In einem ersten Schritt, dem Nivellieren, wird das zu planende Produktionsvolumen in Tagesteilmengen unterteilt. Dabei wird gewährleistet, jedes Erzeugnis jeden Tag zu produzieren.
- In einem zweiten Schritt, dem Glätten, werden die Tagesmengen in weitere Teilmengen unterteilt. Das bedeutet, dass ein Erzeugnis mehrmals täglich produziert wird. Wie oft dies geschieht, wird in Zyklen angegeben. Ziel ist, die Anzahl der Zyklen soweit zu erhöhen, bis die Produktionseinheit „1“ erreicht ist.

Ergebnisse

- schnelle Reaktionsmöglichkeit auf Kundenaufträge
- kleinere Losgrößen
- höhere Effizienz durch geringere Umlaufbestände
- Voraussetzung für standardisiertes Arbeiten
- Verstetigung der vorgelagerten Prozesse (Eigenfertigung und Fremdbezug)
- Vermeidung des „Aufschwingens“ der Vorprozesse bei häufigen Änderungen der Fertigungsreihenfolge und -menge („Peitscheneffekt“)

	gering	mittel	hoch
Einsatzaufwand		X	
Schulungsaufwand		X	

	kurzfristig	mittelfristig	langfristig
Dauer der Ergebnisrealisierung			X

Rahmenbedingungen für den erfolgreichen Einsatz

Das Nivellieren und Glätten kann nicht isoliert von anderen Prozessen eingeführt werden. Es steht vielmehr in engem Zusammenhang mit der Einführung von ganzheitlichen Produktionssystemen. Es beginnt an der letzten Arbeitsstation (z. B. Endmontage). Gerade hier ist es wichtig, Schwankungen zu vermeiden, da Schwankungen an der letzten Arbeitsstation dazu führen, dass die vorgelagerten Prozesse ihre Umlaufbestände, Anlagen und Arbeitskräfte an den Spitzen orientieren müssen. Die Beschäftigten müssen als oberstes Ziel die Optimierung des gesamten Produktionsprozesses und nicht die Optimierung einzelner Bereiche oder Arbeitsplätze vor Augen haben. Die Nivellierung muss dort beginnen, wo der direkte Kontakt zum externen Kunden besteht. Um die Zahl der Zyklen an dieser Stelle zu erhöhen, ist es erforderlich, die Rüstzeiten drastisch zu senken. Das Endziel besteht darin, die Teilmengen soweit aufzuteilen, dass kein Teil öfter als zweimal hintereinander in rhythmischer Arbeit produziert wird. Dies setzt allerdings ein Rüsten im Takt voraus. Mit zunehmender Diversifizierung wird das Nivellieren einer Produktion schwerer, ist jedoch nicht ausgeschlossen (vgl. hierzu Ohno 1993).

Einzelschritte der Methode

Prinzip:

Es wird in einem gleichmäßigen Rhythmus produziert, der sich am Kundenbedarf orientiert. In der Realität kann jedoch nicht von einem gleichmäßigen Kundenbedarf ausgegangen werden. Es findet eine Entkoppelung zwischen Kundenintervall und Produktionsprogramm statt. Im Produktionsprogramm werden die Erzeugnisse in gleichmäßig wiederkehrenden Zyklen produziert. Dadurch wird eine gleichmäßige Auslastung der Produktion möglich.

Vorgehensweise:

Schritt 1 Nivellieren der Produktionsmenge auf Tagesmengen

Aufteilen der Produktionsmenge pro Periode (z. B. eines Monats), sodass die gleiche Stückzahl pro Arbeitstag hergestellt wird

Schritt 2 Glätten der Produktion durch Erhöhung der Anzahl der Zyklen je Arbeitstag

Einteilung der Tagesmenge in Teilmengen mit dem Ziel, die Zyklenanzahl immer weiter zu erhöhen

Beide Stufen können jedoch nicht isoliert voneinander betrachtet werden, vielmehr bauen sie aufeinander auf und müssen durch Maßnahmen zur Einführung einer Fließfertigung, eines Einzelstückflusses und einer Produktion in Taktzeit unterstützt werden (vgl. Syska 2006).

Anwendungsbeispiel

Schritte der Umsetzung

1. Nivellieren (Unterteilen in Tagesmengen)

Sachnummer	monatliche benötigte Stückzahl	Nivellierungsanweisung (20 Arbeitstage) zur Produktion der gleichen täglichen Stückzahl
Ⓐ 123456	2.000	täglich 100
Ⓑ 123457	1.600	täglich 80
Ⓒ 123458	400	täglich 20

2. Glätten (Tagesmenge wird in weitere Teilmengen unterteilt)

Sachnummer	Tagesproduktion	4 Produktionszyklen Tagesproduktion wird in 4 Teile eingeteilt
Ⓐ 123456	100	täglich wird 4mal ein Zyklus mit 25 Stück durchlaufen
Ⓑ 123457	80	20
Ⓒ 123458	20	5

Die Tagesmenge wird in 4 Teilmengen unterteilt. Dies nennt man 4fach-Zyklen oder 4maliges Heranziehen.

3. Erhöhung der Zyklenzahl (Häufiges Heranziehen)

Sachnummer	Tagesproduktion	Produktion mit hoher Zyklenzahl (mit 20 Zyklen)
Ⓐ 123456	100	täglich wird ein Zyklus mit 5 Stück durchlaufen
Ⓑ 123457	80	4
Ⓒ 123458	20	1

Die Teilmenge für das Produkt mit der geringsten Stückzahl wird auf 1 gebracht. Die Teilmengen der anderen Produkte betragen ein Vielfaches.

Jedes Produkt wird in dem Zeitrahmen, der durch den Verkauf vorgegeben wird, gefertigt.

4. Anzustrebende Form

ⒶⒷⒶⒷⒶⒸⒶⒷⒶⒷ

Das Endziel besteht aus einer weiteren Aufteilung, so daß kein Teil öfter als zweimal hintereinander in rhythmischer Arbeit produziert wird.

Quelle: Takeda 2002

Hilfsmittel

- Heijunka-Board

Das Heijunka-Board ist eine Tafel mit zahlreichen Fächern. Diese Tafel ist von seiner Struktur her ähnlich einem Wandzeitplan. In der obersten Reihe wird eine spezifische Maßeinheit der Zeit dargestellt. Dies können Tages- oder Wochenintervalle sein. Die erste Spalte wird genutzt, um das dementsprechend angewandte Zeitintervall in weitere Zeiteinheiten zu brechen, wie z. B. Stunden oder Minuten. Hierdurch können Produktionsanweisungen, prozessinterne Kanban-Karten, sichtbar angeordnet werden, sodass eindeutig ist, welche Variante zu genau welchem Zeitpunkt als Nächstes zu produzieren ist.

Der Ursprung des Heijunka-Boards liegt in der Instandhaltung von Toyota. Dort hielt man es für sinnvoll, Kästen zu entwickeln, mit deren Hilfe die vorbeugenden Instandhaltungsarbeiten in stündlichen Zeitintervallen geplant werden konnten. Die sorgfältige Zeitberechnung des Arbeitsinhalts einer jeden Wartungstätigkeit, das Erstellen eines Arbeitsblattes mit einer genau errechneten Verrichtungszeit und die Einordnung dieser Arbeitsblätter in einem nicht zu übersehenden Kasten mit deutlich gekennzeichneten Zeitintervallen unterstützten die Umsetzung und Verrichtung von taktgesteuerter Arbeit. Mit diesem einfachen Hilfsmittel konnten alle erforderlichen Aufgaben gesteuert und es konnte zugleich verhindert werden, dass sie alle zur gleichen Zeit ausgeführt wurden, was zur Unterbrechung in der Fertigung geführt hätte. Sämtliche Instandhaltungsarbeiten konnten somit ausgeglichen werden.

Von dieser ursprünglichen Anwendung ausgehend wurden genauere Zeiteinteilungen entwickelt und das Heijunka-Prinzip hielt schon bald Einzug in die Produktion, wo es zur Harmonisierung des Produktionsflusses eingesetzt wurde. Breite Anwendung fand es zudem bei den Zulieferern, wo das Heijunka-Board als Hilfsmittel für die taktgesteuerte Entnahme aus dem Bestand eingesetzt wurde (Smalley 2005).

Literaturhinweise

Brunner, F. J.: Japanische Erfolgskonzepte. Müchen; Wien: Hanser, 2011

Ohni, T.: Das Toyota-Produktionssystem. Frankfurt am Main: Campus, 1993

Smalley, A.: Produktionssysteme glätten. Aachen: Lean Management Institut, 2005

Syska, A.: Produktionsmanagement: Das A – Z wichtiger Methoden und Konzepte für die Produktion von heute. Wiesbaden: Gabler, 2006

Takeda, H.: Das synchrone Produktionssystem – Just in time für das ganze Unternehmen. München: Verlag moderne industrie, 2002

Produktionssteuerungsmethoden

Alternative Bezeichnungen

Fertigungssteuerungsmethoden, Produktionsplanungs- und -steuerungsmethoden (PPS-Methoden)

Ziel

Wahl eines geeigneten Verfahrens zur Fertigungssteuerung

Weg

- Charakterisierung der eigenen Fertigung,
- Auswahl einer geeigneten Fertigungssteuerung in Abhängigkeit von den Zielen des Unternehmens

Ergebnisse

- Minimierung und Begrenzung der Bestände entlang der Wertschöpfungskette
- Vermeidung von Überproduktion
- Einsparung von Flächen und Ladungsträgern/Behältern

	gering	mittel	hoch
Einsatzaufwand			**X**
Schulungsaufwand			**X**

	kurzfristig	mittelfristig	langfristig
Dauer der Ergebnisrealisierung			**X**

Rahmenbedingungen für den erfolgreichen Einsatz

Die Anforderungen und Bedingungen an die Fertigungssteuerung eines Unternehmens sind in der Regel komplex und umfangreich. Die Fertigungssteuerung muss den betrieblichen Rahmenbedingungen eines Unternehmens angepasst werden. Die Anforderung besteht also insbesondere darin, eine Fertigungssteuerung auszuwählen und zu implementieren, mit welcher die betrieblichen Zielsetzungen bei der gegebenen Fertigungsumgebung am besten erreicht werden können (vgl. Lödding 2008).

Einzelschritte der Methode

Prinzip:

Das Tätigkeitsfeld der Fertigungssteuerung beinhaltet sämtliche Aufgaben, die zur Einplanung, Steuerung und Durchführung eines Auftrags nach den Vorgaben der Fertigungsplanung notwendig sind. Diese umfassen die Soll- und Ist-Zeit zur Herstellung eines Teils, die Roh-, Hilfs- und Betriebsstoffe, die Herstellungsart sowie die Fertigungs- bzw. Betriebsmittel.

Aufgaben der Fertigungssteuerung:

- Erzeugung, Terminierung und Freigabe der Aufträge (nach Prüfung der Verfügbarkeit der zur Fertigung benötigten Ressourcen) für die Fertigung
- kurzfristige Festlegung von Einzelkapazitäten (Arbeitszuordnung)
- Maschinenbelegung
- Verfolgung des Auftragsfortschritts
- Verantwortung für die termingerechte Ablieferung der Fertigungsaufträge

Aufgabe der Fertigungssteuerung ist es, die Reihenfolge der Aufträge so zu koordinieren und aufeinander abzustimmen, dass bei kurzer Durchlaufzeit (DLZ) die Kapazitätsauslastung von Betriebsmitteln und Personal möglichst gleichmäßig und optimal ist und keine unnötigen Bestände an halbfertigen oder fertigen Erzeugnissen zwischen den Prozessschritten entstehen (vgl. Nebl 2007 und Lödding 2008).

Vorgehensweise:

Die Verfahren der Fertigungssteuerung wurden für Anwendungsgebiete und Einsatzbedingungen entwickelt, welche je nach Produkt und Art der Fertigung sehr unterschiedlich sein können. Die Berücksichtigung der Einsatzbedingungen ist eine notwendige Voraussetzung für die optimale Auswahl und Implementierung einer Fertigungssteuerung.

Zur Auswahl der Verfahren der Fertigungssteuerung lassen sich verschiedene Ansätze nach unterschiedlichen Differenzierungskriterien herleiten (vgl. Bild 1).

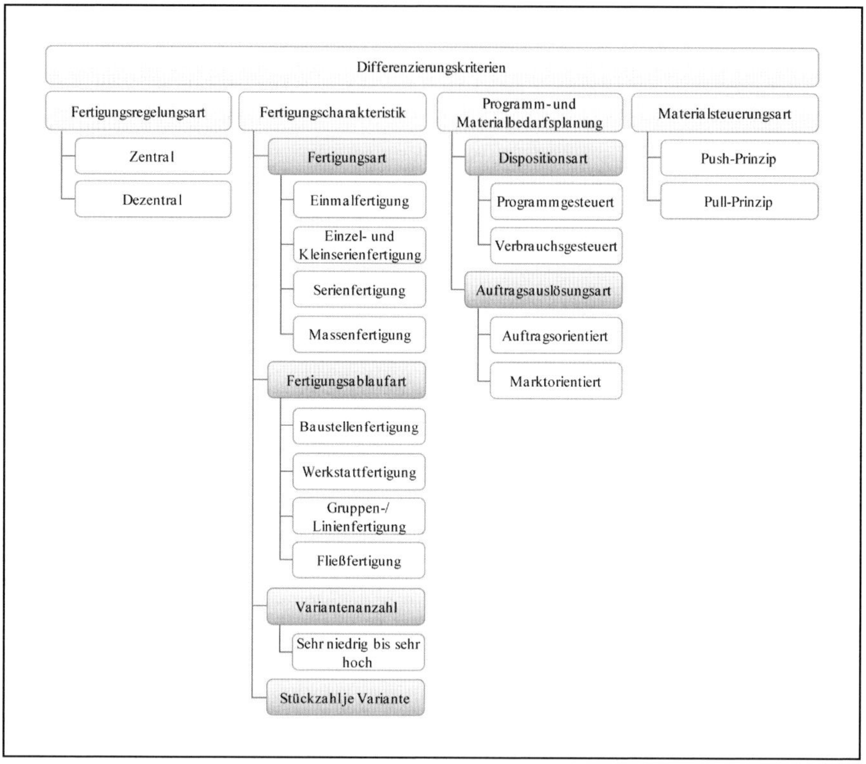

Bild 1: Differenzierung von Fertigungssteuerungsverfahren (vgl. Lödding 2008)

Die Wahl der Materialsteuerungsart hat entscheidenden Einfluss auf die Bestände eines Unternehmens und gewinnt vor dem Hintergrund des Ansatzes „Ganzheitliche Produktionssysteme“ zunehmend an Bedeutung. Grundsätzlich kann dabei zwischen dem Push- und dem Pull-Prinzip unterschieden werden. Bild 2 zeigt verschiedene Verfahren, die den beiden Prinzipien zugeordnet werden können und später wieder aufgegriffen und erläutert werden.

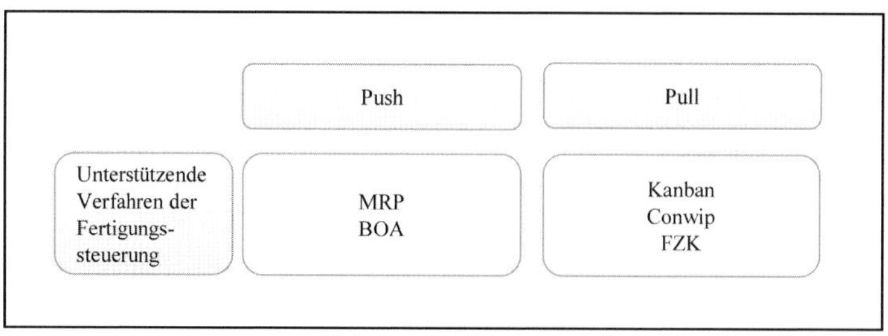

Bild 2: Vergleich zwischen Push- und Pull-Prinzip (vgl. Lödding 2008)

Das **Push- oder Schiebe-Prinzip** kann als klassische Form der Materialsteuerung bezeichnet werden. Bei dieser Steuerungsart werden die Aufträge am Anfang des Herstellungsprozesses eingesteuert und entlang der gesamten Wertschöpfungskette (vom Rohmaterial bis zum Enderzeugnis) von Arbeitssystem zu Arbeitssystem bzw. Einzelprozess „geschoben". Zur Realisierung eines kontinuierlichen und voll ausgelasteten Produktionsprogramms wird im ersten Schritt eine detaillierte Planung des Produktionsprogramms bzw. der Auftragseinplanung und -reihenfolge unter Berücksichtigung eines definierten Endtermins vorgenommen. Grundlage für dieses Produktionsprogramm sind die Auftragseingänge der Kunden, aus welchen sämtliche Bedarfe ermittelt und ggf. zu Losen zusammengefasst werden. Darauf aufbauend erfolgt die Abstimmung der terminlichen und kapazitiven Auslastung der Arbeitssysteme und Betriebsmittel. Es entsteht ein Gesamtplan für die jeweilige Planungsperiode.

Aufgrund von ungeplanten Maschinenausfällen, Störungen oder Eilaufträgen kann es jedoch permanent zu kurzfristigen Umplanungen und Revidierungen des einmal festgelegten Produktionsprogramms kommen, um die geplanten Liefertermine dennoch halten zu können. Dadurch werden immer mehr Aufträge in das System hineingeschoben. Durch die fehlende Synchronisation von Auftragsein- und -ausgang kommt es zum Bestandsaufbau innerhalb der Produktion – das System „bläht" sich, wie in Bild 3 zu sehen, immer weiter auf. Zwischen den fertigen Aufträgen am Ende der Prozesskette und denjenigen, die neu in die Fertigung eingesteuert werden, besteht keine Kopplung, d. h. es besteht kein Zusammenhang zwischen der Auftragsabmeldung und der Auftragsauslösung.

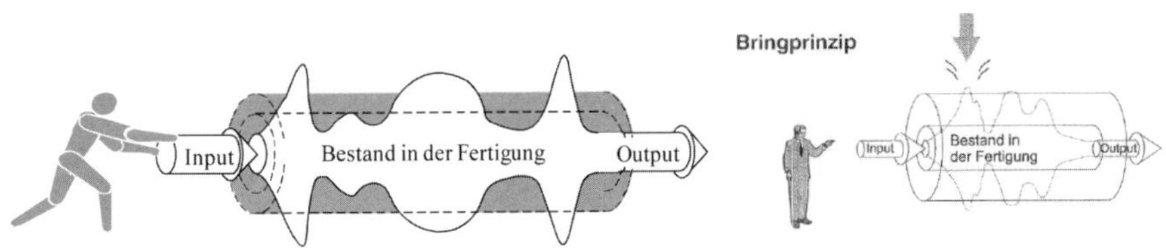

Bild 3: Das Push-Prinzip (nach Wildemann 2004)

Innerhalb der Fertigung schiebt jeder Prozess die von ihm gefertigten oder montierten Teile in einen Puffer/Bestand für den nachfolgenden Prozess. Bei einer Fertigung mit großen Losen kann die Größe dieser Zwischenpuffer eine Reichweite von mehreren Tagen umfassen und damit zu enormen Zwischenbeständen führen. Kommt es beim nachfolgenden Prozess zu Verzögerungen oder Störungen, wodurch kein weiteres Material aus dem vorgelagerten Puffer entnommen wird, so wird dieser, durch die fehlende Kopplung der Prozesse, dennoch vom vorhergehenden Prozess immer weiter gefüllt und der Bestand steigt kontinuierlich an.

Für ein einwandfrei funktionierendes Push-System dürfen also im Produktionsprozess aufgrund des kontinuierlichen und unkontrollierten Bestandsaufbaus keine Engpässe oder Prozessstörungen auftreten. Weiterhin müssen die Durchlaufzeiten der einzelnen Prozessschritte sowie die Gesamtdurchlaufzeit bekannt und konstant sein bzw. nur minimal schwanken, damit eine belastbare zeitliche Auftragsabwicklung und -fertigstellung gewährleistet ist. Für die Planung der Kapazitäten von Mensch und Maschinen ist ein entsprechend langer Vorlauf der Programmplanung erforderlich und es darf zu keinen oder nur geringen Kapazitätsausfällen kommen. Aus den automatisch entstehenden hohen Beständen resultieren sämtliche Formen der Verschwendung (vgl. Takeda 1996), wodurch fehlerhafte Teile erst spät erkannt werden, mit der Konsequenz enormer Qualitätsprobleme und einer hohen Nacharbeit.

Obwohl der eigentlichen Auftragsfreigabe im Rahmen der Push-Steuerung ein langer und aufwendiger Planungsprozess vorausgeht, ist es nur schwer realisierbar, die geplanten Endtermine mit den tatsächlichen Auftragsfertigstellungen in Einklang zu bringen. Kapazitätsausfälle und Störungen können aufgrund mangelnder Vorhersagbarkeit so gut wie nicht in der Planung berücksichtigt werden, zusätzlich kommt es durch Eilaufträge zu permanenten Umplanungen, was zu weiterem Bestandsaufbau innerhalb der Fertigung führt.

Durch das immer frühere Einplanen und Freigeben von Aufträgen wird versucht, den unsicheren Kapazitätsprognosen und den unzuverlässigen Durchlaufzeiten entgegenzuwirken. Es kommt zu einem Kreislauf, der sich unter Umständen immer weiter „aufschaukelt“ und die Bestände innerhalb der Produktion weiter wachsen lässt.

Die Materialsteuerung nach dem Push-Prinzip ist also durch einen hohen Steuerungsaufwand, hohe Bestände und damit lange Durchlaufzeiten gekennzeichnet, wodurch auf sich ändernde Kundenwünsche nicht ausreichend flexibel reagiert werden kann (vgl. Geiger et al. 2003).

Das **Pull-Prinzip bzw. Zieh-Prinzip** stellt das Gegenteil zum Push-Prinzip dar. Bei dieser Vorgehensweise löst ein Kundenauftrag einen Bedarf an dem im Materialfluss jeweils vorgelagerten Prozess (im Idealfall dem letzten Prozess der Fertigungskette) aus. Der Auftrag wird sozusagen durch das Unternehmen „gezogen“. Die Endmontage bestellt also bspw. bei der Vormontage, die Vormontage bei der Fertigung und die Fertigung bei der Materialbeschaffung. Demnach werden alle Produktionsvorgänge direkt oder indirekt durch einen Verbrauch ausgelöst. Die Kundenaufträge werden an dem sogenannten Schrittmacherprozess, den Takt definierenden Prozess, eingesteuert. Dieser entnimmt zur Bearbeitung und Durchführung seiner Arbeitsaufgabe/Arbeitsinhalte ein Bauteil oder Material aus einem definierten Bestand/Puffer des ihm vorgelagerten Prozesses. Dieser wiederum füllt den Bestand/Puffer mit der entnommenen Menge wieder auf und zieht hierfür wiederum das entsprechende Material aus dem Bestand des ihm vorgelagerten Prozesses. Dadurch setzt sich der Prozess des Ziehens (vgl. Bild 4) durch den gesamten Fertigungsprozess bis zur ersten Station der Kette fort. Teile werden also nur an Arbeitsstationen geliefert, wenn sie dort gebraucht werden. Dadurch bleibt der Bestand innerhalb des Systems (wie aus dem Bild abzuleiten) auf einer definierten Höhe.

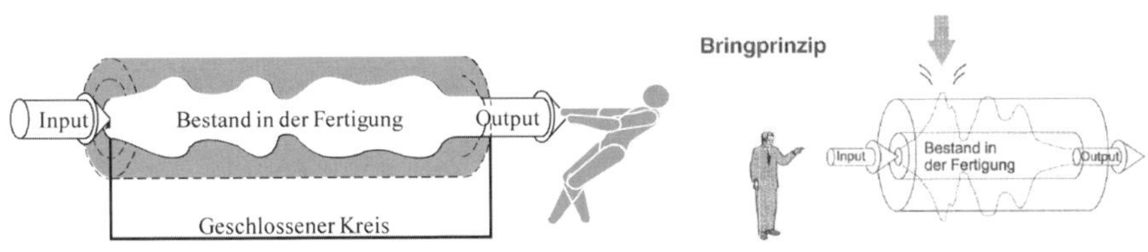

Bild 4: Das Pull-Prinzip (nach Wildemann 2004)

Durch diese sich selbst steuernden Regelkreise zwischen den Prozessen bzw. Produktionsstufen ist, im Gegensatz zum Push-Prinzip, keine detaillierte Produktionsplanung für jeden einzelnen Produktionsprozess mehr erforderlich. Die Regelkreise ermöglichen eine Dezentralisierung der Steuerung und Bestandskontrolle und somit eine Übertragung der direkten Produktionssteuerung an die für den jeweiligen Prozess verantwortlichen Mitarbeiter.

Beim Pull-Prinzip sind Materialfluss und Informationsfluss gegenläufig. D. h. die Bedarfsinformationen werden von Prozess zu Prozess, entgegengesetzt zum Materialfluss, weitergegeben (vgl. Takeda 1996). Die notwendige Voraussetzung hierfür ist ein möglichst kontinuierlicher Materialfluss (vgl. Corsten 2007).

Im Idealfall werden mithilfe der Materialsteuerung nach dem Pull-Prinzip keine zusätzlichen Bestände zwischen den Prozessen aufgebaut. Der definierte Bestand bleibt erhalten, da nur eine Entnahme auch ein Auffüllen auslöst. Durch die geringen Bestände muss jedoch sichergestellt werden, dass ausschließlich fehlerfreie Teile an einen nächsten Prozess weitergegeben werden. Ein notwendige Voraussetzung hierfür sind stabile Produktionsprozesse.

Ein Kerngedanke des Pull-Prinzips ist die Vermeidung von Verschwendung, wobei eine 100-Prozent-Auslastung der Maschinenkapazitäten eine untergeordnete Rolle spielt. Je nach Auftragslage kann es für Anlagen und Mitarbeiter zu einem Wechsel in der Auslastung kommen. Flexible Arbeitszeitmodelle bei gleichzeitiger Inkaufnahme oder Einplanung von Stillständen (abhängig von der Taktung) der Produktionsanlagen sind somit eine notwendige Voraussetzung.

Zusammenfassend kann das Pull-Prinzip durch niedrige definierte Bestände innerhalb des Prozesses und eine sich selbst steuernde Vorgehensweise charakterisiert werden. Durch die sich selbst regelnde, dezentrale Steuerung benötigt das Pull-

Prinzip im Vergleich zum Push-Prinzip einen geringeren Steuerungsaufwand. Der nachgelagerte Prozess stößt bei Verbrauch/Bedarf den vorgelagerten Prozess an, der Produktionsablauf regelt sich dezentral von selbst.

Je nach Art und Charakteristik der Fertigung (vgl. Bild 1) sind verschiedene Verfahren der Fertigungssteuerung geeignet (vgl. Bild 5 und 6), welche nachfolgend von der detaillierter vorgestellten Methode der Kanban-Steuerung abgegrenzt werden.

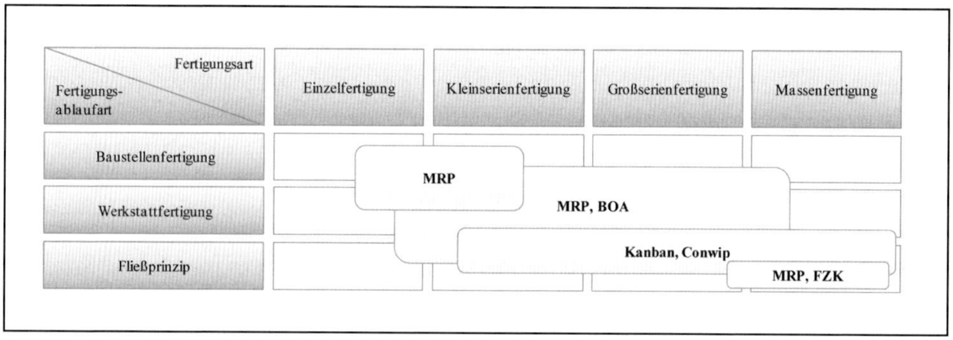

Bild 5: Einsatzbereich der Steuerungsverfahren (nach Piontek 2002, S. 107)

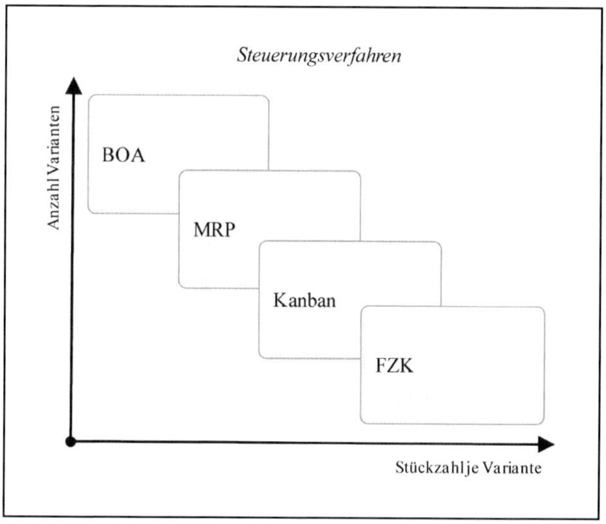

Bild 6: Variantenverteilung (nach Zülch 1989, S. 59 und Breker 1994, S. 39)

Belastungsorientierte Auftragsfreigabe (BOA)

Die BOA wurde in den 1970er-Jahren mit dem Ziel entwickelt, mittels zentraler Bestandssteuerung das Minimum der Durchlaufzeit zu erreichen und deren Beständigkeit zu sichern (vgl. Wiendahl 1989 und Adam 2001). Aufträge werden in diesem Konzept nur dann zur Produktion freigegeben, wenn eine bestimmte Wahrscheinlichkeit gewährleistet ist, dass die Aufträge rechtzeitig fertig werden und bei keinem der zu durchlaufenden Arbeitssysteme eine Belastungsgrenze überschritten wird (vgl. Lödding 2008). Bei der BOA durchlaufen die Aufträge und damit die Bauteile bzw. das Material die einzelnen Maschinen und Arbeitssysteme (AS) mit unterschiedlichen Bearbeitungszeiten, bis sie auf der letzten Stufe zu einem Endprodukt zusammentreffen (vgl. Vahrenkamp 2004 und Wiendahl 1989). Vor jedem AS besteht ein beliebig großer Speicher zur Zwischenlagerung von Halbfertigteilen. Darin wartende Teilaufträge werden als Bestand bezeichnet. Bei der Abarbeitung der Bestände werden Prioritätsregeln angewandt (Vahrenkamp 2004). Jedem AS wird ein Abzinsungsfaktor zugeordnet, welcher angibt, mit welchem Prozentsatz die Auftragszeiten in den Bestandskonten nachfolgender AS berücksichtigt werden (vgl. Wiendahl 1997). Je geringer die Wahrscheinlichkeit des Eintreffens ist, desto kleiner ist der Abzinsungsfaktor. Ziel der BOA ist, die optimale mittlere Durchlaufzeit einzustellen, indem die mittlere Durchlaufzeit über die maschinelle Leistung und den Werkstattbestand gesteuert werden kann. Diese Steuerungsmöglichkeit ergibt sich aus dem Zusammenhang, dass sich die mittlere Leistung als Quotient aus der mittleren Durchlaufzeit und dem mittleren Bestand ergibt (vgl. Vahrenkamp 2004). Wartende Aufträge vor einer Maschine haben den Zweck, Leerzeiten der Maschinen, die durch Warten auf Aufträge entstehen, zu minimieren. Je größer der Bestand vor einer Maschine, desto geringer ist die Wahrscheinlichkeit der Leerzeiten und infolgedessen die Leistung der Maschine um so höher. Dies stellt für diese AS einerseits einen ausreichenden Arbeitsvorrat sicher, führt aber andererseits zu höheren Schwankungen der Bestände. Zudem ist die BOA ein äußerst anspruchsvolles und komplexes Verfahren, welches die Rückmeldung jedes Arbeitsgangs erfordert und nicht über eine kartenbasierte Lösung umgesetzt werden kann. Hier ist eine spezielle Planungssoftware erforderlich (vgl. Lödding 2008).

Material Requirements Planning (MRP I) oder Manufacturing Resource Planning (MRP II)

Das Verfahren MRP I umfasst die inner- und außerbetriebliche Materialbedarfsplanung, die Bestellplanung, den Kapazitätsabgleich, die Feinterminierung sowie die Kontrolle des Fertigungsfortschritts. MRP II kann als Weiterentwicklung von MRP I gesehen werden und ergänzt dieses bspw. um die Aspekte der Zeitwirtschaft (vgl. Piontek 2002). Beide Verfahren übernehmen zentral für sämtliche Produktionsbereiche alle Planungs- und Steuerungsaufgaben. Grundsätzlich steht die höchstmögliche Auslastung der Kapazitäten im Vordergrund. Das MRP-II-Verfahren stellt der Produktionsprogrammplanung eine strategische Planungsebene voran, die ebenfalls die Aufgabenbereiche Vertriebsplanung und Entwicklungsplanung enthält. Auf Basis der Kundenaufträge erfolgt eine Stücklistenauflösung von Erzeugnissen (Primärbedarf), aus der der Bedarf an Rohstoffen, Teilen und Gruppen (Sekundärbedarf) zur Fertigung des Primärbedarfs abgeleitet werden kann. Aus dieser ersten Rechnung werden die Bruttobedarfe ohne Berücksichtigung der Lagerbestände ermittelt. In einer zweiten Rechnung zur Mengenplanung werden, unter Berücksichtigung der Bestände im Lager, die Nettobedarfe, also die tatsächlich benötigten Materialmengen, ermittelt. Die Nettobedarfe werden im Anschluss periodenweise zusammengefasst und bilden den Ausgangspunkt für die Terminplanung. MIthilfe diverser Verfahren zur Losgrößenberechnung werden Fertigungs- und Montagelose gebildet und diese im Anschluss, unter Berücksichtigung des verfügbaren Kapazitätsangebotes im Rahmen der Kapazitätsterminierung, freigegeben. Das so entstandene Produktionsprogramm bildet die Vorgabe für die Werkstattsteuerung. Diese hat die Aufgaben der Durchsetzung der erstellten Planungsvorgaben (Fertigungsaufträge) in der Eigenfertigung, also die Feinterminierung der Fertigungsaufträge, die Veranlassung der arbeitsgangbezogenen Werkstattaufträge sowie die Überwachung des Fertigungsfortschritts (vgl. Scheer 1990).

Fortschrittzahlenkonzept (FZK)

Das FZK wurde in den 1960er-Jahren von der Automobilindustrie mit dem Ziel entwickelt, das Bestandsniveau an Rohstoffen und Bauteilen, mithilfe von Kennzahlen, möglichst niedrig zu halten (vgl. Adam 2001). Der gesamte Fertigungsbereich wird in sogenannte Kontrollblöcke unterteilt. Ein Kontrollblock entspricht einer geschlossenen, autonom zu steuernden Fertigungsabteilung, die über einen definierten Eingang und einen definierten Ausgang verfügt. Der Materialfluss zwischen den einzelnen Kontrollblöcken verläuft grundsätzlich nur in eine Richtung (vgl. Vahrenkamp 2004). Das FZK basiert auf der Annahme, dass das gesamte System durch eine zentrale Kennzahl, in Form der Fortschrittszahl, gesteuert wird. Die Fortschrittszahl ist die über einen bestimmten Zeitraum kumulierte Stückzahl eines Teils (vgl. Vahrenkamp 2004). Für jedes Bauteil oder Produkt werden sowohl im Eingangsbereich als auch im Ausgangsbereich jedes Kontrollblocks jeweils die Fortschrittszahlen geführt. Die Ist-Fortschrittszahl zählt die Menge an Teilen, die, beginnend an einem Stichtag, bis zu einem bestimmten Zeitpunkt tatsächlich produziert oder beschafft wurde. Die Soll-Fortschrittszahl kennzeichnet die Menge, die als Vorgabe bis zu dem definierten Zeitpunkt zur Realisierung des Produktionsprogramms zu fertigen ist (vgl. Vahrenkamp 2004 und Lödding 2008). Die Ist- und Soll-Fortschrittszahlen am Eingang eines Kontrollblocks geben demnach die tatsächlichen bzw. geplanten Materialzugänge und somit die Belastung des Blocks wieder. Die Ist- und Soll-Fortschrittszahlen der Ausgänge geben den tatsächlichen bzw. geplanten Abgang und damit die Leistung des Blocks aus. Die Steuerung erfolgt mithilfe der Differenzbildung dieser beiden Kennzahlen. Nach der dezentralen Bestimmung der Soll-Fortschrittszahlen erfolgt die Planung und Steuerung der weiteren Produktionsschritte eigenverantwortlich durch die Kontrollblöcke. Somit werden die Losgrößenbildung, die Termin- und Kapazitätsplanung sowie die Ablaufplanung dezentral durch die Mitarbeiter der Kontrollblöcke durchgeführt (vgl. Vahrenkamp 2004).

Constant Work in Process (Conwip)

Die Conwip-Steuerung wurde Anfang der 1990er-Jahre von Hopp und Spearman entwickelt (vgl. Rücker 2006) mit dem Ziel, die Durchlaufzeiten und den Bestand in der Linie möglichst gering zu halten (vgl. Vahrenkamp 2004). Um dieses Ziel zu erreichen, wird ein konstantes Bestandsniveau in der Linie definiert. Einlastungen in die Linie, also die Freigabe von Aufträgen, sind nicht erlaubt, wenn der Bestand über das fixierte Limit steigt (vgl. Hopp und Spearman 2001). Bei der Conwip-Steuerung kommen, ähnlich der Kanban-Steuerung, Karten zum Einsatz, durch welche die Bereitstellung von Bauteilen dezentral gesteuert wird. Ein Auftrag darf freigegeben werden, sobald der Bestand innerhalb der Fertigungslinie das definierte Bestandslimit unterschreitet (vgl. Lödding 2008). Ein neuer Auftrag wird dann zusammen mit der Conwip-Karte, welche während des gesamten Fertigungsdurchlaufs bei diesem Auftrag verbleibt, in die Fertigung gegeben. Nach der Fertigstellung am letzten AS wird die Conwip-Karte frei und autorisiert die Fertigungsfreigabe des nächsten anstehenden Auftrags. Der Aufbau einer Conwip-Steuerung gleicht ebenfalls der der Kanban-Steuerung. Mehrere Arbeitssysteme, welche über Zwischenpuffer miteinander verbunden sind, bilden eine Produktionslinie, die in nur einer Richtung von den Bauteilen durchlaufen wird (vgl. Hopp und Spearman 2001). Die gesamte Fertigung wird dabei in nur einem einzigen Regelkreis, nicht wie bei der Kanban-Steuerung in mehreren, erfasst. Innerhalb dieses Regelkreises wird die Bestandshöhe geregelt. Die Conwip-Steuerung eignet sich für die Fertigung von kleinen bis mittleren Seriengrößen mit hoher Variantenvielfalt, hoher Materialflusskomplexität und Fertigungssegmenten mit häufig wechselnden Produkten (vgl. Schneider 2000).

Anwendungsbeispiel

Kanban-Steuerung:

Das Kanban-Prinzip bzw. die Kanban-Steuerung hat ihren Ursprung in den Methoden und Werkzeugen des Toyota Produktionssystems. Kanban steht dabei als japanisches Wort für Karte, die in dieser Form der Steuerung das tragende Element ist. Die Kanban-Steuerung wurde von Taiichi Ohno in der Zeit zwischen 1948 und 1978 entwickelt und bei Toyota erfolgreich eingeführt (vgl. Ihme 2006). Mit dem Ziel der kontinuierlichen Bestands- und Durchlaufzeitreduzierung werden die Mitarbeiter der direkten Bereiche, also der Fertigung, unmittelbar in die Steuerungsabläufe eingebunden, wodurch eine dezentrale Steuerungssystematik gegeben ist (vgl. Adam 2001). Ein zentraler Eingriff bzw. eine zentrale langfristige Planung wie im Push-Prinzip ist nicht mehr erforderlich. Der gesamte Produktionsprozess wird in mehrere unabhängige, sich selbst steuernde Regelkreise unterteilt, welche in der Verantwortung der für den jeweiligen Prozess zuständigen ausführenden Mitarbeiter liegen. Ausgehend vom letzten Prozessschritt, an dem das Endprodukt entnommen wird, wird der Bedarf, symbolisiert durch die Kanban, ziehend an den jeweils vorgelagerten Prozess weitergegeben (vgl. Weber 2007).

Somit ist die Kanban-Steuerung eine Pull-Steuerung und funktioniert nach dem Supermarktprinzip, d. h. eine Lücke, die durch entnommenes Material entsteht, wird umgehend mit dem gleichen Material aufgefüllt. Steuerungselement ist dabei die Kanban. Auf dieser sind alle relevanten Daten, wie Bestellmenge, Kunde oder Materialdaten, hinterlegt, die nötig sind, um die nachgelagerte Stelle eines Prozesses mit Material zu versorgen (Wannenwetsch 2007).

Für die Einführung eines Kanban-Systems müssen bestimmte Voraussetzungen gegeben sein. Die Produktion sollte im Fließprinzip aufgebaut sein, d. h. es sollte ein gleichmäßiger Fluss mit standardisierter Arbeit und einem sich wiederholenden Rhythmus geschaffen werden. Durch die Nivellierung des Produktionsprogramms kann eine ruhige und ausgeglichene Produktion realisiert werden (Vergleich Methode Produktionsnivellierung) (vgl. Takeda 1996).

Kennzeichen der Kanban-Steuerung sind klare Regeln und visuelle Anzeigen, wodurch die Transparenz in der Produktion gesteigert wird.

Für das Funktionieren des Kanban-Prinzips und eine reibungslose und effiziente Steuerung sind folgende Regeln jedoch nachhaltig einzuhalten und zu verfolgen (vgl. Schulte 2001):

- Jeder nachfolgende Prozess darf nur die Menge aus einem Puffer entnehmen, die tatsächlich benötigt wird.
- Jeder vorgelagerte Prozess darf erst dann mit der Herstellung des Nachschubs beginnen, wenn eine Entnahme aus dem Puffer erfolgt ist bzw. eine Kanban den Produktionsbeginn auslöst. Dadurch werden die Arbeitssysteme miteinander verknüpft und synchronisiert.
- Jeder vorgelagerte Prozess darf nur die Menge an Material bereitstellen bzw. produzieren, die vom nachfolgenden Prozess entnommen und durch Kanban angefordert wurde.
- Nur fehlerfreie Teile dürfen weitergegeben werden. Sollten fehlerhafte Teile vorhanden sein, müssen diese zunächst gesperrt und das weitere Verfahren bestimmt werden.
- Änderungen der Menge der sich im Umlauf befindenden Kanban bzw. an den Karten selbst dürfen nur durch einen Kanban-Verantwortlichen durchgeführt werden.
- Teile dürfen nur in zuvor definierten Mengen gelagert und transportiert werden.
- Kanban-gesteuertes Material und Teile dürfen im Puffer/Supermarkt nur an den dafür vorgesehenen und gekennzeichneten Plätzen abgestellt werden.
- Alle festgelegten Termine müssen zu 100 Prozent eingehalten werden, da es sonst zu Produktionsstillständen kommen kann.

Die Umsetzung einer Kanban-Steuerung kann auf unterschiedliche Weise erfolgen. Grundsätzlich wird zwischen der 1- und 2-Karten-Steuerung unterschieden. Weitere Realisierungen sind natürlich möglich und den jeweiligen Prozessen und Bedingungen eines Unternehmens anzupassen.

Beim 2-Karten-System (siehe Bild 7 zwischen den Prozessen 2 und 3) wird die Steuerung bzw. der Informations- und Materialfluss zwischen zwei Prozessen durch zwei verschiedene Kanban-Arten (Produktions- und Transport-Kanban) geregelt. Wird von Prozess 3 ein Standardbehälter geleert bzw. entnommen, so wird die daran befindliche Transport-Kanban an den vorgelagerten Supermarkt geleitet. Ein sich darin befindender voller Standardbehälter wird entnommen und die daran befindliche Produktions-Kanban mit der Transport-Kanban ausgetauscht. Dieser Behälter wird dann zum Supermarkt von Prozess 3 gebracht und füllt dort die entstandene Lücke wieder auf. Die ursprüngliche am Behälter befindliche und entfernte Produktions-Kanban wird an Prozess 2 weitergeleitet (z. B. in einen Kanban-Briefkasten oder an ein Board) und löst dort die Nachfertigung der entnommenen Teile bzw. Menge aus.

Prozess 2 benötigt zur Nachproduktion ebenfalls Material oder Teile, die er aus einem ihm vorgelagerten Supermarkt entnimmt, welcher von Prozess 1 befüllt wird. Zwischen den Prozessen 1 und 2 wird in Bild 7 die 1-Karten-Systematik dargestellt. Entnimmt Prozess 2 Material oder einen Behälter aus dem Supermarkt, so wird die daran befindliche Produktions-Kanban an Prozess 1 geleitet, welcher für das Auffüllen bzw. Nachproduzieren der entstanden Lücke verantwortlich ist. Das nachproduzierte Material wird dann wieder mit der Produktions-Kanban versehen an den Supermarkt geliefert.

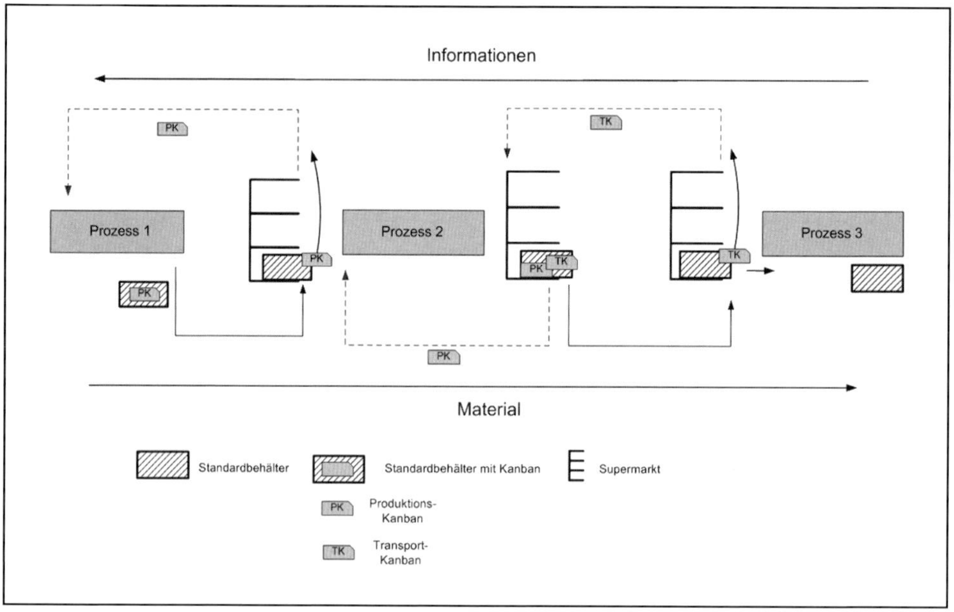

Bild 7: Kanban-Systematik (vgl. Vahrenkamp 2004)

Durch diese Abläufe entstehen die bereits beschriebenen sich selbst steuernden Regelkreise. Jeder Prozess zieht nur die benötigten Teile in der notwendigen Stückzahl zum geforderten Zeitpunkt aus dem vorgelagerten Prozess, welcher nur das produziert, was der nachgelagerte Prozess verlangt.

Die Planung, Einführung und Umsetzung einer Kanban-Steuerung folgt dann folgenden Schritten:

Schritt 1 Abgrenzung des für die Kanban-Steuerung vorgesehenen Gegenstandsbereichs (Teilearten, Leistungseinheiten). Mittels Materialflussanalyse kann überprüft werden, inwieweit die Voraussetzungen für das Kanban-System (gerichteter, relativ konstanter Materialfluss) gegeben sind. Die Auswahl der Kanban-Teile erfolgt z. B. mittels ABC-XYZ-Analyse (Vergleich Methode ABC-XYZ-Analyse), da es häufig sinnvoll ist, je nach Materialbedarf unterschiedliche Steuerungsmethoden einzusetzen.

Schritt 2 Festlegung und Dimensionierung der einzelnen Kanban-Regelkreise (Losgrößen, Kanban-Anzahl, Standorte der Kanbans im Regelkreis). Bei komplexeren Materialflusssystemen empfiehlt sich der Einsatz von Simulationstechnik zur Verifizierung der Planung.

Durch die Dimensionierung werden die Bestände im Puffer/Supermarkt, die Teile je Ladungsträger sowie die Anzahl der sich im Umlauf befindenden Kanban berechnet und festgelegt.

Bei der Einführung des Systems ist darauf zu achten, dass ein kontinuierlicher Materialfluss gewährleistet ist und gleichzeitig die Kapitalkosten der Bestände minimiert werden. Gerade zum Planungsbeginn ist es wichtig, die genaue Kanban-Menge zu definieren. Wird die Anzahl der Kanban zu gering gewählt, kann der Produktionsfluss abbrechen, wobei eine zu hohe Anzahl zu hohen Pufferlagerbeständen und damit erhöhten Lagerkosten führen kann.

Bei der Berechnung der Kanban sind folgende Parameter zu berücksichtigen, wobei je nach Unternehmen unterschiedliche Formeln zur Berechnung zu finden sind:

- Abdeckung der Wiederbeschaffungszeit und der durchschnittlichen Verbrauchsmenge
  - Berücksichtigung des Bedarfs pro Periode
  - Berücksichtigung der Produktions- und Informationszeiten incl. Rüst- und Transportzeiten
  - siehe auch Durchlaufzeit bei Methode Wertstromdesign;
- Abdeckung der Produktionslosgröße;
- Abdeckung von Entnahmespitzen;
- Abdeckung von unterschiedlichen Schichtmodellen;
- Abdeckung von Sicherheitszeitfenstern
  - Schwankungen in den Prozessen
  - Schwankungen bei der Entnahmemenge des Kunden.

Die theoretisch berechneten Kanban-Mengen sollten periodisch überprüft und ggf. angepasst werden. Zu Beginn ist, aufgrund von Prozessunsicherheiten, die Einplanung eines höheren Sicherheitsbestandes zu empfehlen, welcher jedoch bei Stabilisierung des Systems schrittweise zu reduzieren ist.

Bei der Gestaltung der Kanban sollten folgende Informationen je nach Anwendungsfall berücksichtigt werden:

- Artikelnummern/Identifizierungsnummern/Materialnummern;
- Materialbezeichnung;
- Angaben über Art und Füllmenge der Transportbehälter;
- Bezeichnungen der Quellen und Senken (Prozesskunde und -lieferant);
- Arbeitsanweisungen/Qualitätsdaten;
- Nummer der Kanban-Karte;
- zugehöriges Arbeitssystem;
- ....

Hauptdaten und grundsätzlicher Aufbau einer Kanbankarte			
Ursprung	Termin	Ziel	Teile-Nummer
Serien-Nummer von bis		Behälter	Menge
Bezeichnung		**Auftrag**	

Quelle: IfaA 2008

Bild 8: Beispiel für die Gestaltung einer Kanban-Karte

Schritt 3 Ausrichtung der Auftragsdisposition nach dem Pull-Prinzip. Im Idealfall erhält dabei die letzte Leistungseinheit in der Auftragskette den Fertigungsauftrag. Die Unteraufträge werden durch die Kanban-Regelkreise quasi automatisch erzeugt. Verkomplizierend wirkt dabei, wenn es nicht in die Kanban-Regelkreise einbezogene Leistungseinheiten in der Auftragskette gibt. Diese sind nach anderen Steuerungsverfahren in die Auftragskette zu integrieren (erhöhter Steuerungsaufwand bei Mischformen, die sich in der Praxis bspw. durch lange Beschaffungszeiten häufig nicht vermeiden lassen).

Schritt 4 Schulung der Mitarbeiter

Neben der Befähigung zum Umgang mit den Kanbans müssen die Mitarbeiter das Kanban-System in seiner Wirkung vermittelt bekommen. Planspiele (z. B. mit LEGO-Bausteinen) haben sich dazu als wirksame Hilfsmittel bewährt.

Eigenverantwortung der Mitarbeiter

Sie müssen qualifiziert und direkt in die Qualitätsverantwortung eingebunden werden. Die Mitarbeiter sind für die Beschaffung und Auslieferung der von ihnen produzierten Teile selbst verantwortlich.

Schritt 5 Betriebsstart des Kanban-Systems

Jede leere Kanban wird an die im Materialfluss vorgelagerte Leistungseinheit zurückgegeben, wobei eine volle Kanban von dort geholt wird. Das Fehlen einer vollen Kanban regt die vorgelagerte Leistungseinheit zum erneuten „Auffüllen“ einer Kanban an. Dabei sollte es nicht zum Aufbau von „Kanban-Beständen“ (z. B. Bereithalten mehrerer voller Kanbans „zur Sicherheit“) kommen.

Schritt 6 Anlaufoptimierung

Im engen Zusammenwirken von Logistikplanung, Auftragssteuerung und Mitarbeitern ist die Anlaufphase insbesondere bzgl. Durchlaufzeit und Bestandsniveau zu dokumentieren. Statistische Auswertungen (z. B. mittels Durchlaufzeitanalysen) liefern Optimierungsansätze zur verbesserten Abstimmung der Regelkreise. Geringe Losgrößen bei wenigen vollen Kanbans im Umlauf sind Symptome für ein hochgradig abgestimmtes Kanban-System.

Hilfsmittel

- ABC-XYZ-Analyse
- Morphologisches Merkmalsschema zur Charakterisierung einer Fertigung
- Materialflussanalyse
- Durchlaufzeitanalyse/Wertstromdesign
- KVP-Workshop

Literaturhinweise

Adam, D.: Produktionsmanagement. Wiesbaden: Gabler, 2001

Breker, J.: Ein Beitrag zur ganzheitlichen Planung und Validierung von Produktionssystemen. Dortmund, Technische Universität, Fakultät Maschinenbau, Diss., 1994

Corsten, H.: Produktionswirtschaft – Einführung in das industrielle Produktionsmanagement. München: Oldenbourg, 2007

Geiger, G.; Hering, E.; Kummer, R.: Kanban – Optimale Steuerung von Prozessen. München: Hanser, 2003

Günther, H.-O.; Tempelmeier, H.: Produktion und Logistik. Berlin, Heidelberg: Springer, 2005

Hopp, W. J.; Spearman, M. L.: Factory Physics – Foundations of Manufacturing Management. Boston: McGraw-Hill, 2001

IfaA – Institut für angewandte Arbeitswissenschaft (Hrsg.): Methodensammlung zur Unternehmensprozessoptimierung. Köln: Wirtschaftsverlag Bachem, 2008

Ihme, J.: Logistik im Automobilbau – Logistikkomponenten und Logistiksysteme im Automobilbau. München: Hanser, 2006

Lödding, H.: Verfahren der Fertigungssteuerung – Grundlagen, Beschreibung, Konfiguration. Berlin, Heidelberg: Springer, 2008

Nebl, T.: Produktionswissenschaft. München: Oldenbourg, 2007

Piontek, J.: Produktion. Stuttgart: Kohlhammer, 2002

Rücker, T.: Optimale Materialflusssteuerung in heterogenen Produktionssystemen. Wiesbaden, Deutscher Universitäts-Verlag, 2006

Scheer, A.-W.: CIM – Computer Integrated Manufacturing – Der computergestützte Industriebetrieb. Berlin, Heidelberg: Springer, 1990

Schneider, H.: Produktionsmanagement in kleinen und mittleren Unternehmen. Stuttgart: Schäffer-Poeschel, 2000

Schulte, G.: Material- und Logistikmanagement. München, Wien: Oldenbourg, 2001

Spearman, M. L.; Zazanis, M. L.: Push and Pull Production Systems: Issues and Comparisons. In: Operations Research 40 (1992), Nr. 3, S. 521-532

Takeda, H.: Das System der Mixed Production. Landsberg/Lech: Verlag moderne Industrie, 1996

Vahrenkamp, R.: Produktionsmanagement. München: Oldenbourg, 2004

Wannenwetsch, H.: Integrierte Materialwirtschaft. Berlin, Heidelberg: Springer, 2007

Weber, R.: Kanban-Einführung – Das effiziente kundenorientierte Logistik- und Steuerungskonzept für Produktionsbetriebe. Renningen: Expert, 2007

Wiendahl, H.-P.: Belastungsorientierte Fertigungssteuerung – Praxis und Weiterentwicklung. München: Hanser, 1989

Wiendahl, H.-P.: Fertigungsregelung – Logistische Beherrschung von Fertigungsabläufen auf Basis des Trichtermodells. München, Wien: Hanser, 1997

Wildemann, H.: Produktionssysteme – Leitfaden zur methodengestützten Reorganisation der Produktion. München: TCW, 2004

Zülch, G.: Der strategische Steuerungsraum – Ein Ansatz zur Systematisierung von Strategien der Fertigungssteuerung. In: VDI-Zeitschrift 139 (1989), Nr. 5, S. 58-65

Prozessfähigkeitsanalyse

Alternative Bezeichnungen

Prozessfähigkeitsuntersuchung, Maschinenfähigkeitsanalyse, Maschinenfähigkeitsuntersuchung

Ziel

Beurteilung der Wahrscheinlichkeit, dass ein Prozess oder eine Maschine Ergebnisse erbringt, die definierten Vorgaben entsprechen.

Weg

- relevante Merkmale (Maße, Zeiten, ...) und Toleranzbereiche (kleinster bis größter zulässiger Wert) für die Prozessergebnisse festlegen
- die Merkmale einer definierten Anzahl von Prozessergebnissen (in der Regel 25 bis 125) messen
- Fähigkeitsindizes aus der Streuung der Messwerte und dem Toleranzbereich berechnen

Ergebnisse

- Prozess- oder Maschinenfähigkeitsindex C_p oder C_m (relevant, wenn Prozessmittelwert = Toleranzmitte)
- kritischer Prozess- oder Maschinenfähigkeitsindex C_{mk} oder C_{pk} (relevant, wenn Prozessmittelwert ≠ Toleranzmitte)

Die Maschinenfähigkeit C_m berücksichtigt kurzfristig wirkende zufällige Störgrößen und hilft zu beurteilen, ob Maschinen oder andere Einrichtungen technisch überhaupt in der Lage sind, bestimmte Vorgaben einzuhalten. Schwankungen durch längerfristig wirkende Faktoren wie Temperatur, Werkzeugwechsel oder unterschiedliche Rohmaterialien sind bei der Bestimmung der Maschinenfähigkeit bewusst ausgeschlossen. Sie dient oft als Nachweis im Rahmen der Abnahme neuer Maschinen.

Die Prozessfähigkeit C_p berücksichtigt hingegen auch längerfristig wirkende Faktoren, die beim dauerhaften Betrieb von Prozessen zwangsläufig auftreten, wie bspw. Temperaturschwankungen, unterschiedliche Arbeitsweisen der Mitarbeiter oder wechselnde Rohmaterialchargen. Dabei kann unterschieden werden zwischen

- vorläufiger Prozessfähigkeit P_p, P_{pk} (Bestimmung vor dem Serienanlauf) und
- Langzeit-Prozessfähigkeit C_p, C_{pk} (Bestimmung nach dem Serienanlauf).

Je länger der untersuchte Zeitraum, desto kleiner sind in der Regel die ermittelten Fähigkeiten.

Maschinen- und Prozessfähigkeit werden auf die gleiche Weise berechnet. Die Zeiträume für die Entnahme von Stichproben sind jedoch unterschiedlich lang.

	gering	mittel	hoch
Einsatzaufwand	**X**		
Schulungsaufwand	**X**		

	kurzfristig	mittelfristig	langfristig
Dauer der Ergebnisrealisierung	**X**		

Unter Ergebnisrealisierung ist nur die Bestimmung des Fähigkeitsindex berücksichtigt. Aufwand und Zeitbedarf für Abstellmaßnahmen bei unzureichender Fähigkeit können fallspezifisch sehr unterschiedlich sein.

Rahmenbedingungen für den erfolgreichen Einsatz

- Die Prozessfähigkeit ist oft eine vertragsrelevante Kundenforderung. Viele Verfahren basieren auf der Annahme symmetrischer und normalverteilter Prozesse. Für den Fall, dass dies nicht zutrifft, sollte die Vorgehensweise für die Berechnung bereits im Vorfeld abgestimmt sein.
- Die Messmittel sind kalibriert und entsprechen in ihrer Genauigkeit mindestens 1/10 des Toleranzbereichs.

Einzelschritte der Methode

Prinzip:

Die Fähigkeit eines Prozesses, Ergebnisse zu erzeugen, die in der zulässigen Toleranz liegen, hängt von der Summe aller systematischen und unsystematischen (zufälligen) Störgrößen ab. Um die Fähigkeit quantitativ zu beurteilen, wird die Streuung von Merkmalen der Prozessergebnisse ermittelt und mit der zulässigen Toleranz verglichen.

Ein Maß für die Streuung der Messwerte ist die **Standardabweichung** s. Bei normal verteilten Werten entspricht sie dem Abstand vom **Mittelwert** $\bar{x}$ bis zur Wendestelle der Verteilungskurve und kann nach folgender Formel berechnet werden:

$$s = \sqrt{\sum_{i=1}^{n} \frac{1}{n-1} (x_i - \bar{x})^2}$$

In die Bestimmung der Fähigkeit gehen die **Arbeitsstreubreite** As und die **Toleranz** T ein. Die Arbeitsstreubreite ist definiert als das Sechsfache der Standardabweichung s. T beschreibt die Bandbreite zulässiger Prozessergebnisse und entspricht der Differenz zwischen **oberem Grenzwert** OSG und **unterem Grenzwert** USG.

Beispiel:
Ein Wellendurchmesser soll 350 mm betragen.
OSG = 351,00 mm, USG = 349,00 mm.
T = OSG – USG = 351,00 – 349,00 = 2,00 mm

Der Prozessfähigkeitsindex C_p oder der Maschinenfähigkeitsindex C_m ist definiert als Verhältnis von Toleranz zu Arbeitsstreubreite.

$$C_p = \frac{T}{As} = \frac{T}{6s}$$

$$C_m = \frac{T}{As} = \frac{T}{6s}$$

Um fehlerhafte Ergebnisse zu vermeiden, muss die Arbeitsstreubreite mindestens der Toleranz entsprechen. Der Index hat in dem Fall den Wert 1. Bei normalverteilten Werten ist der Anteil fehlerfreier Ergebnisse dann 99,73 Prozent. Üblicherweise wird zudem jedoch eine gewisse Sicherheit gefordert. Das heißt, die Arbeitsstreubreite soll die Toleranz nicht vollständig „ausschöpfen“. Die Forderung nach einer Mindestfähigkeit von 1,33 entspricht einer Sicherheit von 33 Prozent. Die Toleranz muss dafür um ein Drittel größer sein als die Arbeitsstreubreite.

Wenn der Prozess nicht zentriert ist, also der Mittelwert nicht dem Soll-Wert entspricht oder der Soll-Wert nicht in der Mitte der Toleranz liegt, erhöht sich bei gleicher Standardabweichung die Wahrscheinlichkeit, dass Ergebnisse außerhalb der Toleranz liegen. Diesen Effekt berücksichtigt der kritische Prozess- oder Maschinenfähigkeitsindex C_{pk} oder C_{mk}. Er wird sowohl für den unteren Grenzwert bestimmt (C_{pu}, C_{mu}) als auch für den oberen Grenzwert (C_{po}, C_{mo}). Relevant für die Prozess- oder Maschinenfähigkeit ist jeweils der kleinere der beiden Werte.

$$C_{pk} = Minimum\ von\ C_{pu} = \frac{\bar{x} - USG}{0{,}5\,As} = \frac{\bar{x} - USG}{3s} \quad oder \quad C_{po} = \frac{OSG - \bar{x}}{0{,}5\,As} = \frac{OSG - \bar{x}}{3s}$$

$$C_{mk} = Minimum\ von\ C_{mu} = \frac{\bar{x} - USG}{0{,}5\,As} = \frac{\bar{x} - USG}{3s} \quad oder \quad C_{mo} = \frac{OSG - \bar{x}}{0{,}5\,As} = \frac{OSG - \bar{x}}{3s}$$

Die Definition der Indizes sowie Beispiele für verschiedene Bedingungen verdeutlicht Bild 1.

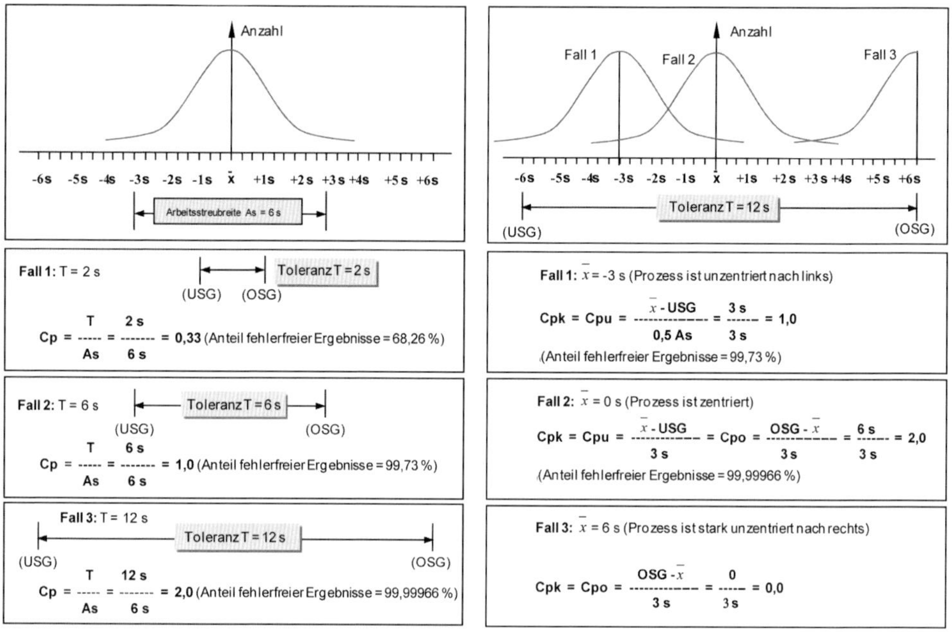

Bild 1: Verdeutlichung der Fähigkeitsindizes

Vorgehensweise:

- zu ermittelnde Kennwerte festlegen (C_p, C_{pk}, P_p, P_{pk}, C_m, C_{mk})
- Teile und Merkmale (Maße) festlegen
- Stichproben aus dem Produktionsprozess entnehmen, dabei Zeitpunkt und besondere Randbedingungen protokollieren
  - für die Bestimmung der Maschinenfähigkeit C_m, C_{mk} meist 50 unter gleichen Bedingungen hintereinander gefertigte Teile entnehmen
  - für die Bestimmung der vorläufigen Prozessfähigkeit P_p, P_{pk} vor dem Serienanlauf über einen längeren Zeitraum verteilt z. B. 20 Mal 3 Stichproben oder 25 Mal 5 Stichproben entnehmen
  - für die Bestimmung der langfristigen Prozessfähigkeit C_p, C_{pk} wiederholt Stichproben über einen Zeitraum von mindestens 20 Produktionstagen nehmen
- festgelegte Merkmale messen und Fähigkeitsindizes manuell oder EDV-gestützt ermitteln
- für evtl. Korrekturmaßnahmen bei unzureichender Fähigkeit mögliche Variationsquellen anhand protokollierter Zeitdaten und sonstiger Randbedingungen während der Stichprobenentnahme identifizieren

Anwendungsbeispiel

Für den Wirkstoffgehalt eines Produkts gelten folgende Vorgaben:
unterer Grenzwert ***USG*** = 94 %
oberer Grenzwert ***OSG*** = 96 %
Toleranz ***T*** = 96 % – 94 % = 2 %

Über einen längeren Zeitraum wurden folgende Prozessdaten ermittelt:
Standardabweichung s = 0,2 %
Mittelwert $\bar{x}$ = 95,3 %

Die geforderte Fähigkeit beträgt C_p, C_{pk} = 1,33.
Erfüllt der Prozess diese Forderung? Falls nicht, welche Korrekturen sind erforderlich?

$$C_p = \frac{2\,\%}{6 \times 0{,}2\,\%} = 1{,}67$$

$$C_{pk} = \text{Minimum von } C_{pu} = \frac{95{,}3\,\% - 94\,\%}{3 \times 0{,}2\,\%} = 2{,}17 \quad \text{oder} \quad C_{po} = \frac{96\,\% - 95{,}3\,\%}{3 \times 0{,}2\,\%} = 1{,}17$$

$$C_{pk} = 1{,}17$$

Der Prozess verfügt nicht über die geforderte Fähigkeit.

Zur Korrektur sollte der Prozess zentriert werden. Ab einem Mittelwert von 95,2 Prozent ist die geforderte Fähigkeit erreicht. Wird der Mittelwert auf 95 Prozent eingestellt, beträgt die Fähigkeit 1,67.

Quelle: in Anlehnung an http://faes.de/Basis/Basis-Lexikon/Basis-Lexikon-Prozessfaehigkei/basis-lexikon-prozessfaehigkeit.html, aufgerufen am 17.05.2011.

Hilfsmittel

- Normwerkstücke
- Qualitätssicherungssoftware
- Excel-Arbeitssheets, z. B. aus dem Internet
- digitale Messmittel mit Messwertübernahme in den Rechner

Literaturhinweise

Bläsing, J. P.; Eiche, D.; Reuter, K.: Workbook SPC. Ulm: TQU-Verlag, 2002

DIN ISO 5479; Statistische Auswertung von Daten – Tests auf Abweichung von der Normalverteilung

Häcker, A.: Maschinen und Prozessfähigkeitsuntersuchungen. In „Der Qualitätssicherungsberater". Köln: TÜV Media GmbH TÜV Rheinland Group, 1998

Masing, W.: Handbuch der Qualitätssicherung. München: Hanser, 1988

VDA 4: Qualitätskontrolle in der Automobilindustrie, Sicherung der Qualität vor Serieneinsatz

VDI/DGQ 3441: Statistische Prüfung der Arbeitsgenauigkeit von Werkzeugmaschinen

VDI/DGQ 3442: Statistische Prüfung der Arbeitsgenauigkeit von Drehmaschinen

VDMA 8669: Fähigkeitsuntersuchung zur Abnahme spanender Werkzeugmaschinen

Qualifikationsmatrix

Alternative Bezeichnungen

Qualifizierungsmatrix

Ziel

Übersichtliche Darstellung des Qualifikationsbestands (Ist-Qualifikation) und des Qualifikationsbedarfs (Soll-Qualifikation) in einer Matrix mit dem Ziel, rechtzeitig personalbedingte Engpässe zu ermitteln und eine Basis für die Personaleinsatz- und -entwicklungsplanung zu schaffen.

Weg

- Erfassung sämtlicher Funktionen, die im betreffenden Arbeitssystem anfallen, und der Mitarbeiter in einer Matrix
- Erfassung der erforderlichen und vorhandenen Qualifikationen
- Aufzeigen von Über- und Unterdeckungen als Grundlage für einzuleitende Maßnahmen

Ergebnis

- übersichtliche Darstellung der Abweichung der Ist-Qualifikation von der Soll-Qualifikation
- rechtzeitiges Erkennen von Qualifikationsdefiziten
- Basis für die Personaleinsatzplanung: Aus der Ist-Qualifikation wird deutlich, welche Mitarbeiter dieselben Arbeitsaufgaben beherrschen und innerhalb einer Schicht die Arbeitsplätze tauschen können (Job Rotation), um damit bspw. einen Belastungswechsel zu ermöglichen.
- Basis für die Personalentwicklungsplanung: In übersichtlicher Form wird dem Mitarbeiter aufgezeigt, für welche Arbeitsaufgaben er zukünftig qualifiziert werden soll.

	gering	mittel	hoch
Einsatzaufwand		**X**	
Schulungsaufwand	**X**		

	kurzfristig	mittelfristig	langfristig
Dauer der Ergebnisrealisierung	**X**		

Rahmenbedingungen für den erfolgreichen Einsatz

- permanente Aktualisierung durch Kostenstellenleiter
- für Mitarbeiter und Führungskraft transparente Darstellung der Qualifikationsmatrix, um Entwicklungspotenziale der Mitarbeiter erkennen zu können

Einzelschritte der Methode

Prinzip:

Darstellung des Qualifikationsbestands (Ist-Qualifikation) und des Qualifikationsbedarfs (Soll-Qualifikation). Auf Basis der Gegenüberstellung von Qualifikationsbestand und -bedarf lassen sich Über- bzw. Unterdeckungen aufzeigen. Diese sind Grundlage für weiterführende Maßnahmen. Zum Beispiel werden im Falle einer Unterdeckung Maßnahmen zur Qualifikationserweiterung angestoßen.

Vorgehensweise:

Schritt 1 Festlegung des Arbeitssystems (z. B. Kostenstelle), für das die Qualifikationsmatrix erstellt werden soll

Schritt 2 Erfassung sämtlicher Funktionen (Bearbeitungs-, Rüst- und Umfeldfunktionen), die im Arbeitssystem anfallen

Schritt 3 Erfassung aller Mitarbeiter, die im Arbeitssystem tätig sind. Falls mehrere Schichten vorhanden sind, wird für jede Schicht eine separate Qualifikationsmatrix erstellt.

Schritt 4 Erfassung der Ist-Qualifikation der Mitarbeiter. Diese können in der Qualifikationsmatrix in Qualifikationsstufen dargestellt werden (z. B. Stufe 1: angelernt, Stufe 2: beherrscht die Arbeitsaufgabe, Stufe 3: kann andere Mitarbeiter anlernen)

Schritt 5 Angabe der Soll-Qualifikation, d. h. wie viele Mitarbeiter müssen mindestens für die jeweilige Arbeitsaufgabe qualifiziert sein, damit es nicht zu einem personalbedingten Engpass kommt. Dabei muss insbesondere das Risiko eines kurzfristigen Personalausfalls (z. B. durch Krankheit) berücksichtigt werden.

Schritt 6 Abgleich von Soll- und Ist-Qualifikation. Im Falle einer Unterdeckung wird in der Qualifikationsmatrix angegeben, welcher Mitarbeiter für welche Arbeitsaufgabe qualifiziert werden muss.

Anwendungsbeispiel

Qualifizierungsmatrix PTC 7

Stand	**04. Feb 02**																
Bereich	Zuständig			Mitarbeiter													
Kost.	System	Nr.	Soll*	Qualifizierungsstand													
PTC 7	**H. Landes K.**			**Schmitz, H.**	**Müller, H.**	**Erdogan, y**	**Meier, E.**	**Paul, H.**	**Mayer, T.**	**Schmitt, A.**	**Herrmann, E.**	**Heizer, I**	**Lindner, F.**	**Herzog, D.**	**Kramer, F.**	**Yilderin, M**	**Ignaz, F.**
	Basisqualif. Teilefertigung		14	E	E	E	E	E	E	E	E	E	E	E	E	E	E
1421	Wuchten kompl.	95	4	E		EQ					E			E			
1421	Entgraten v.H.	25	4	E		E	E	E									
1421	Entgratmaschine	32	3				EQ	E	E								
1431	Presse	14	5	E					E		E				E	E	
1431	Richtpresse	16	5	EQ					E		E				E	E	
1431	Waschmasch. klein	23	5	E		EQ	E		E								E
1441	Induktionshärten	19	3							E	E			E			
1442	Flachschleifmaschine	48	4								E			E	E	E	
1442	Rundschleifmaschine A	49	4								E			E	E	E	
1442	Zahnradschleifmaschine 1	24	4		E									E		EQ	
1442	Zahnradschleifmaschine 2	237	3											E	E	E	
1442	Rundschleifmaschine B	298	2												EQ	E	
1442	Verzahnungsprüfung	192	3			EQ						E	E				
1442	Rißprüfung	243	5			EQ				E	E	E	E				
1442	Druck - und EXprüfung	218	4			EQ					EQ	E	E				
	Basisqualifikation Schleifen		5		E						E			E	E	E	
	Gruppensprecher	02	2												E		

E = Einrichten, Qualifikation abgeschlossen - **EQ** = Einrichten, Qualifikation erforderlich
***Soll:** Anzahl benötigter Qualifikationen

Quelle: IfaA 1997

Bild 1: Beispiel einer Qualifikationsmatrix

Auf Basis dieses Beispiels sind personalbedingte Engpässe für die Arbeitsaufgaben der Zahnradschleifmaschine und des Gruppensprechers zu erwarten.

Hilfsmittel

Qualifikationsmatrix

Innerbetrieblicher Bereich:	**Stand**							
Aufgaben/Funktionen	Beschäf-tigter 1	Beschäf-tigter 2	Beschäf-tigter 3	Beschäf-tigter 4	Beschäf-tigter 5	Beschäf-tigter 6	Beschäf-tigter 7	Beschäf-tigter 8

Legende:

Anforderung nicht relevant	0
erfüllt Anforderung noch nicht	1
erfüllt Anforderungen teilweise	2
erfüllt sämtliche Anforderungen	3

Literaturhinweise

Eggbert, B.; Grübener, J.; Lingemann, F.; Walter, T.: WissensBilanz – Instrument für Wissens- und Personalarbeit. In: Leistung und Lohn Nr. 377. Berlin: Bundesvereinigung der Deutschen Arbeitgeberverbände, 2002

IfaA – Institut für angewandte Arbeitswissenschaft (Hrsg.): Fit für Gruppenarbeit. Ein Qualifizierungsleitfaden – nicht nur für Führungskräfte. Köln: Wirtschaftsverlag Bachem, 1997

Lingemann, F.: WissensBilanz – Instrument für Personalarbeit. In: FB/IE Zeitschrift für Unternehmensorganisation und Industrial Engineering (50) Heft 4 (2001), S. 175

REFA-Arbeitsablaufanalyse

Alternative Bezeichnungen

Ablaufanalyse, Auftragsdurchlaufanalyse, Ablaufstudie, Prozessanalyse

Ziel

Analyse, Darstellung und Bewertung von Prozessen oder Arbeitsabläufen als Auftragsdurchlauf in Wertschöpfungsketten, in einzelnen Geschäftsfeldern oder im Gesamtunternehmen.

Weg

- systematische Untersuchung des Zusammenwirkens der beteiligten Personen, Betriebs- und Arbeitsmittel zur Erfüllung von Kundenaufträgen
- Gliederung des Auftragsdurchlaufs in Prozesselemente (Aufgaben, Vorgänge etc.)
- grafische Darstellung des Ablaufs (ggf. unter Einsatz von Software)

Ergebnisse

- wertschöpfende und nicht wertschöpfende Ablaufabschnitte
- Ausmaß von Ablaufunterbrechungen (Liegen, Störung, Abwesenheit)
- Anregungen für technologische, organisatorische, ergonomische Verbesserungen
- realistisches Bild des Ablaufs
- Anzahl von Schnittstellen

	gering	mittel	hoch
Einsatzaufwand		X	
Schulungsaufwand	X		

	kurzfristig	mittelfristig	langfristig
Dauer der Ergebnisrealisierung		X	

Rahmenbedingungen für den erfolgreichen Einsatz

Für eine aussagekräftige REFA-Arbeitsablaufanalyse sollten Prozesse und Abläufe gewählt werden, die repräsentativ hinsichtlich der benötigten Zeiten, der eingesetzten Hilfs- und Betriebsmittel sowie der Qualifikationen der Beteiligten sind. Es muss sichergestellt werden, dass alle Ablaufabschnitte erfasst werden. Liege- und Wartezeiten in Prozessen können schnell übersehen werden. Die Personen, die mit der Analyse beauftragt werden, sollten die entsprechenden Grundlagenkenntnisse des Verfahrens haben und über praktische Anwendungserfahrungen verfügen. Sind solche Personen im Unternehmen nicht vorhanden, können spezialisierte Dienstleister wie z. B. REFA:Consulting beauftragt werden.

Einzelschritte der Methode

Prinzip: Im Arbeitsablauf wird erfasst,

- wer
- was
- wo (Abteilung, Prozess, Arbeitsplatz)
- wann (in welcher zeitlichen Aufeinanderfolge)
- womit (Betriebsmittel)

zur Erfüllung von Kundenaufträgen beigetragen hat.

Vorgehensweise:

Schritt 1 Vorbereitung

Für die Analyse muss ein typischer Ablauf des Prozesses gewählt werden. Der Umfang der Untersuchung muss eindeutig mit Beginn und Ende des Prozesses definiert werden. Es ist zu klären, welche Arbeitssysteme in dem Prozess zum Einsatz kommen und zu welchen Zeiten an diesen gearbeitet wird. Der Prozess wird in einzelne Teile gegliedert und in eine zeitliche Abfolge gebracht. In Abhängigkeit von dem Untersuchungszweck werden die Hilfsmittel und Daten für die Analyse bestimmt. Die vorhandenen Unterlagen zu dem Prozess wie Standardarbeitsblätter, Arbeitspläne oder Auditberichte werden beschafft und ausgewertet. Vor der Analyse werden die Beteiligten über Zeitpunkt und Umfang der Erhebung informiert.

Schritt 2 Durchführung

Der tatsächlich vorgefundene Ablauf vor Ort wird beobachtet, verfolgt und dokumentiert. Alle Ablaufabschnitte des Prozesses werden mit den entsprechenden Daten wie Stückzahlen, Zeiten, Wegen etc. erfasst. Eventuelle Unterbrechungen und Störungen werden notiert. Unklarheiten und notwendige Nachfragen werden festgehalten und später geklärt.

Schritt 3 Auswertung

Die Aufzeichnungen werden auf ihre Vollständigkeit und Konsistenz geprüft und, wo nötig, ergänzt. Die Daten werden durch Summierung, Anteilsbildung und Bildung von Verhältniskennzahlen ausgewertet. Die gesamte Ablaufstruktur wird grafisch und datenmäßig abgebildet. Soweit ein Soll-Ablauf vorliegt, werden eventuelle Abweichungen aufgezeigt. Nach einer Ursachenanalyse z. B. mittels Fischgräten-Diagramm werden daraus Verbesserungsansätze abgeleitet.

Schritt 4 Verbesserung

Die zuvor gefundenen Verbesserungsansätze werden detailliert und nach Aufwand und Effekten abgeschätzt. Die Voraussetzungen und Möglichkeiten einer Umsetzung werden ermittelt. Bestätigte Lösungsvorschläge werden in einen Maßnahmenplan aufgenommen und zeitnah umgesetzt. Nach der Realisierung und einer angemessenen Einsatzzeit werden die Erfolge geprüft und bewertet.

Anwendungsbeispiel

Herstellung von Blechwinkeln in einer Werkstattorganisation (Verrichtungsprinzip)

Der Prozess wurde durch Beobachten des Auftragsdurchlaufes in seiner Struktur erfasst. Die Arbeitsfolgedarstellung zeigt das folgende Bild.

Lfd. Nr.	Ablaufabschnitt	○	□	x	◇	⬟	Zeitaufwand (min.)
1	Material bereitstellen		x				15,0
2	Mat. vereinzeln, nachmessen				x		650,0
3	Biegen	x					25,0
4	Winkel prüfen				x		38,0
5	Winkel auf Palette ablegen, warten					x	150,0
6	Transport zum Bohren		x				350,0
7	vor Bohrmaschine abstellen, warten					x	150,0
8	Bohren	x					64,0
9	Winkel auf Palette, warten					x	24,0
10	Transport zum Schleifen		x				35,0
11	vor Schleifen absetzen					x	20,0
12	Schleifen	x					38,0
13	prüfen				x		16,0
14	auf Palette ablegen, warten					x	180,0
15	zur Fertigbearbeitung		x				38,0
16	vor Arbeitsplatz abstellen					x	480,0
17	fertig bearbeiten	x					90,0
18	auf Palette ablegen, warten auf Transport					x	24,0
	Summe	4x	4x	0	3x	7x	2387,0

Symbolerklärung: ○ = Bearbeiten □ = Transport x = Lagern ◇= Prüfen ⬟ = Verzögerung

Quelle: IfaA 2008

Hilfsmittel

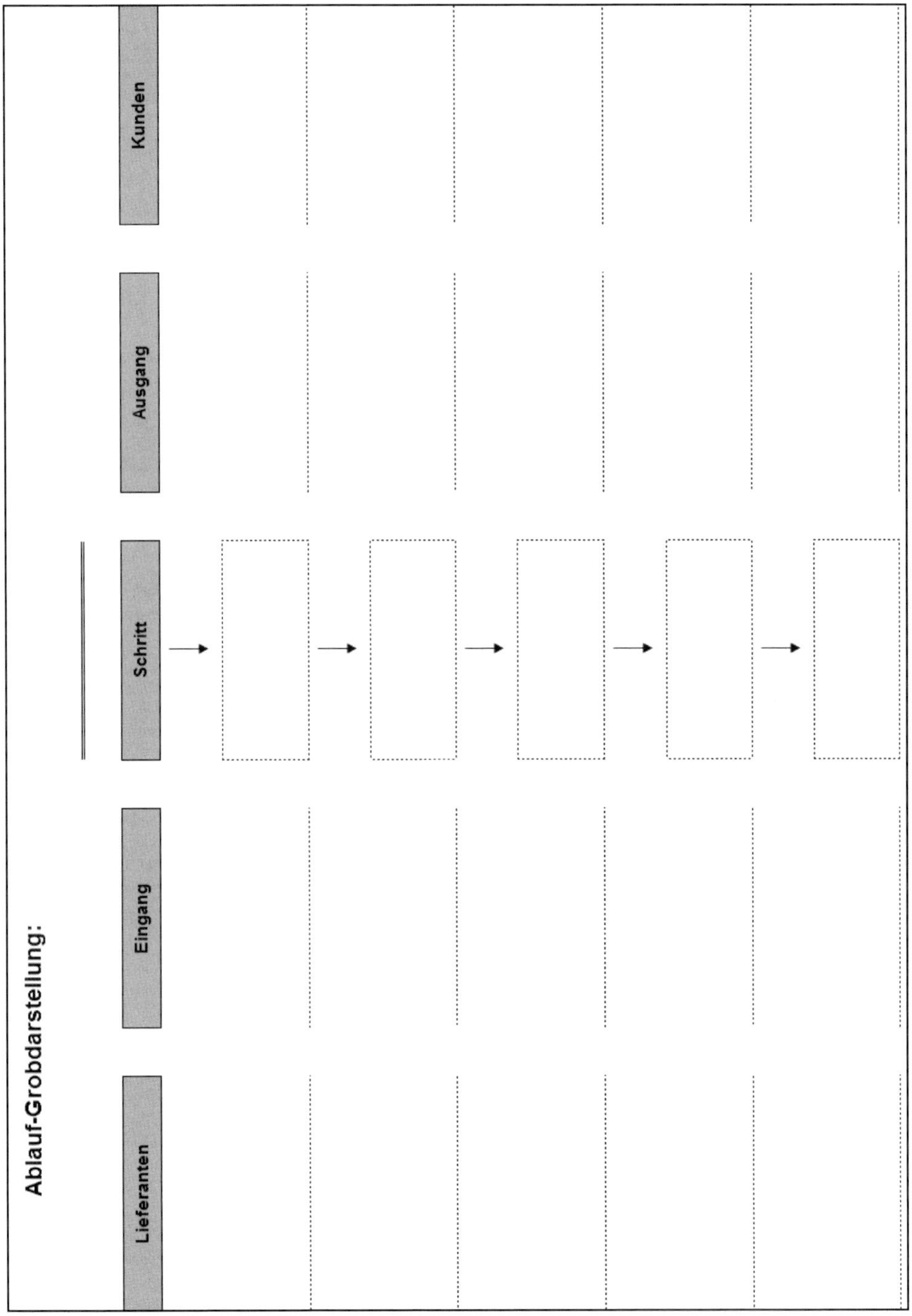

REFA - Materialflussanalyse		Ablaufarten										
Artikel:		Wertschöpfung										
Bereich:			fördern, transport.									
Ersteller:				prüfen								
Team:					liegen							
Datum:						lagern						
Nr.	**Ablaufabschnitt**	●	➡	■	◆	◆	Menge (Stück)	Weg in m	Weg in m/Stk	Zeit in sec	Zeit in sec/Stk	Bemerkungen
1												
2												
3												
4												
5												
6												
7												
8												
9												
10												
11												
12												
13												
14												
15												
16												
17												
18												
19												
20												
								0,00	0,00	0	0,00	**Summen**
	Anteil Schritte je Ablaufart [%]											
	Anzahl Schritte je Ablaufart	0	0	0	0	0	0	(Anzahl Gesamtschritte)				
	Zeit je Ablaufart [s]	0	0	0	0	0						
	Zeitanteil je Ablaufart [%]											

Quelle: IfaA 2008

Literaturhinweise

Fuhrmann, K.-W.; Heisterkamp, H.; Schröter, K.: Methoden der Rationalisierung. Berlin, Köln: Beuth, 1983

IfaA – Institut für angewandte Arbeitswissenschaft (Hrsg.): Abläufe verbessern – Betriebserfolge garantieren. Köln: Wirtschaftsverlag Bachem, 2008

REFA (Hrsg.): REFA-Methodenlehre des Arbeitsstudiums: Teil 3 Kostenrechnung, Arbeitsgestaltung. München: Hanser, 1985

REFA (Hrsg.): REFA-Methodenlehre der Betriebsorganisation. Datenermittlung. München: Hanser, 1997

REFA-Arbeitssystemgestaltung

Alternative Bezeichnungen

–

Ziel

Systematische Gestaltung von neuen Arbeitssystemen und Optimierung bestehender Arbeitssysteme unter ergonomischen und wirtschaftlichen Aspekten

Weg

- Untergliederung der Aufgabe in sechs Planungsschritte
- systematische Entwicklung alternativer Lösungsvarianten
- Auswahl der Lösung nach objektiven Bewertungskriterien

Ergebnisse

- bewertete Lösungen für Arbeitssysteme
- Kosten-Nutzen-Vergleich von Alternativen
- Kennzahlen für Erfolgskontrolle

	gering	mittel	hoch
Einsatzaufwand			**X**
Schulungsaufwand			**X**

	kurzfristig	mittelfristig	langfristig
Dauer der Ergebnisrealisierung		**X**	

Rahmenbedingungen für den erfolgreichen Einsatz

Zum Abschluss jeder der sechs Stufen ist jeweils eine Entscheidung zu treffen. Je nach Planungsaufgabe kann diese von einer einzelnen Personen oder einem Gremium getroffen werden. Die Gründe für die Entscheidung sind zu dokumentieren, damit auch im Nachhinein nachvollziehbar wird, warum eine Entscheidung so getroffen wurde. Grundsätzlich sind Rücksprünge im Ablauf möglich, sollen sich aber auf die Fälle beschränken, bei denen für die Aufgabe relevante Angaben neu bekannt werden oder die Entscheidungskriterien verändert werden mussten. Damit die Planungsaufgabe zügig zu einem Ergebnis kommt, müssen die Entscheidungen rasch, aber dennoch wohlüberlegt gefällt werden. Die Einhaltung eines zu Beginn aufgestellten Zeitplans ist konsequent zu verfolgen.

Einzelschritte der Methode

Prinzip:

Die Gestaltung des Arbeitssystems wird ganzheitlich unter Berücksichtigung der Aspekte Mensch, Technik, Organisation und Information bearbeitet. Die Planung wird durch das stufenweise Vorgehen transparent.

Vorgehensweise:

Schritt 1 Ausgangssituation analysieren

Zu Beginn wird bestimmt, welches die Schwerpunkte der folgende Analyse sein sollen. Diese ergeben sich z. B. aus der Schwere und Dringlichkeit von Problemen. Diese können im Bereich der Qualität, der Termintreue, der Kosten, der internen Zusammenarbeit oder auch der Arbeitssicherheit liegen. Soweit Daten zu den Problemen vorliegen, werden sie ausgewertet und, soweit sinnvoll, grafisch aufbereitet. Wenn diese Daten noch nicht vorliegen, sollte versucht werden – soweit mit vertretbarem Aufwand möglich –, diese nachträglich zu gewinnen.

Für Neuplanungen werden diese Angaben eher als Vorgaben formuliert. Rahmenbedingungen für die Realisierung eines neuen Arbeitssystems wie finanzielle und zeitliche Budgets müssen geklärt werden.

Schritt 2 Ziele festlegen

Die zuvor festgelegte grundsätzliche Zielrichtung wird im Folgenden konkretisiert. Dazu werden Zielkriterien für die Bewertung der Alternativen ausgewählt. Diese können in „Muss-“ und „Kann-Kriterien“ unterschieden werden. Zu jedem der Zielkriterien wird der Bewertungsmaßstab in quantitativer oder qualitativer Art festgelegt. Die Ziele müssen voneinander unterscheidbar sein, können aber im Konflikt miteinander stehen. Zur Berücksichtigung der unterschiedlichen Bedeutung der Ziele sollen sie gewichtet werden. Dabei hilft die Methode „**Paarweiser Vergleich**“. Die Ziele sollen entsprechend der SMART-Regel

- **s**pezifisch auf die Aufgabenstellung bezogen,
- **m**essbar,
- **a**nspruchsvoll,
- **r**ealistisch und
- **t**erminiert

sein.

Schritt 3 Arbeitssystem konzipieren (Grobplanung)

Um sich nicht zu früh auf eine mögliche Lösung einzuschränken, sind immer mehrere Alternativen zu entwerfen. Um solche Varianten zu finden, kann z. B. die Methode des morphologischen Kastens hilfreich sein. Dazu werden die einzelnen Gestaltungselemente des Arbeitssystems aufgelistet und die jeweiligen prinzipiell möglichen Ausprägungen zusammengestellt. Durch die verschiedenen Kombinationen ergeben sich unterschiedliche Varianten. Für die Auslegung des Arbeitssystems werden die Leistungsparameter geklärt. Mögliche Belastungen und Gefährdungen für die Beschäftigten werden abgeschätzt. Die Arbeitsbedingungen in qualifikatorischer und personeller Hinsicht werden ermittelt. Die entworfenen Alternativen werden verglichen und nach den zuvor festgelegten Kriterien bewertet. Nach der Präsentation der Ergebnisse wird von den Entscheidungsträgern eine weiter im Detail zu erarbeitende Lösungsvariante ausgewählt.

Schritt 4 Arbeitssystem detaillieren (Feinplanung)

Die favorisierte Lösung wird anschließend im Detail ausgearbeitet. Dazu gehören die endgültige Festlegung der im Arbeitssystem wahrzunehmenden Arbeitsaufgaben und deren Ablauf. Die notwendigen Betriebsmittel werden ausgewählt und räumlich angeordnet. Die ergonomische Ausgestaltung des Einsatzbereichs der Beschäftigten und die Gestaltung der Arbeitsumgebung wie Beleuchtung, Klimatisierung und Lärmschutz sind vorzunehmen. Die benötigten Qualifikationen des eingesetzten Personals müssen bestimmt und mit denen der für den Einsatz im Arbeitssystem vorgesehenen Beschäftigten abgeglichen werden.

Schritt 5 Arbeitssystem realisieren

Wenn die Entscheidung über die zu realisierende Lösung getroffen worden ist, werden alle Betroffenen über das Ergebnis informiert. Die Beschaffung der Betriebsmittel wird in Auftrag gegeben und deren Installation und Aufstellung vorbereitet. Soweit erforderlich wird das einzusetzende Personal für den Einsatz im neuen Arbeitssystem qualifiziert. Die Gestaltung des Entgelts für die im Arbeitssystem eingesetzten Beschäftigten ist entsprechend den betrieblichen Grundsätzen vorzunehmen und die Entgeltgruppen sind – ggf. differenziert – festzulegen. Vor einer endgültigen Freigabe des Arbeitssystems für den alltäglichen Einsatz ist, wenn möglich, ein Probebetrieb einzuplanen.

Schritt 6 Arbeitssystem einsetzen

Bei komplexeren Arbeitssystemen und Beteiligung von Externen ist die Übergabe des Arbeitssystems sinnvollerweise zu protokollieren, um die ordnungsgemäße Übergabe und Inbetriebnahme zu dokumentieren. Dazu gehören auch entsprechende Unterlagen über die eingesetzten Anlagen. Während des Einsatzes des Systems gewonnene Erkenntnisse für eine kontinuierliche Verbesserung werden dokumentiert und Maßnahmen daraus abgeleitet. Die für das System Verantwortlichen setzen diese um und führen eine Erfolgskontrolle durch. Die Qualität der Erzeugnisse und Prozesse wird auf diese Weise sichergestellt.

Anwendungsbeispiel

Es bietet sich an, hier das Beispiel aus dem Modul 10 „Arbeitssystemgestaltung“ der REFA-Grundausbildung 2011 durchgängig darzustellen. Ein besseres Beispiel ist nicht bekannt.

Hilfsmittel

Prüfliste zur Schwachstellenermittlung

Arbeitssystem:				
Datum:				
Maßliche Gestaltung	Keine Mängel	Geringe Mängel	Große Mängel	Bemerkungen
	☺	😐	☹	
Arbeitshöhe				
Horizontaler/vertikaler Greifraum				
Bein-/Fußraum				
Ausstattung *(Stuhl/Fußstütze/Armstütze)*				
Wechsel der Körperhaltung *(Stehen/Sitzen, Gehen/Stehen)*				
Sehabstand/Blickfang				
Kommunikationsmöglichkeit *(betrieblich)*				
Belastung durch Arbeitsablauf				
Statische Haltungsarbeit (Zwangshaltungen) *(Sitzen gebeugt/Stehen, gebeugt/Knien/Hocken)*				
Statische Haltearbeit (Zeit/Kraftaufwand) *(Tragen, Halten oder Heben von Lasten)*				
Schwere dynamische Muskelarbeit (Zeit/Kraftaufwand) *(Gehen/Steigen/Sand schaufeln/Transport von Lasten)*				
Einseitig dynamische Muskelarbeit (Zeit/Kraftaufwand/Bewegungsfrequenz) *(Tastatur bedienen/Feinmontage, Montage am Band/Platinen bestücken)*				
Wahrnehmungsaufgabe *(Sinne: z. B. Augen/Ohren/Thermofühler/Tastsinn/Geruchs-, Geschmackssinn)*				
Daueraufmerksamkeit				
Zeitlicher Entscheidungsdruck *(taktgebundene Arbeitsgänge)*				
Monotonie				
Denk- und Entscheidungsprozess				

	Keine Mängel	Geringe Mängel	Große Mängel	Bemerkungen
	☺	😐	☹	
Umgebungseinflüsse				
Lärm				
Klima *(Temperatur/Feuchte)*				
Gase, Dämpfe, Stäube				
Öl, Fett, Schmutz, Nässe				
Beleuchtung *(Lichtmangel/Blendung)*				
Schwingungen *(Ganzkörper-, Teilkörperschwingungen)*				
Unfallgefahr *(Sicherheitsabstand/ versperrte, enge Wege/umlaufende Maschinenteile/Schutzbrille)*				
Behinderung durch Schutzkleidung/ -vorrichtung *(z. B. Helm/Handschuhe/ Gehörschutz)*				
Arbeitsorganisation				
Materialfluss				
Lagerbestände/Werkstattbestände				
Flexibilität der Fertigung,				
Gesamteindruck Arbeitsorganisation				
Technische Ausstattung				
Betriebsmittel/Werkzeuge *(Zustand/technischer Stand/Flexibilität/Fertigungsqualität)*				
Arbeitsplatzausrüstung				
Transportsystem,				
Gesamteindruck techn. Ausstattung				
Personelle Situation				
Qualifikation der Mitarbeiter				
Unterweisung der Mitarbeiter				
Leistungsmotivation durch Arbeitsinhalt				
Gesamteindruck der personellen Situation				
Beurteilt durch:				

Quelle: Lingemann u. a. 1990

Literaturhinweise

IfaA – Institut für angewandte Arbeitswissenschaft (Hrsg.): Methodensammlung zur Unternehmensprozessoptimierung. Köln: Wirtschaftsverlag Bachem, 2008

Kaminsky, G.: Praktikum der Arbeitswissenschaft. München/Wien: Hanser, 1980

Lingemann, H.-F.; Muschalik, P.; Walter, T.; Brokmann, W.; Schröder, G.; Hochrenter, O.: Gestaltung von Arbeitssystemen in firmenübergreifender Zusammenarbeit. Leitfaden für Klein- und Mittelbetriebe. Bremerhaven: Wirtschaftsverlag NW, 1990

REFA (Hrsg.): REFA-Methodenlehre der Betriebsorganisation. Arbeitsgestaltung in der Produktion. München: Hanser, 1993

Schlick, C.; Bruder, R.; Luczak, H.: Arbeitswissenschaft. Heidelberg: Springer, 2010

REFA-Planungssystematik

Alternative Bezeichnungen

6-Stufen-Methode

Ziel

Systematische Erarbeitung von alternativen Lösungen für Aufgabenstellungen mit höherer Komplexität

Weg

- Untergliederung der Aufgabe in sechs Planungsschritte
- Verwendung einer durchgängigen Planungssystematik
- systemische Betrachtung und reproduzierbare Planungsergebnisse durch durchgängige und umfassende Dokumentation der Entscheidungsgrundlagen

Ergebnisse

- bewertete Lösungen für Arbeitssysteme, Prozesse und Produkte
- Kosten-Nutzen-Vergleich von Alternativen
- Kennzahlen für Erfolgskontrolle

	gering	mittel	hoch
Einsatzaufwand			**X**
Schulungsaufwand			**X**

	kurzfristig	mittelfristig	langfristig
Dauer der Ergebnisrealisierung		**X**	

Rahmenbedingungen für den erfolgreichen Einsatz

Zum Abschluss jeder der sechs Stufen der Systematik ist es erforderlich, jeweils eine Entscheidung über erarbeitete Alternativen zu treffen. Je nach Planungsaufgabe kann diese von einer einzelnen Personen oder einem Gremium getroffen werden. Die Gründe für die Entscheidung sind zu dokumentieren, damit auch im Nachhinein nachvollziehbar wird, warum eine Entscheidung so getroffen wurde. Grundsätzlich sind Rücksprünge im Ablauf möglich, sollen sich aber auf die Fälle beschränken, bei denen für die Aufgabe relevante Angaben neu bekannt werden oder die Entscheidungskriterien verändert werden mussten. Damit die Planungsaufgabe zügig zu einem Ergebnis kommt, müssen die Entscheidungen rasch, aber dennoch wohlüberlegt und nachvollziehbar gefällt werden. Die Einhaltung eines zu Beginn aufgestellten Zeitplans ist für einen zügigen Abschluss des Projektes wichtig. Um diese Aufgaben alle zufriedenstellend zu lösen, braucht man einen erfahrenen und durchsetzungsfähigen Projektleiter, der die Akzeptanz und Unterstützung bei allen Beteiligten findet.

Einzelschritte der Methode

Prinzip:

Die Planungsaufgabe wird ganzheitlich unter Berücksichtigung der Aspekte Mensch, Technik, Organisation und Information bearbeitet. Der Planungsablauf wird durch das stufenweise Vorgehen transparent.

Vorgehensweise:

Schritt 1 Ausgangssituation analysieren

Der Gegenstand der Analyse wird bestimmt und die Planungsaufgabe beschrieben. Dafür maßgebliche Dokumente wie Gesetze oder unternehmensinterne Richtlinien werden analysiert. Soweit Daten zu dem Sachverhalt vorliegen, werden sie ausgewertet und, soweit sinnvoll, grafisch aufbereitet. Der gesamte Ausgangszustand wird zumindest grob analysiert und bewertet. Daraus ergeben sich die wesentlichen Aussagen und Empfehlungen für die Entscheidungsträger. Der Schritt wird mit der Entscheidung über die grundsätzliche Zielrichtung des Projekts beendet.

Schritt 2 Ziele festlegen

Die zuvor festgelegte grundsätzliche Zielrichtung wird im Folgenden konkretisiert. Dazu werden Zielkriterien für die Bewertung der Alternativen ausgewählt. Diese können in „Muss-“ und „Kann-Kriterien“ unterschieden werden. Zu jedem der Zielkriterien wird der Bewertungsmaßstab in quantitativer oder qualitativer Art festgelegt. Die Ziele müssen voneinander unterscheidbar sein, können aber im Konflikt miteinander stehen. Zur Berücksichtigung der unterschiedlichen Bedeutung der Ziele sollen sie gewichtet werden. Dabei hilft die Methode „**Paarweiser Vergleich**“. Zum Schluss wird die Aufgabe abgegrenzt. Damit werden die Schnittstellen zu benachbarten Systemen und Aufgaben festgelegt. Mit der Entscheidung über die Zielgrößen und deren Bewertungsmaßstäbe endet dieser Schritt.

Schritt 3 Groblösung entwerfen

Die erforderlichen Aufgaben oder Arbeitsabläufe werden bestimmt und gegliedert. Die einzusetzenden Betriebsmittel und deren Leistungsparameter müssen geklärt werden. Mögliche Belastungen und Gefährdungen für die Beschäftigten werden abgeschätzt. Die Arbeitsbedingungen in qualifikatorischer und personeller Hinsicht werden ermittelt. Die entworfenen Alternativen werden verglichen und nach den zuvor festgelegten Kriterien bewertet. Nach der Präsentation der Ergebnisse wird von den Entscheidungsträgern eine im Detail zu erarbeitende Lösungsvariante ausgewählt.

Schritt 4 Vorzugslösung detaillieren

Die favorisierte Lösung wird im Detail ausgearbeitet. Die genauen Aufgaben und Abläufe werden festgelegt. Notwendige Betriebsmittel werden ausgewählt und räumlich angeordnet. Die Lösung wird per Simulation bewertet. Das kann in digitaler Form oder mittels Aufbau des Systems mit Karton („Cardboard Engineering") erfolgen. Mit der Festlegung der Anforderungen an das Personal und der Ermittlung der Leistungskennzahlen der gefundenen Lösung wird der Schritt vervollständigt. Die Lösung wird mit den einzelnen Bestandteilen dokumentiert. Nach der Präsentation der Lösung vor den Entscheidern wird die Realisierung in Auftrag gegeben.

Schritt 5 Vorzugslösung realisieren

Wenn die Entscheidung über die zu realisierende Lösung getroffen worden ist, werden alle Betroffenen über das Ergebnis informiert. Die Beschaffung der Betriebsmittel wird in Auftrag gegeben und deren Installation und Aufstellung vorbereitet. Soweit erforderlich wird das einzusetzende Personal qualifiziert. Als Letztes wird das System für den Einsatz freigegeben.

Schritt 6 Arbeitssituation konsolidieren

Während des Einsatzes des Systems gewonnene Erkenntnisse für eine kontinuierliche Verbesserung werden dokumentiert und Maßnahmen daraus abgeleitet. Die für das System Verantwortlichen setzen diese um und führen eine Erfolgskontrolle durch. Die Qualität der Erzeugnisse und Prozesse wird auf diese Weise sichergestellt.

Anwendungsbeispiel

Es bietet sich an, hier das Beispiel aus dem Modul 10 „Arbeitssystemgestaltung" der REFA-Grundausbildung 2011 durchgängig darzustellen. Ein besseres Beispiel ist nicht bekannt.

Hilfsmittel

Checkliste Planungssystematik

		Verant-wortlich	Termin	Erledi-gungsgrad
Stufe 1	**Ausgangssituation analysieren**			
	▪ Analyseschwerpunkte festlegen			⊕
	▪ Dokumente und verfügbare Daten auswerten			⊕
	▪ Ist-Zustand grob analysieren und bewerten			⊕
	▪ Analyseergebnisse darstellen			⊕
Stufe 2	Ziele festlegen			
	▪ Anforderungen an Gestaltungslösung bestimmen			⊕
	▪ Gestaltungsaufgabe festlegen und abgrenzen			⊕
	▪ Voraussetzungen möglicher Lösungen abschätzen			⊕
Stufe 3	**Groblösung entwerfen**			
	▪ Aufgaben oder Arbeitsabläufe bestimmen			⊕
	▪ Auslegung Arbeitssystem vorklären			⊕
	▪ Belastungen und Gefährdungen abschätzen			⊕
	▪ Arbeitsbedingungen vorklären			⊕
	▪ Qualifikationsanforderungen bestimmen			⊕
	▪ Kapazitätsbedarf ermitteln (technisch u. personell)			⊕
Stufe 4	**Vorzugslösung detaillieren**			
	▪ Aufgaben und Ablauf festlegen			⊕
	▪ Betriebsmittel auswählen und anordnen			⊕
	▪ Lösung simulieren und bewerten			⊕
	▪ Schnittstellen zum Prozess auslegen			⊕
	▪ Personal planen			⊕
	▪ Entgeltlösung schaffen			⊕
	▪ Leistungskennzahlen ermitteln			⊕
Stufe 5	**Vorzugslösung realisieren**			
	▪ Information aller Beteiligten			⊕
	▪ Betriebsmittel beschaffen			⊕
	▪ Qualifizierungsmaßnahmen durchführen			⊕
	▪ Lösung installieren und abnehmen			⊕
	▪ bei Bedarf Anpassungsmaßnahmen durchführen			⊕

Stufe 6	**Arbeitssituation konsolidieren**			
	■ Ergebnisse dokumentieren			⊕
	■ KVP-Maßnahmen bestimmen			⊕
	■ Erfolgskontrolle durchführen			⊕
	■ Ergebnisqualität sichern			⊕

Literaturhinweise

IfaA – Institut für angewandte Arbeitswissenschaft (Hrsg.): Methodensammlung zur Unternehmensprozessoptimierung. Köln: Wirtschaftsverlag Bachem, 2008

REFA (Hrsg.): REFA-Methodenlehre der Betriebsorganisation. Arbeitsgestaltung in der Produktion. München: Hanser, 1993

REFA-Standardarbeitsblatt

Alternative Bezeichnungen

Arbeitsfolgekarte, Stationsblatt, SAB

Ziel

Sicherung der Qualität und produktiver Arbeitsmethoden am Arbeitsplatz

Weg

- standardisierte Darstellung der Arbeitsabläufe am Arbeitsplatz
- Visualisieren der für Arbeitsablauf und Arbeitsplatz wesentlichen Informationen auf einheitlichen Formularen, die zugleich als Arbeitsanleitung und Basisunterlage für die Prozessverbesserung dienen

Ergebnisse

- Reduzierung von Fehlhandlungen
- Reduzierung des Trainingsaufwandes im Anlernprozess
- Erhöhung der Anzahl von Verbesserungsvorschlägen

	gering	mittel	hoch
Einsatzaufwand			**X**
Schulungsaufwand		**X**	

	kurzfristig	mittelfristig	langfristig
Dauer der Ergebnisrealisierung		**X**	

Rahmenbedingungen für den erfolgreichen Einsatz

Um die Standardarbeitsblätter nicht als Einschränkung der eigenen Arbeit zu empfinden, muss den Beschäftigten verdeutlicht werden, dass Veränderungen hinsichtlich einer Verbesserung von Qualität und Ressourceneinsatz jederzeit willkommen sind. Sie sollen aber von allen an dem Arbeitsplatz eingesetzten Mitarbeitern realisiert werden. Dazu ist es erforderlich, dass diese Verbesserungen auch in das Standardarbeitsblatt einfließen und dort dokumentiert sind.

Der Aufwand für die Erstellung der Standardarbeitsblätter ist nur gerechtfertigt, wenn es bei den Abläufen eine entsprechende Wiederholhäufigkeit der Tätigkeiten gibt. Das gilt im Allgemeinen nur bei (Klein-) Serienfertigungen.

Werden an den Arbeitsplätzen neue Mitarbeiter eingesetzt, sollten diese ihre Tätigkeiten ausdrücklich nach den Angaben im Standardarbeitsblatt wahrnehmen. So wird deutlich, ob die dokumentierten Abläufe auch einzuhalten sind. Andernfalls sollen die Beschreibungen aktualisiert werden.

Einzelschritte der Methode

Prinzip:

Das Standardarbeitsblatt wird als betriebliches Standardformular zur Arbeitsablaufbeschreibung für einzelne Arbeitsplätze eingesetzt und in Zusammenarbeit von Mitarbeitern und Planern inhaltlich entwickelt und gepflegt. Es bildet die wesentlichen Informationen zu Arbeitsablauf und Arbeitsplatz in verdichteter, möglichst einfach zu erfassender Informationsdarbietung ab.

Vorgehensweise:

Schritt 1 Planungsanstoß

Bei jeder Neuplanung eines Arbeitssystem werden die für das Standardarbeitsblatt notwendigen Informationen erstmals zusammengestellt und im Entwurf des Standardarbeitsblatts aufgeschrieben. Als Informationsquellen können dienen:

- Standardarbeitsblätter vergleichbarer Prozesse;
- Planungsergebnisse (z. B. Layouts, MTM-Planungsanalysen, Computermodelle etc.).

Standort und Anzahl der Standardarbeitsblätter für den Arbeitsplatz sind in der Planung festzulegen.

Schritt 2 Durchsprache

Das Standardarbeitsblatt, insbesondere der geplante Arbeitsablauf, wird

(a) mit einem erfahrenen Mitarbeiter oder

(b) mit dem betroffenen Mitarbeiterteam

diskutiert.

Veränderungsvorschläge werden dokumentiert.

Schritt 3 Umsetzungsplanung

- Prüfung und Bewertung der in der Durchsprache (Schritt 2) protokollierten Veränderungsansätze
- bei positiver Bewertung: Einarbeitung der Veränderungen in die Planung
- Erstellung des Standardarbeitsblattes
- Einbindung des neuen Standardarbeitsblattes in das Dokumentenmanagementsystem des Unternehmens

Schritt 4 Einführung

- Durchführung der Arbeitsunterweisungen auf Basis des Standardarbeitsblatts
- Signifikante Änderungen des Arbeitsablaufs während des Einführungsprozesses werden (idealerweise im Rahmen von KVP) bewertet und umgesetzt. Der Umsetzungsplan beinhaltet das Pflegen der Änderungen im Standardarbeitsblatt in Zusammenarbeit von Planer und Mitarbeiter(n).

Schritt 5 Stabilisierungs- und Entwicklungsphase

Das Standardarbeitsblatt ist als Basis jeder Veränderung am Arbeitssystem heranzuziehen. Es werden regelmäßige Durchsprachen des Arbeitsablaufes mit dem Planer (idealerweise im Rahmen von KVP) vereinbart.

Schritt 6 Einziehung

Bei einer Neuplanung bzw. Auflösung des Arbeitsplatzes wird das Standardarbeitsblatt außer Kraft gesetzt und eingezogen. Es wird im Rahmen des betrieblichen Dokumentenmanagements archiviert.

Anwendungsbeispiel

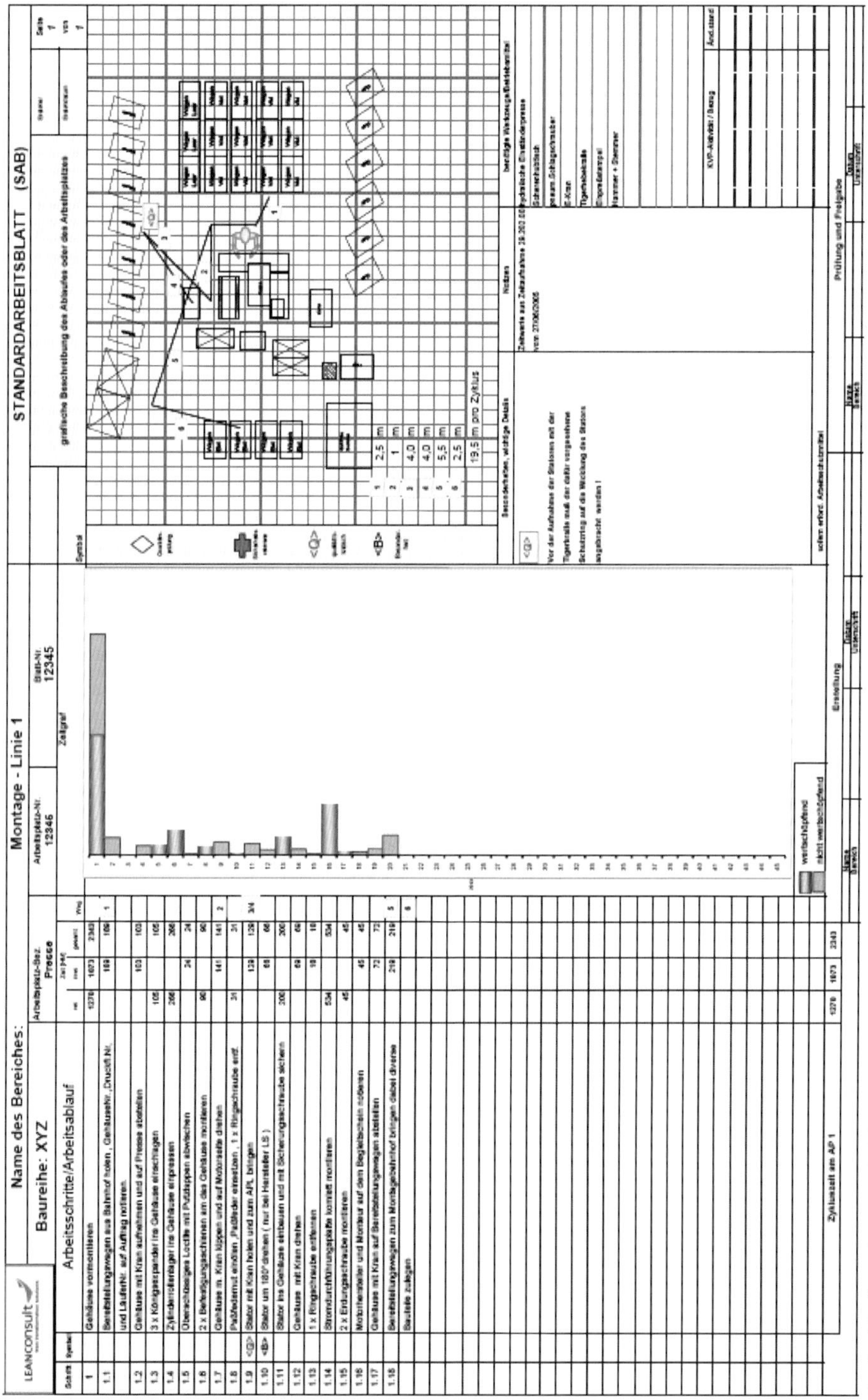

Schritt	Symbol	Arbeitsschritte/Arbeitsablauf	Zeit [HE] [illegible]	[illegible]	[illegible]	Weg
1		Gehäuse vormontieren	1270	1073	2343	
1.1		Bereitstellungswagen aus Bahnhof holen , GehäuseNr.,DruckfNr. und LäuferNr. auf Auftrag notieren		109	109	1
1.2		Gehäuse mit Kran aufnehmen und auf Presse abstellen		103	103	
1.3		3 x Königsexpander ins Gehäuse einschlagen	105		105	
1.4		Zylinderrollenlager ins Gehäuse einpressen	266		266	
1.5		Überschüssiges Loctite mit Putzlappen abwischen		24	24	
1.6		2 x Befestigungsschienen am das Gehäuse montieren	90		90	
1.7		Gehäuse m. Kran kippen und auf Motorseite drehen		141	141	2
1.8		Paßfedernut einölen ,Paßfeder einsetzen , 1 x Ringschraube entf.	31		31	
1.9	<Q>	Stator mit Kran holen und zum APL bringen		129	129	3/4
1.10	<B>	Stator um 180°drehen (nur bei Hersteller LS)		66	66	
1.11		Stator ins Gehäuse einbauen und mit Sicherungsschraube sichern	200		200	
1.12		Gehäuse mit Kran drehen		69	69	
1.13		1 x Ringschraube entfernen		18	18	
1.14		Stromdurchführungsplatte komlett montieren	534		534	
1.15		2 x Erdungsschraube montieren	45		45	
1.16		Motorhersteller und Monteur auf dem Begleitschein notieren		45	45	
1.17		Gehäuse mit Kran auf Bereitstellungswagen abstellen		72	72	
1.18		Bereitstellungswagen zum Montagebahnhof bringen dabei diverse Bauteile zulegen		219	219	5 6
		Zykluszeit am AP 1	1270	1073	2343	

Quelle: http://www.leanconsult.de/pages/lean-management/standardisiert.php, aufgerufen 18.5.2011

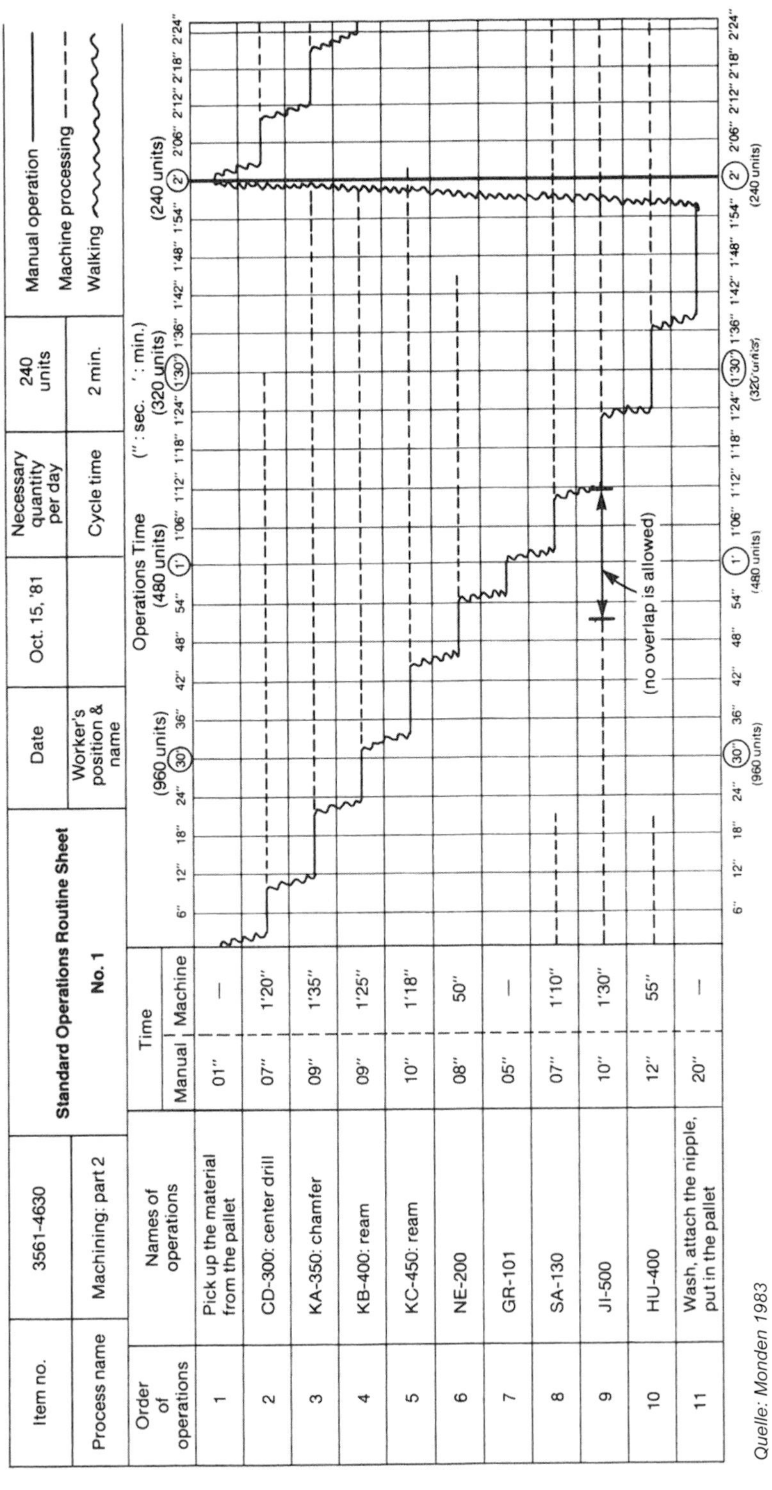

Item no.	3561-4630	Standard Operations Routine Sheet	Date	Oct. 15, '81	Necessary quantity per day	240 units	Manual operation ——
Process name	Machining: part 2	No. 1	Worker's position & name		Cycle time	2 min.	Machine processing - - - - Walking ~~~~

Order of operations	Names of operations	Time: Manual	Time: Machine
1	Pick up the material from the pallet	01"	–
2	CD-300: center drill	07"	1'20"
3	KA-350: chamfer	09"	1'35"
4	KB-400: ream	09"	1'25"
5	KC-450: ream	10"	1'18"
6	NE-200	08"	50"
7	GR-101	05"	–
8	SA-130	07"	1'10"
9	JI-500	10"	1'30"
10	HU-400	12"	55"
11	Wash, attach the nipple, put in the pallet	20"	–

Quelle: Monden 1983

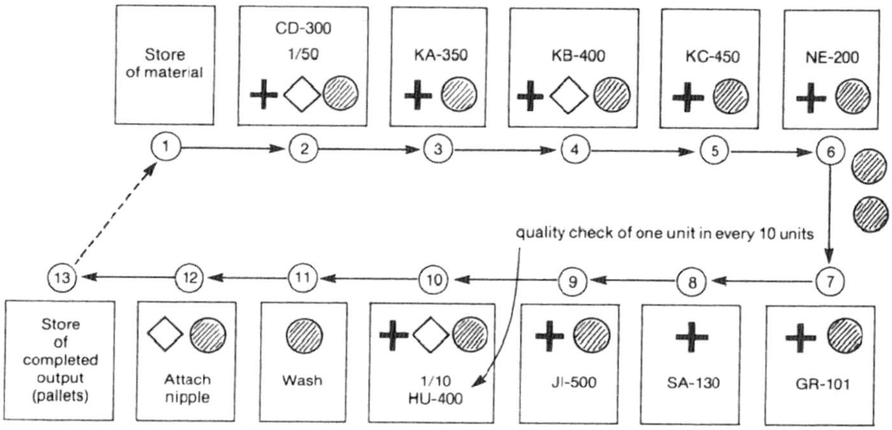

Cycle time	Net operating time	Standard quantity of work-in-process	Quality check	Attention to safety	Worker's no. / total workers of the process
2 min	2 min	◍	◇	✚	2 / 3

Quelle: Monden 1983

Arbeitsgang	
	Von der Motorwelle
	Bis zum Auftragen von Rostschutzanstrich

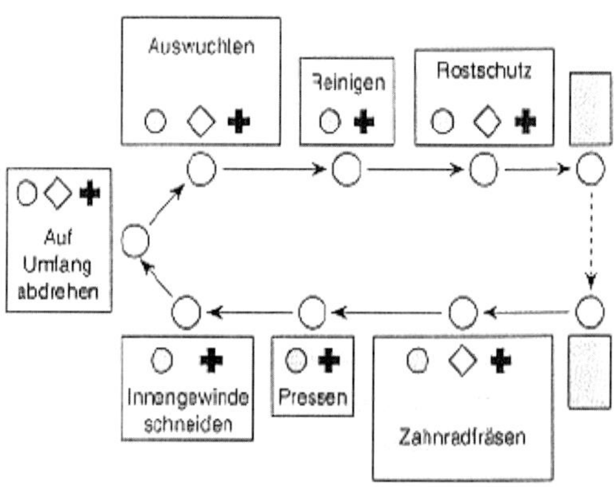

Qualitätsprüfung	Sicherheitsaspekte	Standardisierte Teilemenge	Anzahl Bearbeitungsschritte	Taktzeit	Nr.	Nettozeit
◇	✚	○	7	37"	A-01-T	35"

Quelle: Monden 1983

Hilfsmittel

Standardarbeitsblatt (hier Arbeitsplatzbezeichnung einfügen)			
Bereich: Datum:	Gruppe:		Bearb.-Datum: Bearbeiter:
Nr.	**Arbeitsschritte**	**kritische Punkte**	**Skizze/Zeichnung**
	Aufgabe 1		
1			
2			
3			
4			
5			
6			
7			
	Aufgabe 2		
1			
2			
3			
4			
5			
6			
7			
Persönliche Schutzausrüstung:	Bemerkungen	Verweis auf folgende Dokumente:	Freigeben: Datum Name
			Geprüft: Name, Datum

Quelle: nach www.versus-kompakt.ch, aufgerufen 18.5.2011

Literaturhinweise

Brunner, F. J.: Japanische Erfolgskonzepte. Müchen; Wien: Hanser, 2011

Fuhrmann, K.-W.; Heisterkamp, H.; Schröter, K.: Methoden der Rationalisierung. Berlin, Köln: Beuth, 1983

Monden, Y.: Toyota Production System. Norcross (USA): Institute of Industrial Engineers, 1983

Taiichi, O.: Das Toyota-Produktionssystem. Frankfurt/Main; New York: Campus, 1993

Takeda, H.: Das synchrone Produktionssystem: just-in-time für das ganze Unternehmen. München: Redline Wirtschaft bei Verlag moderne industrie, 2002

REFA-Zeitstudie

Alternative Bezeichnungen

REFA-Zeitaufnahme

Ziel

Ermitteln von Soll-Zeiten durch Auswerten von Ist-Zeiten für Tätigkeiten

Weg

- Dokumentation des Arbeitsverfahrens, der Arbeitsmethode und der Arbeitsbedingungen in einem Arbeitssystem
- Erfassung der Ist-Zeiten, der Bezugsgröße und der Einflussgrößen je Ablaufabschnitt
- Beurteilung des Leistungsgrads

Ergebnisse

- realistische Zeitdaten für
  - Arbeitsplanung,
  - Kalkulation,
  - Kapazitätsplanung und
  - Entgeltgestaltung

	gering	mittel	hoch
Einsatzaufwand			X
Schulungsaufwand			X

	kurzfristig	mittelfristig	langfristig
Dauer der Ergebnisrealisierung		X	

Rahmenbedingungen für den erfolgreichen Einsatz

Vor der Durchführung einer Zeitstudie sollte der Einsatzzweck der so gewonnenen Daten geklärt werden. Sollen die Daten Grundlage für die Entgeltgestaltung sein, sind eventuelle tarifrechtliche Vereinbarungen zu beachten. Außerdem besteht ein Mitbestimmungsrecht des Betriebsrates gemäß § 87 Absatz 1 Nr. 10 und 11 Betriebsverfassungsgesetz.

Sollen die Daten ausschließlich für andere Zwecke erhoben werden, sind diese rechtlichen Vorgaben nicht relevant. Damit sind die Ansprüche an den Aufwand und die Genauigkeit der Erhebung eher geringer als im ersten Fall. Außerdem ist zu prüfen, wie oft die ermittelten Zeitdaten zum Einsatz kommen werden und wie groß die Auswirkungen eventueller Ungenauigkeiten sind. Es müssen neben den eigentlichen Zeiten auch die Begleitumstände dokumentiert werden, damit die Ergebnisse reproduzierbar sind.

In allen Fällen sollte jedoch die Person, die die Zeitstudie durchführt, über ausreichende Qualifikation in dem Verfahren und vor allem in der praktischen Anwendung verfügen. Sind solche Personen im Unternehmen nicht vorhanden, können spezialisierte Dienstleister wie z. B. REFA:Consulting beauftragt werden.

Einzelschritte der Methode

Prinzip:

Die REFA-Zeitstudie basiert auf der zweckmäßigen Gestaltung des Arbeitssystems und dessen Beschreibung (Arbeitsverfahren, -methode, -bedingungen). Sie erfasst Bezugsmengen, Einflussgrößen und Ist-Zeiten für einzelne Ablaufabschnitte.

Vorgehensweise:

Schritt 1 Vorbereitung

Die Gegebenheiten vor Ort wie Platzangebot und Position zur Beobachtung sind zu klären. Der Verwendungszweck der Daten ist zu bestimmen. Es ist festzulegen, ob es sich um eine Aufnahme von Fortschritts- oder Einzelzeiten handeln soll. Die Anzahl der notwendigen Messungen, das einzusetzende Zeitmessgerät und der Aufnahmebogen sind zu bestimmen. Arbeitsaufgabe, Arbeitsverfahren, Arbeitsmethode und Arbeitsbedingungen müssen beschrieben werden. Die Beteiligten sind auszuwählen und hinreichend zu informieren.

Schritt 2 Durchführung

Hierbei sind repräsentative Bedingungen zu sichern, z. B. dadurch, dass Messungen über den ganzen Arbeitstag hinweg vorgenommen werden. Die Ergebnisse sind in den Dokumentationsunterlagen (Systembeschreibung, Bezugsmengen, Einflussgrößen, Zeitaufnahmebogen) festzuhalten.

Schritt 3 Auswertung

Die Auswertung der Daten erfolgt in den sieben Schritten:

- Zeitaufnahme auf Richtigkeit und Vollständigkeit prüfen,
- Ist-Einzelzeiten berechnen,
- statistische Auswertung,
- Soll-Zeiten (evtl. Normalzeiten) berechnen,
- Vorgabezeit berechnen,
- eventuelle Ansätze für Verbesserungsmaßnahmen dokumentieren,
- Bewertung der Belastungs- und Beanspruchungssituation festhalten.

Schritt 4 Präsentation und Anwendung der Ergebnisse

Die Ergebnisse werden gegenüber dem innerbetrieblichen Auftraggeber präsentiert. Nach Genehmigung werden sie den nutzenden Bereichen über die betrieblichen DV-Systeme zur Verfügung gestellt und von denen genutzt. Es ist zu prüfen, ob die so gewonnenen Daten auch für andere Arbeitssysteme zugrunde gelegt werden können. Der Zeitpunkt einer eventuellen Überprüfung ist zu bestimmen.

Anwendungsbeispiel

Z2	REFA-Zeitaufnahmebogen für Abläufe mit Wiederholungen	Ablage-Nr. ZA_ABC-D11-09 Blatt 1 von 1 Blättern

Arbeitsaufgabe	Funktionsprüfung Hydraulikzylinder					
Auftrag Nr. 0815-4712	Menge m des Arbeitsauftrages 80		Abteilung ABC-D11		Kostenstelle 5055	
Datum der Zeitaufnahme	13.10.	Beginn	Uhrzeit 10:15 Menge 20	Ende	Uhrzeit 10:49 Menge 35	Dauer 0:34 Std

Zusammenstellung der Zeit je Einheit	Zeit in Min	Herkunft
Grundzeit tg	1,77	
Erholungszeit t_{er} bei z_{er}= %	-	
Verteilzeit t_v bei z_v = 10 %	0,18	
sonstige Zuschläge	-	
Zeit je Einheit t_{e1}	1,95	
$t_{e1}/t_{e100}/t_{e1000}$ in min/h		
Rüstzeit t_r in min/h		

Arbeitsverfahren und Arbeitsmethode

Hydraulikzylinder aufnehmen und einspannen; Prüfvorrichtung anschließen; Prüfen nach Prüfvorschrift QMH-PH18;
Werkerselbstprüfung; abnehmen und in Transportbehälter ablegen

Arbeitsgegenstand (Eingabe)	Benennung	Werkstoff	Zustand bei Eingabe	Zeichn.-Nr.	Werkstoff Nr.	Maße, Formen, Gewichte
	Hydraulikzylinder			23345623		1,5 kg

Mensch	Name	Personalnummer	m	w	Alter	Dauer der Ausübung ähnlicher Aufgaben	Dauer der Ausübung der untersuchten
	Adam Müller	918273645	X			3 Jahre	6 Monate

Betriebsmittel	Benennung, Type	Anzahl	Betriebsmittel	Baujahr	technische Daten, Zustand
	Prüfvorrichtung Fa. Mess	1	33-987		geeicht 19.08. ....
	Typ AF-47				

Umgebungseinflüsse	Entlohnung Prämienlohn

Bemerkungen

Qualität des Arbeitsergebnisses: in Ordnung

Bearbeiter	O. Stark	geprüft	Koller	Datum 14.10.	gültig ab	01.11.	bis

Quelle: IfaA 2008

Nr.	Ablaufabschnitt und Meßpunkt	Bez.-menge	Einflußgröße		Zy / mz	1	2	3	4	5	6	7	8	9	10	11	12	13	14	15	ΞL/n / Ξ t_i/n	ø L / ø t_i	t= (øL/100) *øt_i	Zeitart
1	Gehäuse aufnehmen und einspannen																				325	108	15,82	
				L						110					105					110	3			
				t_i		14	14	16	15	14	14	14	14	16	14	14	15	14	15	16	219	14,60		
				F																	15			
2	Baugruppen montieren																				1615	108	#####	
				L		105	110	110	115	115	110	105	105	105	110	110	110	100	105	100	15			
				t_i		101	97	101	107	97	107	96	99	109	99	103	98	104	110	95	1523	101,53		
				F																	15			
3	Prüfen nach Prüfvorschrift																						41,60	
				L																				
				t_i		41	43	42	42	42	42	40	41	40	44	45	39	43	41	39	624	41,60		
				F																	15			
4	abstellen in Transportbehälter																				110	110	10,34	
				L																110	1			
				t_i		9	9	9	10	9	10	9	10	10	10	9	10	9	9	9	141	9,40		
				F																	15			
Statistik	n=	15	$Ξt_z = Ξt_{zi}$ =	2507		165	163	168	174	162	173	159	164	175	167	171	162	170	175	159	167,1	=Øtz	t= #####	
	$s = \sqrt{1/(n-1)[Ξt_z^2 - 1/n(Ξt_z)^2]}$ =	31,8	$Ξt_z^2$ =	419449		27225	26569	28224	30276	26244	29929	25281	26896	30625	27889	29241	26244	28900	30625	25281	$= t_z^2$			
	s=	5,64	v=	3,376		Ξ=	1,87		Ξ =	2		n'=	11											

Nr/	von	bis	Dauer	zusätzlicher AA	Nr/Z	von	bis	Dau	zusätzlicher AA	Nr/Z	von	bis	Dau	zusätzlicher AA

Hilfsmittel

Z1	**REFA-Zeitaufnahmebogen** für Abläufe ohne Wiederholungen	Ablage-Nr. Blatt von Blättern

Arbeitsaufgabe			
Auftrag Nr.	Menge m des Arbeitsauftrages	Abteilung	Kostenstelle
Datum der Zeitaufnahme	Beginn Uhrzeit Menge	Ende Uhrzeit Menge	Dauer

Zusammenstellung der Zeit je Einheit	Zeit in	Herkunft
Grundzeit t_g		
Erholungszeit t_{er} bei z_{er} = %		
Verteilzeit t_v bei z_v = %		
sonstige Zuschläge		
Zeit je Einheit t_{e1}		
t_{e1} / t_{e100} / t_{e1000} in min / h		
Rüstzeit t_r in min		

Arbeitsverfahren und Arbeitsmethode

Arbeitsgegenstand (Eingabe)	Benennung	Werkstoff	Zustand bei Eingabe	Zeichn.-Nr.	Werkstoff Nr.	Maße, Formen, Gewichte

Mensch	Name	Personalnummer	m	w	Alter	Dauer der Ausübung ähnliche Aufgaben	der untersuchten Aufgabe

Betriebsmittel	Benennung, Type	Anzahl	Betriebsmittel-Nr.	Baujahr	technische Daten, Zustand

Umgebungseinflüsse	Entlohnung

Bemerkungen

Qualität des Arbeitsergebnisses

Bearbeiter	geprüft	Datum	gültig ab	bis

										Übertrag		
Nr.	Ablaufabschnitt und Messpunkt	Personenzahl	Bezugsmenge	Einflussgröße Messwert, Klasse	Z_r	1	2	3	$\Sigma L / n$ $\Sigma t_i / n$	$\bar{L}$ $\bar{t}_i$	$t = \frac{\bar{L}}{100} \bar{t}_i$	Zeitart
					L							
					t_i							
					F							
					L							
					t_i							
					F							
					L							
					t_i							
					F							
					L							
					t_i							
					F							
					L							
					t_i							
					F							
					L							
					t_i							
					F							
					L							
					t_i							
					F							
					L							
					t_i							
					F							
					L							
					t_i							
					F							
					L							
					t_i							
					F							
					L							
					t_i							
					F							
					L							
					t_i							
					F							
					L							
					t_i							
					F							
					L							
					t_i							
					F							
					L							
					t_i							
					F							
					L							
					t_i							
					F							
					L							
					t_i							
					F							
										Σt		

Literaturhinweise

Fuhrmann, K.-W.; Heisterkamp, H.; Schröter, K.: Methoden der Rationalisierung. Berlin, Köln: Beuth, 1983

IfaA – Institut für angewandte Arbeitswissenschaft (Hrsg.): Methodensammlung zur Unternehmensprozessoptimierung. Köln: Wirtschaftsverlag Bachem, 2008

REFA (Hrsg.): REFA-Methodenlehre der Betriebsorganisation. Datenermittlung. München: Hanser, 1997

Rüstzeitminimierung

Alternative Bezeichnungen

Schnellrüsten, SMED (Single Minute Exchange of Die)

Ziel

Minimierung der Stillstandszeiten von Anlagen beim Umrüsten

Weg

Durch technische und organisatorische Maßnahmen wird das Rüsten in Tätigkeiten, die bei laufender Anlage durchgeführt werden können (externes Rüsten), und Tätigkeiten, die nur bei abgestellter Anlage vorgenommen werden können (internes Rüsten), aufgegliedert.

Ergebnisse

- kürzere Rüstzeiten
- wirtschaftliche Herstellung kleiner Lose als Voraussetzung für Bestandssenkungen
- bessere Transparenz in Planung und Fertigung
- Leistungs- und Ergebnisverbesserung und Kostensenkung
- höhere Anlagennutzung

	gering	mittel	hoch
Einsatzaufwand		X	
Schulungsaufwand		X	

	kurzfristig	mittelfristig	langfristig
Dauer der Ergebnisrealisierung			X

Rahmenbedingungen für den erfolgreichen Einsatz

Rüstzeitreduzierungen sind vielfach eine notwendige Voraussetzung für den erfolgreichen Einsatz schlanker Logistikkonzepte. Das ist darin begründet, dass ein schnelles und flexibles Umstellen der Anlagen im Sinne eines kontinuierlichen Materialflusses und einer bedarfs- und kundenorientierten Fertigung nur möglich ist, wenn die Rüstzeiten zwischen verschiedenen Produkten gering sind.

Theoretisch können Lagerbestandsreduktionen mit einer Reduktion der Losgrößen und kürzeren Lieferintervallen zum Kunden hin realisiert werden. Praktiker stehen dem jedoch häufig skeptisch gegenüber, da ein großer Aufwand für das Rüsten der Anlagen befürchtet wird.

Taiichi Ohno berichtet (1993) in seinem Buch über das Toyota Produktionssystem, dass der Werkzeugwechsel z. B. für die Pressen in den 1940er-Jahren bei Toyota noch zwei bis drei Stunden dauerte, sich in den 1950er-Jahren im Zuge der Produktionsnivellierung in unter eine Stunde realisieren ließ und bereits Ende der 1960er-Jahre eine Rüstzeit von nur noch 3 min benötigt wurde. In dieser Tradition steht die Methode „Single Minute Exchange of Die“, was bedeutet, dass das Werkzeug in etwa einer Minute gewechselt wird. Der Entwickler dieser Methode, Shigeo Shingō (1985), formuliert dabei etwas überspitzt, dass bei der klassischen Ermittlung einer optimalen Losgröße die Vermutung zugrunde liegt, dass eine drastische Reduktion der Rüstzeit unmöglich ist.

Wichtig hinsichtlich der Rahmenbedingungen ist, dass Rüstzeitoptimierungen nur dann sinnvoll sind, wenn sie zum Gesamtkonzept des Unternehmens passen (und z. B. unter der Zielsetzung einer schlanken Liniengestaltung erfolgen). Weiterhin sind die Maßnahmen nur dann nachhaltig, wenn für die optimierten Arbeitsabläufe betriebliche Standards entwickelt werden, die dann auch Eingang in Planungs- und Vorgabezeiten finden und im Sinne der kontinuierlichen Verbesserung weiterhin überprüft werden.

Einzelschritte der Methode

Prinzip:

Das Prinzip bei der Methode besteht darin, die Abläufe und Bedingungen beim Rüsten zu strukturieren, zu systematisieren und zu standardisieren. Nicht notwendige Vorgänge werden eliminiert oder zumindest minimiert.

Wie Bild 1 zeigt, besteht zu Beginn der Rüstzeitoptimierung (vgl. Phase 1) zumeist eine Situation, in der interne und externe Tätigkeiten „gemischt“ vorliegen. Um externe Tätigkeiten zu ermitteln, sollte die Frage gestellt werden, welche Arbeitsinhalte bereits erledigt werden können, solange die Anlage noch produziert, und welche Aufgaben abgearbeitet werden können, nachdem die Anlage bereits wieder mit dem nächsten Produkt weiterproduzieren kann. Im Ergebnis besteht die Rüstzeit nach dieser Umverteilung nur noch aus internen Rüsttätigkeiten. Diese internen Rüsttätigkeiten (on-line) müssen dann in den nachfolgenden Phasen minimiert werden, um die Stillstandszeiten weiter zu verringern. Externe Rüsttätigkeiten (off-line) werden unter der Zielsetzung, möglichst wenig Aufwand zu verursachen, gestaltet.

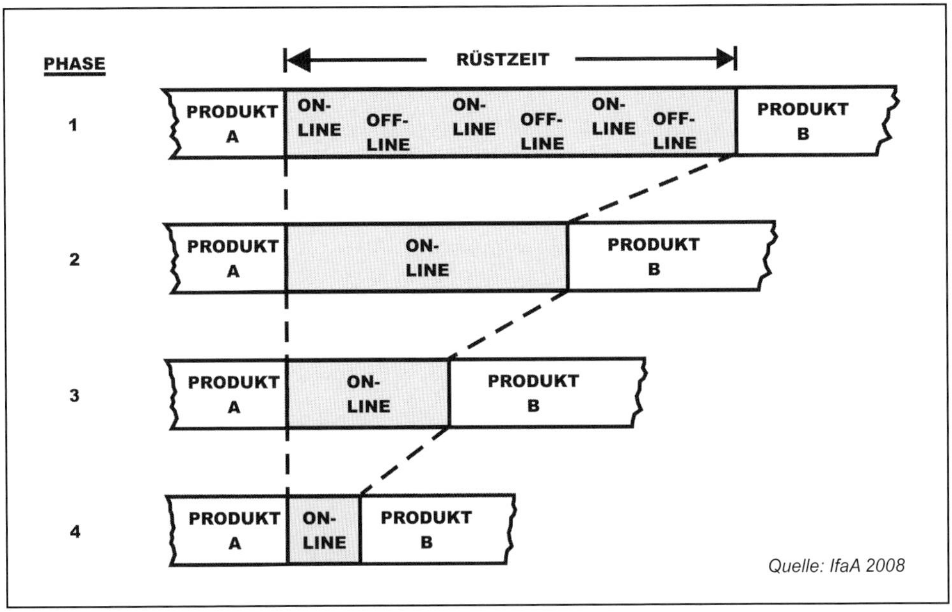

Bild 1: Phasen und Rüstdauer bei der Rüstzeitreduzierung mit Methode SMED

Vorgehensweise:

Schritt 1 Auswahl der Anlagen und Rüstvorgänge mit Potenzial (Aufwand, Häufigkeit). Darstellung der bisherigen Abläufe. Ermittlung der Ablaufarten und ihrer Anteile. Sortierung in interne und externe Vorgänge. Rüstvorgänge dokumentieren für Auftragswechsel. Zeiten für mögliche Teilereihenfolge ermitteln.

Schritt 2 Prüfen, welche internen Vorgänge in externe überführt werden können. Analyse und Verbesserung der Abläufe.

Schritt 3 Interne Vorgänge prüfen, ob verzichtbar oder extern ausführbar. Mögliche Maßnahmen, erforderliche Hilfsmittel (vereinfachte Werkzeuge, Vorrichtungen, Prüfmittel, Hilfen zur Einstellung von Parametern, Prozessgrößen).

Schritt 4 Maßnahmen zur Verringerung interner Aktivitäten und Optimierung der Abläufe (standardisierte Werkzeuge, Befestigungen, Schnellspannvorrichtungen, Anordnung, Bezeichnung, Parallelisierung, ...). Optimierung und Standardisierung.

Schritt 5 Optimierung der externen Aktivitäten zur Kosteneinsparung. Verbesserung und Standardisierung der erreichten Vorgehensweise.

Schritt 6 Koordinierung der Reihenfolge der Rüstvorgänge und des Personaleinsatzes beim Umrüsten einer Linie

Hilfsmittel (Werkzeuge)

- Umrüstpläne, Aktivitäten, Diagramm
- Aufgabenbeschreibung
- Formblatt
- Video-/Fotoaufnahme der Aktivitäten (nach Einwilligung der Mitarbeiter)
- Prüflisten
- Symbole, Farbkennzeichnungen

Anwendungsbeispiel

Umformungsanlage

In der Praxis ist es sinnvoll, eine Rüstzeitreduktion an einer Anlage in Form eines Workshops durchzuführen. Sehr wichtig ist, vor dem Workshop das Einverständnis der beteiligten Mitarbeiter einzuholen, wenn Fotos oder Videoaufnahmen geplant sind, den Betriebsrat einzubeziehen und alle Beteiligen über Sinn und Zweck des Workshops frühzeitig zu unterrichten. Im Workshop sollten die bestehenden Verhältnisse vor der Verbesserung (Ausgangszustand) möglichst genau analysiert und dokumentiert werden. Das betrifft:

- Tätigkeiten und Zeitaufwand einzelner Aufgaben im Zuge des Rüstens der Anlage;
- zurückgelegte Wegstrecken des Bedienpersonals;
- Abstimmung mit vor- und nachgelagerten Prozessen (Werkzeugausgabe, Qualitätssicherung, Arbeitsvorbereitung etc.);
- verwendete Werkzeuge und Hilfsmittel;
- etc.

Im Team werden verschiedene Aufgaben (wie z. B. Zeitnahme, Wegstrecke aufnehmen, Fotografieren oder Filmen etc.) aufgeteilt und durchgeführt. Im ersten Schritt können dann die beobachteten Tätigkeiten zeitlich erfasst und tabellarisch dokumentiert werden. Eine gute Möglichkeit, den Ist-Zustand zu visualisieren, besteht darin, einen Zeitstrahl (z. B. auf eine DIN-A0-Rolle) aufzumalen und die beobachteten Tätigkeiten auf kleine Papierstreifen aufzuschreiben. Die Breite des Papierstreifens sollte die Dauer der jeweiligen Tätigkeit widerspiegeln. Bilder, Anmerkungen und Fotos können dann im Zeitstrahl festgehalten werden (vgl. Bild 2).

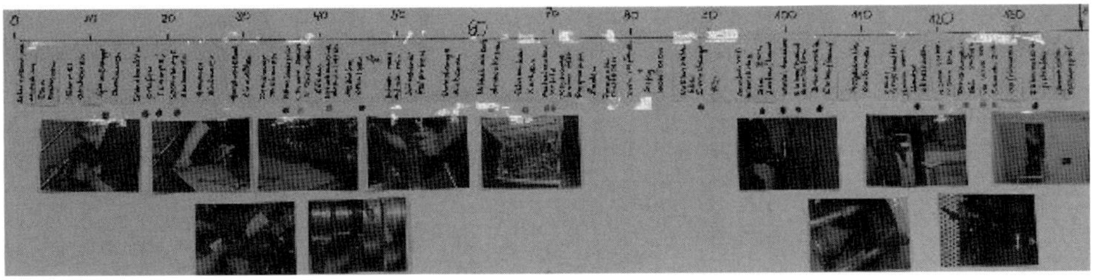

Bild 2: Darstellung der Rüstzeiten in einem Zeitstrahl

Danach kann sich das Team damit beschäftigen, wie die Rüstzeiten verbessert werden können. Dabei können z. B. folgende Maßnahmen farblich (durch Punkte im Zeitstrahl) gekennzeichnet werden:

- Arbeitsgang sollte entfallen;
- Arbeitsgang sollte verbessert werden;
- Arbeitsgang sollte von „intern" nach „extern" verlegt werden;
- Arbeitsgang sollte von weiteren Mitarbeitern parallel ausgeführt werden.

Bei dem in Bild 2 dargestellten Beispiel eines Workshop-Ergebnisses bei einer Umformungsanlage konnten z. B. viele Tätigkeiten in Vor- oder Nachbereitung des internen Rüstvorganges erledigt werden und es war möglich, einen Teil der Aufgaben parallel von einem anderen Mitarbeiter ausführen zu lassen, der an einer benachbarten Maschine arbeitete (organisatorische Maßnahme). Darüber hinaus konnten mit einem Rüstwagen mit verbesserten Montagewerkzeugen, einer Checkliste über die notwendigen (voreingestellten) Bearbeitungswerkzeuge und Maschineneinstellungen, Schnellspannvorrichtungen und der Anwendung des Poka-Yoke-Prinzips technische Hilfestellungen gegeben werden. Viele Verbesserungsmaßnahmen ließen sich recht schnell (zumeist im Zuge des Workshops) umsetzen. Komplexere technische Umgestaltungen wurden zunächst nur simuliert, um die Anzahl der Rüstvorgänge und die möglichen potenziellen Einsparungen kostenrechnerisch zu überprüfen.

Nach Umsetzung (ggf. auch durch Simulation) der Maßnahmen können dann Schritt für Schritt die jeweiligen Verbesserungen in ähnlicher Form wie der Ausgangszustand dokumentiert werden.

Bild 3 gibt dazu anhand eines anderen Beispiels systematisch wieder, wie einzelne Maßnahmen zu einer systematischen Reduktion der Rüstzeiten führen.

Wie oben ausgeführt sollten Maßnahmen zur Rüstzeitoptimierung zum Gesamtkonzept des Unternehmens passen. Im Zuge der Umsetzung von Maßnahmen bilden die hier beschriebenen Schritte nur den Ausgangspunkt. In der Praxis wird im Zuge der transparenten Darstellung der Rüstvorgänge häufig eine Abstimmung zwischen verschiedenen Abteilungen nötig. Wie dargelegt steht dabei das Gesamtkonzept des Unternehmens im Fokus, um eine abteilungsübergreifende, möglichst hochentwickelte Wertschöpfungskette zu realisieren.

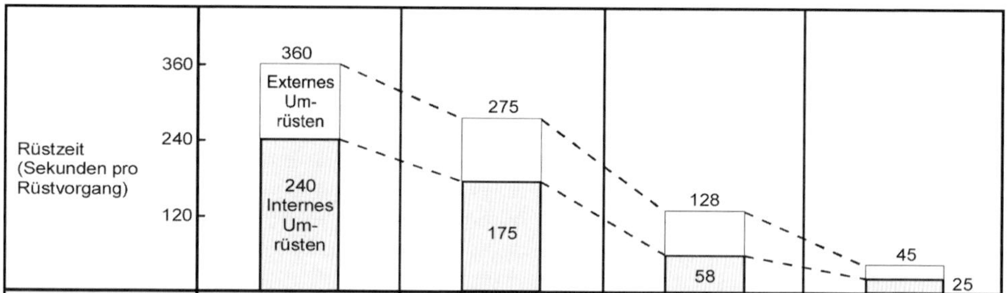

Art der Verbesserung			Verschwendungs-beseitigung	Ablauf-Verbesserung	Verbesserung der Geräte
Verbesserungs-Maßnahmen		Aufgliedern des Rüstvorgangs in internes und externes Umrüsten	(1) Verwendung von Markierungen und Farbcodierung zur Kennzeichnung der verschiedenen Formen (2) Alle Werkzeuge werden in Handreichweite angeordnet (3) Beseitigung von Wartezeiten	(1) Verwendung von Abstandsringen um Höhen-justierungen zu vermeiden (2) Verwendung der-selben Positionier-klammern bei möglichst vielen Rüstprozessen (3) Verwendung der-selben Bolzen bei möglichst vielen Rüstprozessen	(1) Prinzipien schneller Werkzeug- und Formwechsel umsetzen (2) Verwendung der-selben Formen wo immer möglich
Rüstzeit	Internes Umrüsten	1. Vorbereitung 45	20	15	4
		2. Abbau 15	15	9	7
		3. Einfügen 20	20	13	9
		4. Positionieren 24	24	5	0
		5. Testen 11	11	0	0
		6. Inspizieren 30	20	5	5
		7. Justieren 95	65	11	0
		Gesamt 240	175	58	25
	Externes Umrüsten	120	100	70	20
	Gesamtzeit	360	275	128	45

Bild 3: Verbesserungsplan Umrüsten von Pressen

Literaturhinweise

IfaA – Institut für angewandte Arbeitswissenschaft (Hrsg.): Methodensammlung zur Unternehmensprozessoptimierung. Köln: Wirtschaftsverlag Bachem, 2008

Kobayashi, I.: 20 Keys. Die 20 Schlüssel zum Erfolg im internationalen Wettbewerb. Bochum: adept media, 2000

Ohno, T.: Das Toyota-Produktionssystem. Frankfurt/Main, New York: Campus, 1993

Sekine, K.; Arai, K.: Kaizen für schnelles Umrüsten. Landsberg: Moderne Industrie, 1995

Sekine, K.: Produzieren ohne Verschwendung: der japanische Weg zur schlanken Produktion. Landsberg: Moderne Industrie, 1995

Shigeo, S.: A revolution in manufacturing: the SMED system. Cambridge: Productivity Press, 1985

KAIZEN Institute, Bad Homburg: www.de.kaizen.com

Technische Akademie, Esslingen: www.tae.de

Verein Deutscher Ingenieure, Düsseldorf: www.vdi.de

Schlanke Liniengestaltung

Alternative Bezeichnungen

U-Linien, „Steh-Geh-Linien“, „One-Piece-Flow“

Ziel

Gestaltung von manuellen Produktions- und Montagelinien nach dem Vorbild der schlanken Produktion mit der Zielsetzung verschwendungsarmer Tätigkeiten

Weg

Im Gegensatz zu klassischen manuellen Montage- und Fertigungslinien wird besonderer Wert darauf gelegt, Verschwendung in Bezug auf die Tätigkeitsinhalte zu beseitigen. Während bei einer festen Zuordnung von Mitarbeitern an Montage- und Fertigungslinien z. T. Wartezeiten für die Bediener unumgänglich sind und häufig in Kauf genommen werden muss, dass der Mensch während der Bearbeitung auf die technische Einrichtung wartet, besteht die Zielsetzung der schlanken Liniengestaltung u. a. darin, diese Wartezeit möglichst zu umgehen und stattdessen den Anteil der wertschöpfenden Tätigkeiten zu erhöhen. Neben dem Materialfluss wird bei der schlanken Liniengestaltung der Arbeitsablauf so geplant, dass möglichst keine ablaufbedingten Wartezeiten entstehen. Um dies zu verdeutlichen, wird z. T. davon gesprochen, den „Mitarbeiterfluss“ (vgl. Rother 2004) zu gestalten und die Linie so aufzubauen, dass für den Mitarbeiter ein kontinuierlicher Arbeitsablauf entsteht.

Ein wichtiger Vorteil besteht darin, dass veränderte Kundenanfragen bzw. Nachfragemengen durch den Mitarbeitereinsatz geregelt werden können. Tendenziell wird dabei in Kauf genommen, dass die technische Einrichtung bei geringer Gesamtauslastung auf den Menschen wartet. Das ist z. B. der Fall, wenn ein einzelner Mitarbeiter das oder die Bauteile nur von einer zur nächsten Station bringt und die jeweils nicht belegten Stationen noch offene Kapazitäten haben. Mit mehreren Mitarbeitern in der Linie kann die Kapazität schrittweise vergrößert werden. Sind alle Stationen besetzt, ist die Kapazitätsgrenze erreicht.

Ergebnisse

- hohe Flexibilität bei Nachfrageschwankungen
- minimale Durchlaufzeiten und geringe Bestände
- minimaler Flächenbedarf
- hohe Qualität und schnelle Reaktion bei Fehlern
- Mehrmaschinenbedienung

	gering	mittel	hoch
Einsatzaufwand			X
Schulungsaufwand			X

	kurzfristig	mittelfristig	langfristig
Dauer der Ergebnisrealisierung			X

Rahmenbedingungen für den erfolgreichen Einsatz

Die folgenden Ausführungen (vgl. Rother 2004) gelten im Besonderen für die manuelle Produktion und bedienergeführte Fertigungszellen und -straßen mit integrierten automatischen Maschinen sowie z. T. auch für Fertigungslinien mit Transportbändern. Für vollautomatisierte Fertigungsstraßen und Multifunktionsmaschinen sowie für Arbeiten, die sich kaum oder gar nicht wiederholen und dementsprechend nicht standardisieren lassen, ist die Vorgehensweise weniger geeignet. In Bezug auf Montagesysteme gibt Bild 1 nach Lotter und Wiendahl (2006) einen Überblick über verschiedene Gestaltungslösungen in Abhängigkeit von den jeweiligen Rahmenbedingungen.

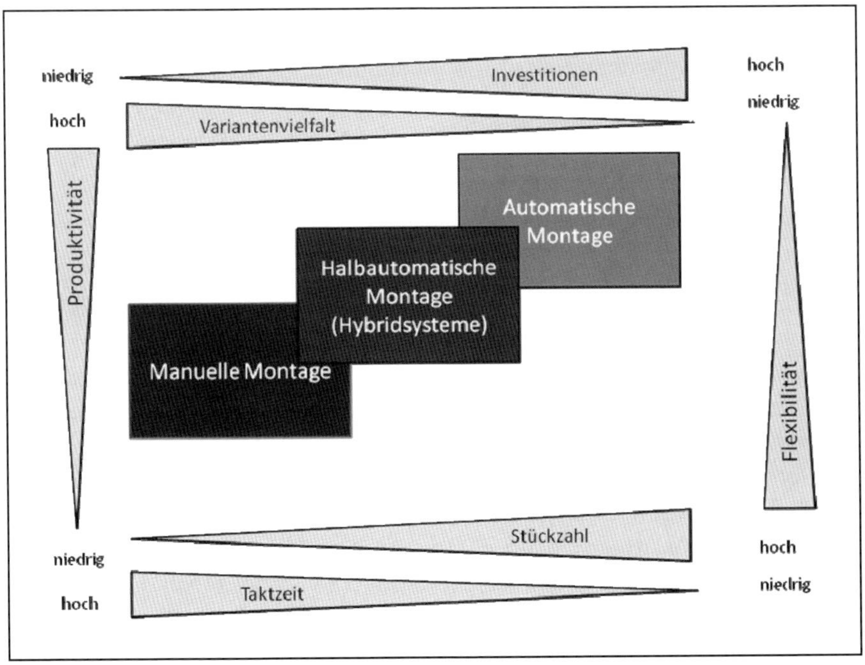

Bild 1: Mögliche Planungsalternativen für Produktionsanlagen (aus IfaA 2010)

Im Sinne eines modernen Industrial Engineerings werden im Produktentstehungsprozess (PEP) weitere Methoden und Tools eingesetzt, um eine ganzheitliche Gestaltung und Optimierung von Erzeugnis und Wertschöpfungskette im Spannungsfeld Kosten, Liefertreue und Qualität sicherzustellen. Über die im Folgenden geschilderte Vorgehensweise hinaus ist es wichtig, das jeweilige Produkt auf seine herstellungs- und montagegerechte Konstruktion hin zu untersuchen und zu verbessern.

Einzelschritte der Methode

Prinzip:

Gestaltung von Produktions- und Montagelinien zur Minimierung von Verschwendung bei den Tätigkeiten der Beschäftigten

Vorgehensweise:

Schritt 1 Erster Prozessentwurf

Die Entwicklungsaufgabe einer „Schlanken Linie" sollte in die Verantwortung eines Teams übertragen und systematisch in einer Projektorganisation mit entsprechenden Workshops und Meilensteinplanungen umgesetzt werden. Der Prozessentwurf muss zweckmäßigerweise mit einer detaillierten Ist-Zustandsanalyse beginnen. Im Zuge dessen müssen die Fragen geklärt werden, welche Produkte oder Produktfamilien auf der Linie hergestellt werden sollen (siehe auch Rahmenbedingungen für den erfolgreichen Einsatz der Methode) und wie diese Produkte vom Kunden abgerufen werden. Unter der Zielsetzung, nur das zu produzieren, was der Kunde benötigt, wird ein sogenannter Kundentakt definiert (vgl. Rother 2004):

Kundentakt = verfügbare Arbeitszeit pro Schicht / vom Kunden benötigte Produktionsmenge pro Schicht.

Bei der verfügbaren Arbeitszeit pro Schicht werden geplante Stillstandzeiten (wie z. B. Pausen, Wartungs- und Reinigungszeiten) abgezogen. Die Zykluszeit an der Linie sollte bei der Planung so bemessen werden, dass sie kürzer als der Kundentakt ist. Nach der Analyse des Kundentaktes werden die einzelnen Arbeitselemente (bzw. Teilvorgänge) zur Herstellung der Produkte betrachtet. Die Summe der Arbeitselemente (bzw. Teilvorgänge) an einer Arbeitsstation bestimmt dabei die Zykluszeit an dieser Arbeitsstation. Für die Analyse bestehender Linien sollten die jeweiligen Tätigkeiten vor Ort beobachtet, tabellarisch dokumentiert und näher untersucht werden. Dabei besteht die Zielsetzung darin, für die Mitarbeiter in der Linie im Wesentlichen nur wertschöpfende Arbeitselemente vorzusehen. Indirekte Tätigkeiten wie z. B. die Materiallogistik werden demgegenüber bewusst getrennt betrachtet. Analog zur Leistungsanpassung nach REFA (vgl. Grundlagen der Arbeitsgestaltung) wird dann für die einzelnen Arbeitsstationen eine Zuteilung, Abstimmung und Gestaltung des Arbeitsablaufes vorgenommen, damit die gebrauchte Zeit an den Stationen der angestrebten Zykluszeit (Soll-Taktzeit) und dem Leistungsangebot der arbeitenden Menschen weitgehend entsprechen. Rother (2004) empfiehlt dabei ausdrücklich, die geplante Taktzeit nicht zu weit unter dem Kundentakt anzusetzen und somit Prozessschwankungen zu kaschieren, sondern zwischen den Schichten eine Pause einzuplanen und Produktionsverluste mit Überstunden aufzuholen.

Durch die aus Japan bekannten **Chaku-Chaku**-Linien wird darüber hinaus deutlich, dass auch das Zusammenspiel zwischen Mensch und Maschine an den jeweiligen Stationen im Sinne einer möglichst hohen Wertschöpfung gestaltet werden muss. Chaku-Chaku bedeutet übersetzt „Laden-Laden". Komplizierte Justier- und Einstellarbeiten oder komplexe Bedienvorgänge an der Anlage werden vermieden. Voraussetzung dafür ist jedoch ein ausgereiftes Anlagenkonzept mit robusten (gleichmäßigen und fehlerfreien) Bearbeitungsprozessen und eine hohe autonome Automation (Autonomation bzw. japanisch Jidōka). Das bedeutet, dass der Mitarbeiter die Teile nur einlegen muss und die Anlage selbstständig die Bearbeitung durchführt und Abweichungen vom Soll-Zustand erkennt, meldet und ggf. sogar abstellt.

Im Idealfall wird ein sogenannter „**One-Piece-Flow**" (d. h. die Losgröße ist „1") an der Linie erreicht. Dabei kann das Bauteil vom Mitarbeiter von der ersten bis zur letzten Station begleitet werden, es gibt keine Zwischenpuffer und der Mitarbeiter bemerkt Störungen und Qualitätsprobleme umgehend.

Vor dem Hintergrund des Ablaufs in der Linie wird bei schlanken Linien auch von „**Steh-Geh-Linien**" gesprochen. Teilweise können Materialtransport (beim Gehen) und Bearbeitung (im Stehen an der Anlage) vom Mitarbeiter durchgeführt werden und es sind keine Sitzarbeitsplätze vorhanden.

Die Form der Liniengestaltung muss nicht notwendigerweise – wie in Bild 2 dargestellt – als „U" ausgeführt werden. Die „U-Form" findet sich jedoch in vielen Gestaltungslösungen wieder, weil dadurch kurze Wege zwischen den Bearbeitungsstationen entstehen und ggf. sogar ein kreisförmiger „Rundgang" für die Mitarbeiter gestaltet werden kann.

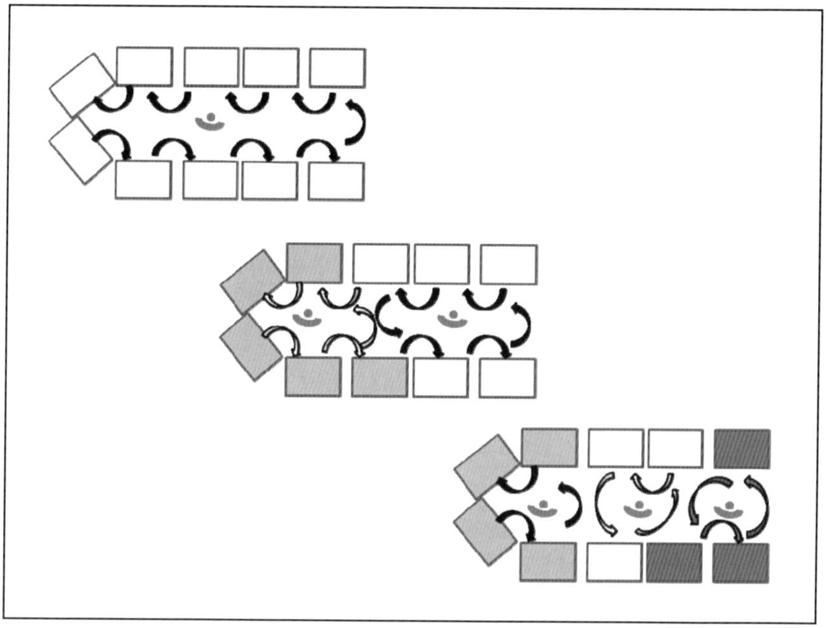

Bild 2: Skalierung durch Personaleinsatz im Handübergabesystem (aus Spengler et al. 2005)

Nach Schulung und Training der Mitarbeiter wird der Arbeitsablauf bewertet. Ein gut gestalteter Arbeitsablauf ist dann gegeben, wenn der Mitarbeiter überwiegend wertschöpfende Tätigkeiten durchführt, die Abläufe und Prozesse harmonisch sind und die vom Mitarbeiter abgeforderte Gesamtleistung im Durchschnitt durch eine Normalleistung realisiert werden kann. Neben diesem „Mitarbeiterfluss" müssen auch der Material- und Informationsfluss gestaltet werden. Dabei sollten zusammenfassend folgende Fragen geklärt werden (vgl. dazu Stowasser 2011):

- Wie verschwendungsarm ist der Mitarbeiterfluss?
- Erfüllt der Mitarbeiter wertschöpfende Tätigkeiten?
- Ist der Mitarbeiter während seiner Tätigkeit gut (auf Dauer nicht zu gering oder zu hoch) ausgelastet?
- Wie verschwendungsarm ist der Materialfluss?
- Bewegt sich das Werkstück direkt von einem Wertschöpfungsschritt zum nächsten?
- Sind die Prozessschritte gekoppelt oder bestehen einzelne Zwischenpuffer?
- Wie verschwendungsarm ist der Informationsfluss?
- Wie schnell werden Probleme und Abweichungen bemerkt?

- Was passiert bei Problemen und Abweichungen?
- Wie umfangreich sind die Anweisungen (Arbeitspläne, Prüfpläne usw.)?

Werden unterschiedliche Produkte auf der Linie gefertigt, muss das Produktionsvolumen geglättet werden (**vgl. Methode Produktionsnivellierung/-glättung**) und es ist erforderlich, die Rüstzeiten zwischen verschiedenen Produkten möglichst gering zu halten (**vgl. Methode Rüstzeitminimierung**).

Als Ergebnis des Prozessentwurfs entsteht ein Groblayout, das die Positionierung der Anlagen und deren Verkettung sowie Arbeitsinhalte der Mitarbeiter ähnlich einer „ersten Abtaktung" wiedergibt.

Schritt 2 Simulation („Mock-up")

Bevor eine neue Linie aufgebaut und damit die Planung in die Realität umgesetzt wird, ist es häufig sinnvoll, den geplanten Ablauf zunächst zu simulieren und zu testen, bevor Änderungen nur noch mit großem Kostenaufwand möglich sind. Neben der Computersimulation, die häufig zur Optimierung des Materialflusses genutzt wird, können manuelle Arbeitssysteme aus Pappe nachgebildet werden (Cardboard Engineering), um Arbeitsplatzgestaltungsmaßnahmen zu entwickeln.

Die Simulation in Form des Cardboard Engineerings wird als Anwendungsbeispiel dargestellt.

Schritt 3 Fehlerbehebung („Debugging")

Bekanntermaßen existieren in der ersten Phase nach dem Serienstart in der betrieblichen Praxis selten sofort stabile Prozesse und Abläufe, was teilweise in einer ungeplant hohen Arbeitsbelastung für die Mitarbeiter resultieren kann. Der richtige Umgang mit instabilen Prozessen stellt aber wiederum die eigentliche Triebfeder für Verbesserungen in den Unternehmen dar und ermöglicht die Einbeziehung der Mitarbeiter in die innovative und kreative Problemlösung im Zuge einer strukturiert geführten Teamarbeit „vor Ort" (vgl. Stowasser et al. 2011).

Eine schlanke Linie, die nach dem Pull-Prinzip (**vgl. Methode Produktionssteuerung**) arbeitet, steuert die vorgelagerten Arbeitsschritte. Im Idealfall entsteht ein kontinuierlicher Materialfluss mit der Losgröße 1 vom Ende bis zum Anfang der Wertschöpfung. Kann der Idealfall nicht erreicht werden, können Zwischenlösungen wie z. B. Kanban- bzw. Supermarktsysteme eingesetzt werden, um den Teil der Fertigung, bei dem ein kontinuierlicher Fluss entstanden ist, von den Teilen zu entkoppeln, bei denen das (noch) nicht möglich ist. Wenn die schlanke Linie am Ende der Wertschöpfung angesiedelt ist, z. B. bei der Endmontage, so stellt sie den „Schrittmacher" für die vorgelagerten Prozesse dar. Das bedeutet aber auch, dass sich Schwankungen und Störungen auf die vorgelagerten Schritte der Produktion übertragen. Dementsprechend ist es sinnvoll, mit Verbesserungsaktivitäten bei den Schrittmacherprozessen zu beginnen. Die folgende Bild 3 aus Richter und Deuse (2011) verdeutlicht den Zusammenhang von Kundentakt, Linienzykluszeit und Prozessschwankungen, die dazu führen können, dass der Kundentakt nicht erreicht und Sonderschichten notwendig werden.

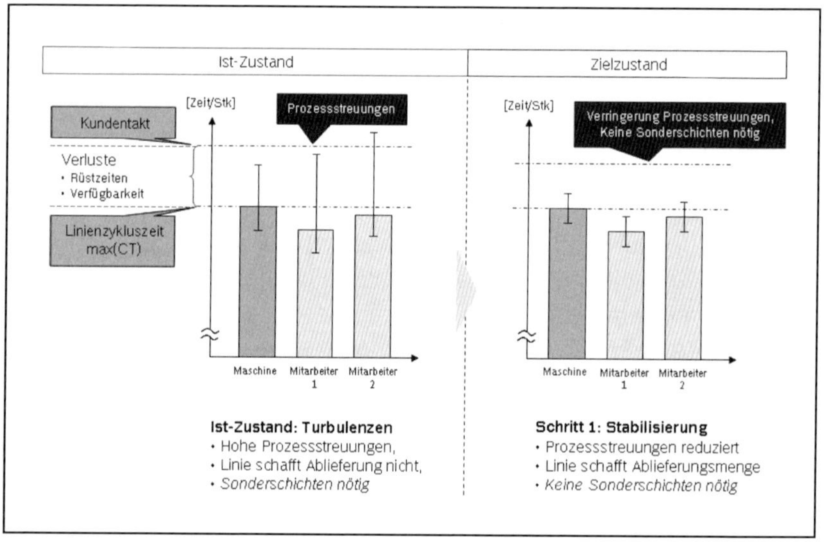

Bild 3: Beispiel: Ist- und Zielzustand einer Produktionslinie aus Richter und Deuse (2011)

Hilfsmittel

Als Hilfsmittel zur Analyse der Potenziale in der Phase der Fehlerbehebung kann die folgende Checkliste, zitiert nach Rother (2004), verwendet werden.

- Entsteht eine Einzelstück-Fließfertigung? Kann der Mitarbeiter den Rhythmus „Ein Stück herstellen, ein Stück bewegen" ohne Wartezeit erreichen? Fragen Sie sich, „Wie würde sich das Werkstück von selbst montieren?"
- Arbeiten die Mitarbeiter nach der Arbeitsbeschreibung / geplanten Arbeitsmethode? Wenn nicht, warum? Gibt es eine bessere Methode? Was ist die beste Methode?
- Verstehen die zuständigen Unterstützungsfunktionen (Gruppenleiter, Meister, Abteilungsleiter, Logistik, Instandhaltung) ihre kritischen Verantwortungsbereiche?

- Fließt die Information? Wissen Mitarbeiter und Support:
  - Was ist der Kundentakt?
  - Was ist zu fertigen?
  - Wie viel Stück sind zu fertigen?
  - Wie viel Stück wurden tatsächlich hergestellt?
  - Welche Probleme entstehen dabei?
  - Erfolgen die Umrüstungen zum richtigen Zeitpunkt?
  - Beanspruchen die Umrüstungen zu viel Zeit?
- Werden Werkstücke und Material in passender Menge angeliefert? Sind die Materialrutschen und Behälter richtig dimensioniert? Liegt der Umlaufbestand zu hoch oder zu niedrig? Ist der Support abgepuffert oder ist er gezwungen, sofort zu kommen?
- Sind die Einrichtungen zur Materialzustellung optimal platziert oder für den Zellenmitarbeiter eher schwer erreichbar? Wie ist die Position der zugeführten Werkstücke? Wie erreicht der Mitarbeiter das Werkstück?
- Arbeitet die Zelle mit einem Minimum an Gerätschaft und Bestand? Wird der Standardbestand an jeder Arbeitsstation, die einen automatischen Auswurf hat, eingehalten? Sammelt sich Material zwischen den Maschinen? (Ausnahme: An den Punkten, wo ein Mitarbeiter das Werkstück an den nächsten Mitarbeiter weitergibt, sollte ein Stück als definierter Standardpuffer vorrätig sein, um kleinere Schwankungen in den Arbeitszyklen auszugleichen.) Liegt überzähliges Material im Bodenbereich?
- Benutzen Sie möglichst wenige, standardisierte Geräte zur Herstellung des Produktes? Ist der Aktionsrahmen für bewegliche Maschinenteile optimal kurz? Wenn ein Zellentisch nur für eine einzige Variante der Produktfamilie benutzt wird, warum sollte der Mitarbeiter ständig daran vorbeilaufen müssen? Wenn das Produkt nur 30 cm breit ist, warum beansprucht die Maschine einen Meter in der Breite?
- Ist es möglich, eine Umrüstung von einem Produkt zum anderen innerhalb des Kundentakts vorzunehmen?
- Vergleichen Sie das Ergebnis mit Ihrem Plan.

Anwendungsbeispiel zum Cardboard Engineering (Hella Lippstadt)

Seit den 1990er-Jahren beschäftigt sich die Firma Hella in Lippstadt mit der schlanken Liniengestaltung. Dabei war die U-Linie die „Keimzelle" und der Ausgangspunkt. Die klassische Fließarbeit wurde von dem sogenannten flexiblen Montagesystem (FMS) fast vollständig verdrängt. Das flexible Montagesystem ist zumeist als U-Linie ausgeführt und arbeitet im One-Piece-Flow. Dabei ist diese Art der Linengestaltung kein Selbstzweck, sondern erfolgt mit der Zielsetzung einer kostenoptimalen und kundenorientierten Produktion. Vor dem Hintergrund der jeweiligen Kostentreiber werden weitere Aspekte differenziert betrachtet, sodass technologische Limitationen und Standortfragen berücksichtigt werden können. Bei den ebenfalls vorhandenen vollautomatisierten Produktionslinien werden darüber hinaus andere Gestaltungsmaßnahmen ergriffen.

Im Produktentstehungsprozess (PEP) wird das Produkt in Bezug auf seine Herstellbarkeit und Montagefreundlichkeit überprüft und verbessert (vgl. dazu die Methode „Produktionsgerechtes Konstruieren“). Darauf aufbauend werden ein Ablaufplan erstellt und eine Betriebsmittelprojektierung in die Wege geleitet. Der Ablaufplan beinhaltet die einzelnen Tätigkeiten und die Zuordnung zu den Arbeitsplätzen und Anlagen (erste Austaktung). Weiterhin wird der Platzbedarf für Behälter und Logistik festgelegt.

Mit dem Layout wird ein Lastenheft entwickelt, das u. a. Ergonomie- und Rüstanforderungen enthält. Bei Hella werden sowohl Computersimulationen („digital mock-up“) als auch Simulationen mit Linien aus Pappe („Cardboard Engineering“) durchgeführt. Das Cardboard Engineering wird in erster Linie für Montagearbeitsplätze genutzt und ist fester Bestandteil des Hella Produktionssystems.

Die Motivation für das Cardboard Engineering ist wie folgt:

- Ausbringung und Ergonomie verifizieren bzw. verbessern;
- Aussagesicherheit für Investitionsentscheidungen;
- Linienflexibilität erhöhen.

→ Annäherung an ein Optimum

Dazu werden Workshops durchgeführt, die zumeist unter der Moderation eines Mitarbeiters aus der Abteilung Arbeitswirtschaft stattfinden. Im Workshop arbeiten dann Führungskräfte, Meister und Mitarbeiter aus der Linie, Fertigungsplaner, Industrial Engineers, Qualitätsverantwortliche, Logistiker und Maschinenlieferanten zusammen. Die Vorgehensweise ist als Standard hinterlegt und dient dazu, Zahlen und Daten aus den verschiedenen Bereichen, d. h. der Produktionssteuerung (Abrufe etc.), der Zeitwirtschaft, der Qualität, der Layout- und Logistikplanung zusammenzubringen und transparent zu machen (u. a. z. B. mit Wertstromdesign).

Vorgehensweise:

- Konstruktionslayout als Kartonmodell aufbauen;
- ersten Ablauf zeitlich bewerten;
- Arbeitsplatz- und Systemgestaltung, Austakten;
- Linienintegration in Materialflusskonzept des Werkes;
- zweiten Ablauf zeitlich bewerten.

Bei existierenden Linien wird einmal pro Jahr ein Workshop pro Produktgruppe durchgeführt. Das Cardboard Engineering wird dabei häufig erfolgreich angewendet, um zu überprüfen, ob sich die Bedingungen im Laufe der Zeit verändert haben und eine Anpassung notwendig ist. Es wird also hinterfragt, ob die bereits aufgestellte Linie noch effektiv und effizient arbeitet. Wie Bild 4 zeigt, wird neben der weiterhin im Betrieb befindlichen Anlage eine Linie aus Kisten und Kartons aufgebaut.

Bild 4: Aufbau der Linie mit Kisten und Karton

Im Workshop werden Ergonomie-Schulungen zur Arbeitsplatzgestaltung durchgeführt, sodass Greifwege und Arbeitshöhen bestimmt werden können (vgl. Bild 5) und u. a. auch die Auslöseschalter so angebracht werden, dass sie für den geplanten Ablauf optimal positioniert sind. Je nachdem, welche Workshops und Schulungen im jeweiligen Bereich bereits erfolgt sind, werden auch weitere Elemente des Produktionssystems von Hella vertieft.

Bild 5: Simulierte Linie als Ergebnis des Workshops

Verbesserungsmaßnahmen an der Linie können dann im Team erarbeitet und an der simulierten Linie getestet werden. Bei der Simulation wird der Ablauf zeitlich erfasst und arbeitswirtschaftlich beurteilt. Verbesserungen im Ablauf können nach einem simulierten Probelauf mit Maß und Zahl belegt werden, sodass vor dem Umbau der Linie belastbare Daten vorliegen, mit denen ggf. notwendige Investitionen beurteilt werden können.

Für besondere Anlässe werden die Linien in Pappe sehr detailgetreu aufgebaut und ausgestellt.

Bild 6: Detailgetreue Nachbildung einer Montageanlage aus Pappe

Literaturhinweise

IfaA – Institut für angewandte Arbeitswissenschaft (Hrsg.): Produktivität steigern – Erfolgreich mit Industrial Engineering. Düsseldorf: IfaA, 2010

Lotter, B.; Wiendahl, H.-P.: Montage in der industriellen Produktion – Ein Handbuch für die Praxis. Berlin: Springer, 2006

REFA (Hrsg.): REFA-Methodenlehre der Betriebsorganisation. Grundlagen der Arbeitsgestaltung. München: Hanser, 1991

Rother, M.; Harris, R.: Kontinuierliche Fließfertigung organisieren – Praxisleitfaden zur Einzelstück-Fließfertigung für Manager, Ingenieure und Meister in der Produktion. Aachen: Lean Management Institut, 2004

Spengler, T.; Volling, T.; Rehkopf, S.: Zum Einsatz von Chaku-Chaku-Systemen in der Montage konsumentennaher Erzeugnisse – eine Fallstudie bei Rahmenauftragsfertigung. In: Günther, H.-O.; Mattfeld, D. C.; Suhl, L. (Hrsg.): Supply Chain Management und Logistik, Optimierung, Simulation, Decision Support. Berlin/Heidelberg/New York: Springer, 2005

Stowasser, S.; Brombach, J.; Rottinger, S.: Mitarbeiterbeteiligung und Personalentwicklung in Produktionssystemen. In: Mensch, Technik, Organisation – Vernetzung im Produktentstehungs- und -herstellungsprozess, 57. Kongress der Gesellschaft für Arbeitswissenschaft. Dortmund: GfA-Press, 2011

Stowasser, S.: Metaauswertung der Durchführung und Umsetzung von teamorientierten Wertstromdesignprozessen. In: Rosenstiel, L.; Hornstein, E.; Augustin, S.: Prozesse gezielter Veränderung in Unternehmen. Berlin/Heidelberg/New York: Springer, 2011

Selbstaufschreibung

Alternative Bezeichnungen

Selbsterfassung, Eigenbeobachtung, Selbstnotierung

Ziel

Gewinnung von Ist-Daten aus Prozessen/Arbeitssystemen über Ablaufarten, Mengenleistungen oder Zeitdauer sowie von Informationen durch die Prozesseigner selbst

Weg

- Beschreibung der Prozesse/Arbeitssysteme und der Arbeitssituation
- Datenerfassung durch die am Arbeitsablauf beteiligten Personen

Ergebnisse

- Daten über Prozesse, Ablaufarten, Zeitaufwand, Arbeitssituation
- Leistungswerte und -kennzahlen
- Angaben über den Umfang von Störungen
- Angaben über die Nutzung von Betriebsmitteln
- Angaben zu Arbeitszeiten
- Angaben zu Tätigkeitsstrukturen

	gering	mittel	hoch
Einsatzaufwand	X		
Schulungsaufwand	X		

	kurzfristig	mittelfristig	langfristig
Dauer der Ergebnisrealisierung	X		

Rahmenbedingungen für den erfolgreichen Einsatz

Vor Beginn der Selbstaufschreibung sollte definiert werden, zu welchem Zweck die Angaben erfasst werden sollen. Das Ziel kann sein, dass die Auslastung von einzelnen Personen und die Struktur ihrer Tätigkeiten erfasst werden sollen. Es ist auch denkbar, dass die Dauer einzelner Vorgänge, an deren Bearbeitung mehrere Personen oder Abteilungen beteiligt sind, ermittelt werden soll. Auch eine Leistungsmessung ist denkbar. Je nach Aufgabenstellung sind u. U. Mitbestimmungsrechte des Betriebsrates zu berücksichtigen (z. B. wenn die Ergebnisse der Selbstaufschreibung Grundlage für die Entgeltgestaltung sind). Um realistische und sinnvoll auswertbare Angaben zu erhalten, muss den Beteiligten zu Beginn verdeutlicht werden, wie und wozu die Angaben benötigt werden. Je nach Zielsetzung ist zu prüfen, ob auch eine anonymisierte Aufschreibung ausreicht. Diese hat den Vorteil, dass die Angaben im Allgemeinen realistischer ausfallen, da keine persönlichen Konsequenzen zu erwarten sind.

Bei der Festlegung der zu erfassenden Tätigkeiten sollte die Untergliederung nicht zu detailliert sein, damit im Ergebnis die Aufschreibung nicht u. U. länger dauert als die Tätigkeit selber. Die Tätigkeit sollte aber auch nicht zu komplex sein (z. B. „Arbeiten am Projekt X"), damit eine aussagekräftige Analyse möglich ist.

Nach Abschluss der Selbstaufschreibung sollten die daran Beteiligten eine Rückmeldung über die Ergebnisse und die Konsequenzen erhalten, um für weitere Aktionen deren Beteiligung zu sichern.

Einzelschritte der Methode

Prinzip:

Erfassung und Dokumentation von Daten durch die am Prozess und Arbeitsablauf beteiligten Personen

Vorgehensweise:

Das Selbstaufschreiben durch den Menschen kann arbeitsplatz-, arbeitsbereichs- oder vorgangsbezogen durchgeführt werden. Das arbeitsplatzbezogene Selbstaufschreiben erfasst Tätigkeiten und deren Dauer (z. B. Arbeitstagaufnahme ATA). Bei Erfassung der Tageszeit besteht auch die Möglichkeit, die Verteilung der Tätigkeiten im Tagesverlauf auszuwerten, wenn dieses für die Fragestellung relevant ist.

Beim vorgangsbezogenen Selbstaufschreiben werden der Durchlauf von Arbeitsgegenständen und die beteiligten Arbeitssysteme erfasst. Bearbeitungs-, Liege- und Transportzeiten des Arbeitsgegenstandes können ermittelt werden. Dem Arbeitsgegenstand wird ein „Laufzettel" beigefügt. Die Laufzettelmethode lässt sich arbeitsgegenstands- oder adressatenorientiert durchführen.

Schritt 1 Untersuchungsziel formulieren

Schritt 2 Untersuchungsbereich abgrenzen (Prozess, Arbeitssystem, Arbeitsplätze, Projekt, ...)

Schritt 3 Vorbereitung der Selbstaufschreibung

- zu ermittelnde Daten aus dem Untersuchungsziel festlegen
- Entwickeln geeigneter Formulare für Erfassung und Auswertung
- repräsentativen Zeitraum festlegen (Repräsentanz der Daten, Zyklen)
- Information, Instruktion und Motivation der beteiligten Akteure

Schritt 4 Selbstaufschreibung probeweise durchführen (1 – 3 Arbeitstage), Ergebnisse prüfen (Einhaltung der Regeln, Vollständigkeit, Plausibilität Häufigkeit/Arbeitszeitbedarf, Arbeitsfluss), evtl. Unterlagen verändern, evtl. erneute Instruktion

Schritt 5 Selbstaufschreibung durchführen, fallweise methodische Unterstützung zur Verhinderung von Fehlern gewähren. Ergebnisse arbeitstäglich je Mitwirkenden erfassen oder übermitteln lassen. Überwachung von Fehlern während der Durchführung.

Schritt 6 Kontrolle der Daten nach Durchführung der Selbstaufschreibung auf Plausibilität und Konsistenz

Schritt 7 Auswertung der Daten und Aufbereitung zur Nutzung

Anwendungsbeispiel

An parallelen Arbeitsplätzen wird mit Erfassungsgeräten dem Werker die Möglichkeit geboten, unkompliziert Stillstands- und Tätigkeitszeiten mit den dazugehörigen Ursachen exakt zu erfassen. Die Auswertung erfolgt über eine geeignete Software (Werkbild Ortim).

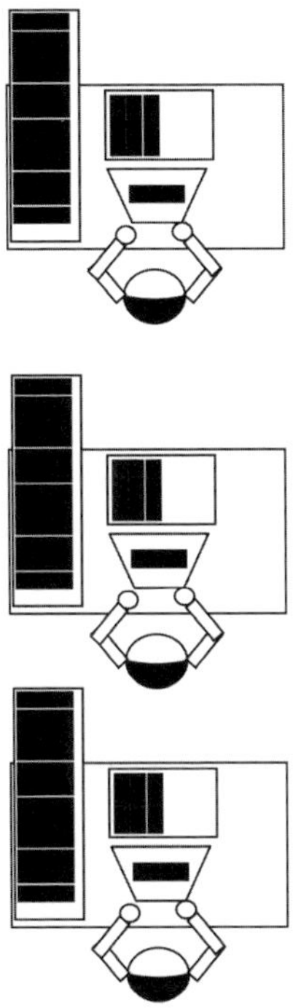

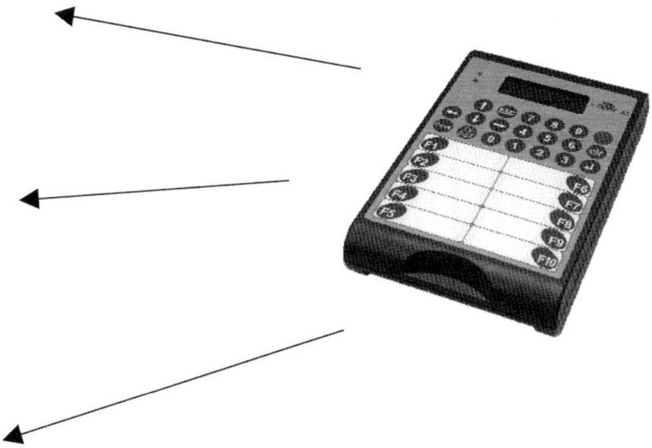

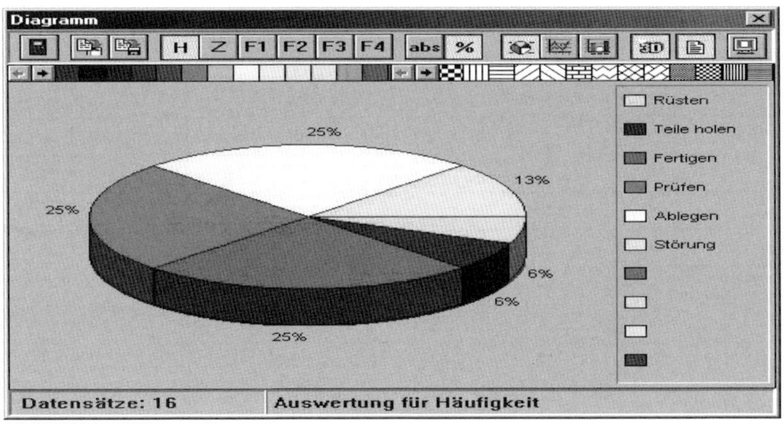

Quelle: IfaA 2008

Hilfsmittel

Selbstaufschreibung – chronologischer Tagesbericht		
Unternehmen		Erhebungsdatum
Abteilung		
Arbeitsplatz		Tägliche Soll-Arbeitszeit [Minuten]
Name, Vorname		

lfd. Nr.	Uhrzeit	Tätigkeit	Menge/ Anzahl	Dauer [Minuten]

Anmerkung:
Zur besseren Auswertung können die Tätigkeitsarten auch vorgegeben werden, z. B. Telefonate, Besprechungen, Bearbeitung von Kundenanfrage, Anforderung von Angeboten, Erstellen von Berichten o. Ä.

Selbstaufschreibung – nicht chronologischer Tagesbericht		
Unternehmen		Erhebungsdatum
Abteilung		
Arbeitsplatz		Tägliche Soll-Arbeitszeit [Minuten]
Name, Vorname		

lfd. Nr.	Uhrzeit	Tätigkeit	Zeit pro Einheit [Minuten]	Menge/ Anzahl	Gesamtdauer [Minuten]

Laufzeittel			
Unternehmen		Eingangsdatum	
Vorgang			
Aktenzeichen/Beschreibung			

Org.-Einheit	Bearbeiter	Eingang		Tätigkeit	Bearbeitungs-beginn		Bearbeitungs-ende		Gesamtdauer [Minuten]
		Datum	Uhrzeit		Datum	Uhrzeit	Datum	Uhrzeit	

Quellen: www.orghandbuch.de, aufgerufen 10.5.2011

Literaturhinweise

Bokranz, R.; Kasten, L.: Organisations-Management in Dienstleistung und Verwaltung. Wiesbaden: Gabler, 2001

IfaA – Institut für angewandte Arbeitswissenschaft (Hrsg.): Methodensammlung zur Unternehmensprozessoptimierung. Köln: Wirtschaftsverlag Bachem, 2008

REFA (Hrsg.): REFA-Methodenlehre der Betriebsorganisation. Datenermittlung. München: Hanser, 1997

REFA Bundesverband e.V., Deutsche MTM-Vereinigung e.V. (Hrsg.): Standard-Methoden des Organisierens für Verwaltung und Dienstleistung. München: Hanser, 2005

Six Sigma

Alternative Bezeichnungen

DMAIC-Methode, Design for Six Sigma

Ziel

Permanente Fokussierung auf strategie- und erfolgsrelevante Unternehmensprozesse und dauerhafte Verbesserung der Güte dieser Prozesse auf ein Niveau von Six Sigma (3,4 ppm)

Weg

- Während des Six Sigma „Roll Out" wird eine Organisation mit Verantwortlichen für verschiedene Aufgaben aufgebaut:
  - Deployment Champion (Mitglied der Unternehmensleitung, zuständig für Aufbau und Management der Six-Sigma-Organisation, Identifikation relevanter Prozesse und Verbesserungsprojekte);
  - Project Champion (Auftraggeber und Mentor für einzelne Verbesserungsprojekte, i. d. R. Eigner der betroffenen Prozesse);
  - Master Black Belt (Methodenspezialist, Trainer von Black- und Green Belts);
  - Black Belts (verantwortliche Koordinatoren für Verbesserungsprojekte in allen Unternehmensbereichen, i. d. R. vorübergehend von anderen Aufgaben freigestellt);
  - Green Belts (verantwortliche Koordinatoren für kleinere Verbesserungsprojekte in ihrem Arbeitsbereich ohne Freistellung).
- Black und Green Belts ausbilden (1 Black Belt je 50 – 100 Mitarbeiter). Das erste Projekt ist bereits Gegenstand der Ausbildung und sollte nach etwa drei Monaten beendet werden.
- Black und Green Belts bearbeiten die vom Management identifizierten kritischen Verbesserungsprojekte nach der DMAIC-Methode (Define, Measure, Analyze, Improve, Control).
- Der nachhaltige Erfolg beendeter Projekte wird anhand vereinbarter kritischer Erfolgsfaktoren (z. B. Liefertreue, Ausschussrate, ...) kontinuierlich überwacht.
- Champions und Unternehmensführung identifizieren permanent weitere für das Unternehmen wichtige Projekte.

Ergebnisse

- Organisation mit Verantwortlichen und Akteuren, die ständig gemeinsam aktuell geeignete Verbesserungsprojekte identifizieren, initiieren und umsetzen.
- Identifikation und kontinuierliche Überwachung erfolgskritischer Faktoren für alle laufenden und abgeschlossenen Verbesserungsprojekte.

	gering	mittel	hoch
Einsatzaufwand			**X**
Schulungsaufwand			**X**

	kurzfristig	mittelfristig	langfristig
Dauer der Ergebnisrealisierung		**X**	

Rahmenbedingungen für den erfolgreichen Einsatz

Der Impuls, Six Sigma einzuführen, muss von der obersten Unternehmensleitung ausgehen. Nach dem Startschuss darf sie sich nicht zurückziehen, sondern muss die Identifikation mit Six Sigma im betrieblichen Alltag stets deutlich erkennbar vorleben. Bild 1 verdeutlicht die besondere Stabilisierungsfunktion der Unternehmensleitung.

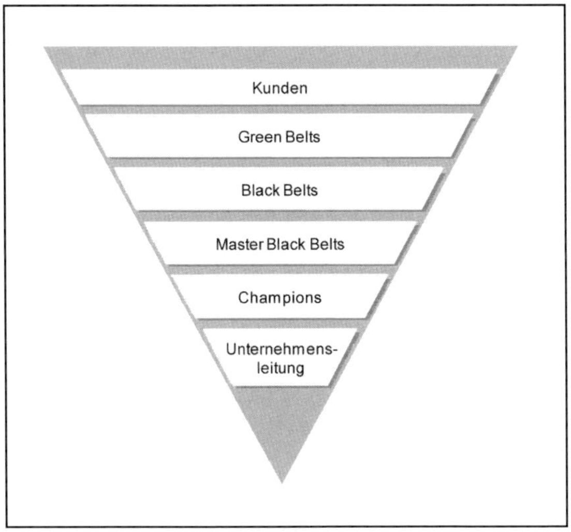

Bild 1: Die umgekehrte Pyramide der Six-Sigma-Organisation (Harry; Schroeder 2001, S. 212)

Die Verbesserungsprojekte müssen mit Bezug zur Strategie initiiert und vom Führungsteam und den betroffenen Mitarbeitern getragen werden. Die Vorteile und Folgen angestrebter Verbesserungen sollten für alle erkennbar überzeugend und kommuniziert sein. Black und Green Belts dürfen nicht als externe Kontrolleure und Besserwisser betrachtet werden, die Schwächen anderer aufdecken, sondern als interne Dienstleister, die die Kolleginnen und Kollegen bei ihren Aufgaben unterstützen. Die Orientierung auf externe Kunden gelingt nur dann überzeugend, wenn das

Verständnis interner Kunden-/Lieferantenbeziehungen gereift ist und die Grundlage der Verbesserungsarbeit bildet. Black Belts und Green Belts müssen die Six-Sigma-Werkzeuge beherrschen. Für diese Personen sind Perspektiven und Entwicklungsmöglichkeiten deutlich erkennbar und in der Personalplanung und -entwicklung berücksichtigt. Auch Lieferanten und externe Partner werden bei Bedarf in die Six-Sigma-Organisation und -Projekte einbezogen.

Einzelschritte der Methode

Prinzip:

Für die Ergebnisse oder Eigenschaften von Prozessen gibt es Soll-Werte (z. B. Wellendurchmesser 55 mm oder Auftragsbestätigung bis max. 4 Stunden nach Auftragseingang versenden). Bei häufiger Wiederholung treten Abweichungen vom Soll-Wert auf, deren Anzahl vielfach als Gauß'sche Normalverteilung darstellbar ist. Diese ist charakterisiert durch die Standardabweichung Sigma (σ) und den Mittelwert μ, der bei gut „eingestellten" Prozessen dem Soll-Wert entspricht. Die Standardabweichung Sigma ist definiert als Abstand vom Mittelwert bis zum Wendepunkt der Verteilung. Sie ist ein Indikator für die Streuung der Prozessergebnisse.

Im Fall der von Six Sigma geforderten Prozessgüte von sechs Sigma passt die Standardabweichung zwölfmal in den zulässigen Toleranzbereich der Prozessergebnisse. Dieser entspricht der Spanne zwischen der oberen Spezifikationsgrenze (OSG) und der unteren Spezifikationsgrenze (USG). In diesem Fall erfüllen 99,99966 Prozent aller Prozessergebnisse die Anforderungen. Für Prozessgüten von 1, 2 oder 3 Sigma sind die Anteile fehlerfreier Prozessergebnisse entsprechend kleiner.

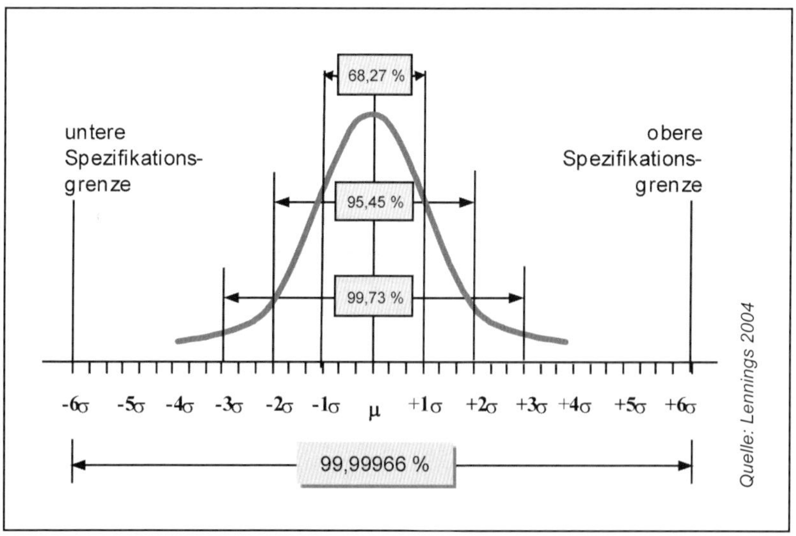

Bild 2: Anteile fehlerfreier Prozessergebnisse für verschiedene Sigma-Niveaus

Auch wenn nicht alle Anwender diese hohe Prozessgüte anstreben, gehört es zur Six-Sigma-Philosophie, Prozessgüten messbar, bekannt und vergleichbar zu machen. Auch für administrative Prozesse ohne Toleranzbereiche ist die Prozessgüte bestimmbar.

Speziell bei Design for Six Sigma (DFSS) besteht der Ansatz darin, Prozesse nicht im Nachhinein zu verbessern, sondern Produkte bereits im Vorfeld so zu gestalten, dass mit vorhandenen oder neu zu gestaltenden Prozessen und Einrichtungen die geforderte Prozessgüte erreichbar ist.

Vorgehensweise:

Schritt 1 Projektwahl

Kriterien für die Projektwahl können neben dem Kundennutzen und strategischen Überlegungen auch die möglichen Qualitätsverbesserungen, Kostensenkungen, Umsatzsteigerungen und Produktivitätssteigerungen sowie der Bearbeitungsaufwand, die Übertragbarkeit der Ergebnisse, die Messbarkeit der Verbesserung, die Abgrenzbarkeit des Projektes und die Beeinflussbarkeit der relevanten Faktoren sein.

Im Gegensatz zur Bearbeitung der Verbesserungsprojekte, die nach der DMAIC-Methode bearbeitet werden, gibt es für die Auswahl unternehmensspezifisch geeigneter Projekte keine standardisierten Verfahren.

Schritt 2 Define

Black Belt, Prozesseigner und Projektteam operationalisieren das avisierte Verbesserungsprojekt. Sie definieren die Abweichung (Defect) und geeignete Messgrößen dafür sowie Ziele, Ersparnisse, sonstige erwartete Vorteile, Teammitglieder und Zeitplan und vereinbaren diese verbindlich in einem Projektvertrag.

Schritt 3 Measure

Falls noch nicht vorhanden, richten die Akteure ein Messsystem für das Prozessergebnis bzw. die Abweichung ein. Außerdem bestimmen sie mögliche Einflussfaktoren auf die zu verbessernden Prozessergebnisse und gewichten diese. Anschließend werden Prozessergebnisse (z. B. Produktmaße, Durchlaufzeiten, ...) und als wichtig eingeschätzte Einflussfaktoren gemeinsam gemessen. Gedanklich liegt dabei zwischen den Prozessergebnissen (Y) und den Einflussfaktoren (x) ein beschreibbarer Zusammenhang zugrunde.

Schritt 4 Analyse

Mithilfe von Diagrammen, Analysen und statistischen Werkzeugen, z. B. Hypothesentests, ermitteln Black Belt und Team, welche der gemessenen Faktoren den stärksten Einfluss auf das Prozessergebnis haben und welche Randbedingungen für diese Faktoren vorliegen müssen, damit das Prozessergebnis den gewünschten Vorgaben entspricht. Wenn die Zusammenhänge bestimmt sind, ist auch abschätzbar, ob das angestrebte Ziel erreichbar ist.

Schritt 5 Improve

Black Belt und Team prüfen die im vorigen Schritt ermittelten Zusammenhänge zwischen Einflussfaktoren und Prozessergebnis. Nach Pilotversuchen und der Priorisierung möglicher Lösungen setzen die Akteure geeignete Maßnahmen um. Diese sichern, dass die im vorigen Schritt ermittelten „Einstellungen" der wichtigen Einflussfaktoren auch im betrieblichen Alltag erreicht und eingehalten werden können.

Schritt 6 Kontrollphase

Black Belt und Team prüfen und bestätigen die Wirksamkeit der umgesetzten Maßnahmen. Für das Prozessergebnis und wichtige Einflussfaktoren werden Mess-, Regel- oder Steuerungssystem etabliert, bspw. statistische Prozesskontrolle. In Audit- und Kontrollplänen, Arbeitsanweisungen oder sonstiger Form ist für alle Mitarbeiter eindeutig beschrieben, welche Bedingungen bei der täglichen Arbeit einzuhalten oder zu prüfen sind und warum. Auch präventive Fehlerverhütungsmaßnahmen der Prozess- und Produktgestaltung wie bspw. „Poka-Yoke" können dabei zum Einsatz kommen. Die Prozessgüte bleibt unter ständiger Beobachtung.

Anwendungsbeispiel

Projektwahl

Ein Unternehmen vermutet, dass durch Störungen und nicht optimierte Abläufe bei der Bearbeitung eingehender Rechnungen Personalkapazitäten verschwendet und Skontierungsmöglichkeiten infolge verspäteter Zahlungen nicht vollständig genutzt werden.

Define

Black Belt, Prozesseigner und Team definieren den monatlich entgangenen Skonto in Prozent als Abweichung sowie gleichzeitig als Messgröße und stimmen einen Projektvertrag ab.

Measure

Ein Messsystem für den monatlich nicht in Anspruch genommenen Skonto existierte nicht und wurde eingerichtet. Die Auswertung vorhandener Daten ergab, dass monatlich zwischen 10 und 50 Prozent des theoretisch möglichen Skontos nicht in Anspruch genommen wurden (Bild 3 linker Teil). Damit bestätigten sich Vermutungen zum Projektpotenzial. Als vorläufiges Ziel wurden maximal 8 Prozent entgangener Skonto festgesetzt.

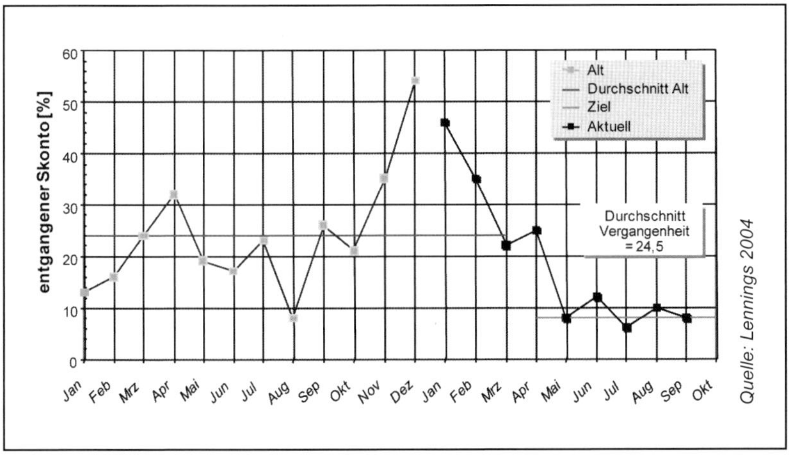

Bild 3: Entgangener Skonto (Vergangenheits- und aktuelle Werte)

Analyse

Mithilfe von Brainstorming hat das Team mögliche Ursachen für Verzögerungen im Ablauf der Rechnungsbearbeitung gesammelt und deren Häufigkeit anhand von Selbstaufschreibungen über einen Zeitraum von vier Wochen geprüft:

- Bestell- und Rechnungsdaten stimmen nicht überein 70,3 %;
- fehlende Abnahme 17,0 %;
- fehlender Wareneingang 8,0 %;
- Verpackungsprobleme 3,4 %;
- Währungsprobleme 1,2 %.

Die meisten Verzögerungen resultierten aus Nichtübereinstimmungen von Rechnungs- und Bestellungsangaben, die zeitaufwendige Nachfragen und Klärungen erforderten. Hauptursache hierfür waren fehlende Aktualisierungen von Kaufteil- und Lieferantendaten.

Improve

Die Verbesserungen konzentrierten sich v. a. auf die Aktualisierung der genannten Daten. Die Reduzierung fehlender Abnahmen und Eingänge erforderte zudem Verbesserungen der Abläufe im Wareneingang.

Control

Die Werte für den aktuell entgangenen Skonto werden kontinuierlich gemessen und veröffentlicht (Bild 3 rechter Teil). Negative Entwicklungen können zeitnah mit Ursachen in Verbindung gebracht und austariert werden. Die Veröffentlichung der Kennzahl steigert zudem Interesse, Verantwortungsbewusstsein und Motivation vieler Prozessbeteiligter.

Hilfsmittel

Strichliste

Bereich:
Aufgabe/Tätigkeit:

Zeitraum:

Ausgefüllt von:

Störungsart/Fehlerursache	Häufigkeit	Bemerkungen

In Anlehnung an: Strösser; v. Below 2002

<u>Begleitblatt</u>

Aufgabe/Tätigkeit: **Start:**

Gegenstand: **Ende:**

Ausgefüllt von: **Dauer:**

Störungsart/Fehlerursache	Dauer	Bemerkungen

Quelle: IfaA 2008

Literaturhinweise

Alexander, J.; Meran, R.; Roenpage, O.; Staudter, C.: Six Sigma + Lean Toolset. Berlin: Springer, 2010

Harry, M.; Schroeder R.: Six Sigma, Prozesse optimieren, Null-Fehler-Qualität schaffen, Rendite radikal steigern. 2. Aufl. Frankfurt/New York: Campus, 2001

IfaA – Institut für angewandte Arbeitswissenschaft (Hrsg.): Abläufe verbessern – Betriebserfolge garantieren. Köln: Wirtschaftsverlag Bachem, 2008

Krauer, R.: Six Sigma, der Projektauswahlprozess – Schlüsselfaktor des Six Sigma Programmes bei Norgren. In: Töpfer, A. (Hrsg.): Six Sigma. Konzeption und Erfolgsbeispiele für praktizierte Null-Fehler Qualität. 2. Aufl. Berlin: Springer, 2003

Lennings, F.: Six Sigma – Erfolgreiche Managementmethode nur für große Unternehmen?, In: angewandte Arbeitswissenschaft Nr. 182 (2004), S. 1-24

Novak, N.: Six Sigma für Entscheider. Kiel: Buchwerft, 2011

Strösser, E.; v. Below, F.: Rath & Strong Six Sigma Pocket Guide. Werkzeuge zur Prozessverbesserung. Köln: TÜV Media GmbH, 2008

Rehben, R.; Yurdakul, Z. B.: Mit Six Sigma zu Business Excellence. Erlangen: Publicis Corporate Publishing, 2003

SWOT-Analyse

Alternative Bezeichnungen

Stärken-Schwächen-Analyse, Chancen-Risiko-Analyse

Ziel

Auf der Basis einer (internen) Stärken-Schwächen-Analyse (strength – weakness) und einer (externen) Chancen-Risiko-Analyse (opportunities – threats) sollen mögliche Quellen für Wettbewerbsvorteile und internen Handlungsbedarf identifiziert werden.

Weg

Untersucht wird bei einer Stärken-Schwächen-Analyse die Position des eigenen Geschäftsbereiches/Unternehmens im Vergleich zu dem/zu den stärksten Wettbewerber(n). Im Rahmen der externen Analyse wird die nähere (Wettbewerbsumfeld) und weitere (Wirtschaftsumfeld) Umwelt des Unternehmens untersucht.

Ergebnisse

Grundlagen für Strategieentwicklung

	gering	mittel	hoch
Einsatzaufwand			X
Schulungsaufwand		X	

	kurzfristig	mittelfristig	langfristig
Dauer der Ergebnisrealisierung			X

Rahmenbedingungen für den erfolgreichen Einsatz

Um eine komplette Stärken-Schwächen-Analyse für ein größeres Unternehmen durchzuführen, werden erhebliche Ressourcen in personeller und zeitlicher Hinsicht benötigt. Das Gleiche gilt auch für die Analyse des näheren und weiteren Wettbewerbsumfelds. Vor allem entsprechende Daten sind u. U. nur schwer zu ermitteln, während Daten über das eigene Unternehmen und seine Stärken und Schwächen bereits vorliegen sollten.

Einzelschritte der Methode

Prinzip:

Es werden die Stärken, Schwächen, Chancen und Risiken einer Aufgabe, eines Mitarbeiters, einer Abteilung oder eines Unternehmens identifiziert und protokolliert.

Vorgehensweise:

Schritt 1 Zielsetzung

Zunächst sollte geklärt werden, welchem Zweck die Analyse dienen soll: den Mitarbeitern ein tieferes Verständnis der Unternehmensabläufe vermitteln, die Unternehmensstrategie neu bestimmen oder allgemein das Unternehmen neu ausrichten.

Schritt 2 Auswahl geeigneter Teilnehmer

Vor dem Hintergrund des angestrebten Ziels sollten sowohl fachlich bewanderte als auch kreative Mitarbeiter gefunden werden. Es kann hilfreich sein, wenn diese aus unterschiedlichen Unternehmensbereichen stammen. Eine Anzahl von sechs bis zehn Personen kann im Prinzip ausreichend sein. Sollen größere Veränderungsmaßnahmen her- und eingeleitet werden, können aber auch bis zu ca. 30 Mitarbeiter zusammenkommen.

Schritt 3 Aufgabenverteilung

Zur Vorbereitung sollten zunächst Daten beschafft und anschließend sorgfältig analysiert werden. Informationen zu Stärken und Schwächen sollten sich auf interne Faktoren wie Fähigkeiten, Ressourcen und Anlagen konzentrieren. Angaben zu den Chancen und Risiken beziehen sich vorrangig auf externe Faktoren wie gesellschaftliche und wirtschaftliche Trends, die vom Unternehmen kaum beeinflusst werden können.

Schritt 4 Workshop-Atmosphäre

Um den Gedanken freien Lauf lassen zu können und möglichst viele Informationen zu sammeln, sollte der Diskussionsleiter eine offene und angenehme Atmosphäre schaffen. Dabei sollen die genannten Punkte nicht nur protokolliert, sondern auch bewertet und analysiert werden.

Schritt 5 Stärken

Diese können sich auf das Umfeld, die Öffentlichkeitsbeziehungen, Marktanteile und Mitarbeiter beziehen. Dabei ist vor allem an Fähigkeiten und Kenntnisse zu denken, die einen Wettbewerbsvorsprung garantieren oder erklären könnten.

Schirtt 6 Schwächen

Hierbei geht es weniger um allgemeine Kritik, sondern um eine nüchterne Bestandsaufnahme. Leitfragen dazu können sein:

- Welche Barrieren verhindern den Fortschritt?
- Welche Elemente müssen verstärkt werden?
- Woher kommen Beschwerden?

Schritt 7 Chancen

Hierbei werden Umweltfaktoren daraufhin untersucht, welchen Nutzen das Unternehmen künftig daraus zusätzlich ziehen kann. Das können z. B. neue Technologien, neue Märkte oder neue Bildungsangebote sein.

Schirtt 8 Risiken

Die zuvor identifizierten Umweltfaktoren werden auf ihre Risiken hinsichtlich der Unternehmensentwicklung untersucht. Oft stellen die Faktoren sowohl Chancen als auch Risiken dar.

Schritt 9 Auswertung

Die zusammengestellten Informationen werden in Bezug auf die Ziele sortiert und gruppiert. Eine Konzentration auf z. B. die fünf wesentlichsten Punkte je Feld sollte ein erstes klares Bild ergeben.

Schritt 10 Schlussfolgerungen

Die Ergebnisse der SWOT-Analyse sollten in die weiteren Planungen einfließen. Es sollte in angemessenen Zeitabständen überprüft werden, ob die Ergebnisse noch Gültigkeit besitzen.

Anwendungsbeispiel

Ein deutscher Zulieferer für die Automobil-Industrie baut Nocken- und Kurbelwellen für Dieselantriebe in einer seit 30 Jahren bestehenden Fabrik in Deutschland und in diversen anderen Werken in Europa, den USA und China. Der Zulieferer sieht sich mit einem beinahe stagnierenden Markt in den USA und Europa konfrontiert. In Ostasien ist hohes Marktwachstum zu erwarten. Das Know-how-Level steigt insbesondere in Indien und China jedoch sehr. International geht der Trend zu alternativen Antrieben mit mittelfristigem Fokus auf Elektromotoren (teilweise in Kombination mit Solarzellen als Energiequelle). Die Management-Assistenz fasst die Situation in folgender SWOT-Analyse zusammen:

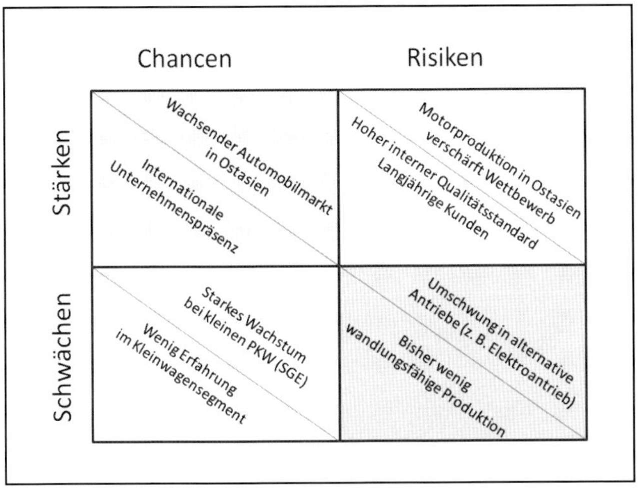

Für eine SWOT-Analyse hilfreich ist nicht nur die Beobachtung, sondern auch Bewertung der Konkurrenz und Gegenüberstellung mit dem eigenen Unternehmen, welches Gegenstand der SWOT-Analyse ist. Die gegenüberstellende Bewertung erfolgt z. B. mit der Potenzialanalyse mit Bewertungsskala, wie im nachfolgenden Beispiel von 1 (schlecht) bis 10 (gut).

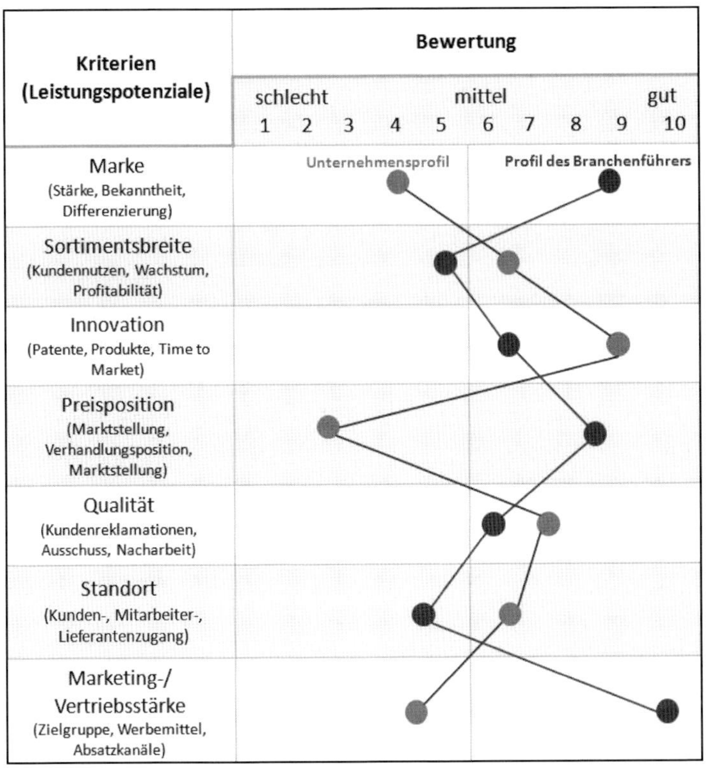

Die Potenzialanalyse ist eine Gegenüberstellung des eigenen Unternehmensprofils mit dem Profil des Branchenführers. Die Überschneidungsbereiche (Gaps) verdeutlichen den Abstand zwischen dem eigenen Unternehmen und der Branchenführerschaft.

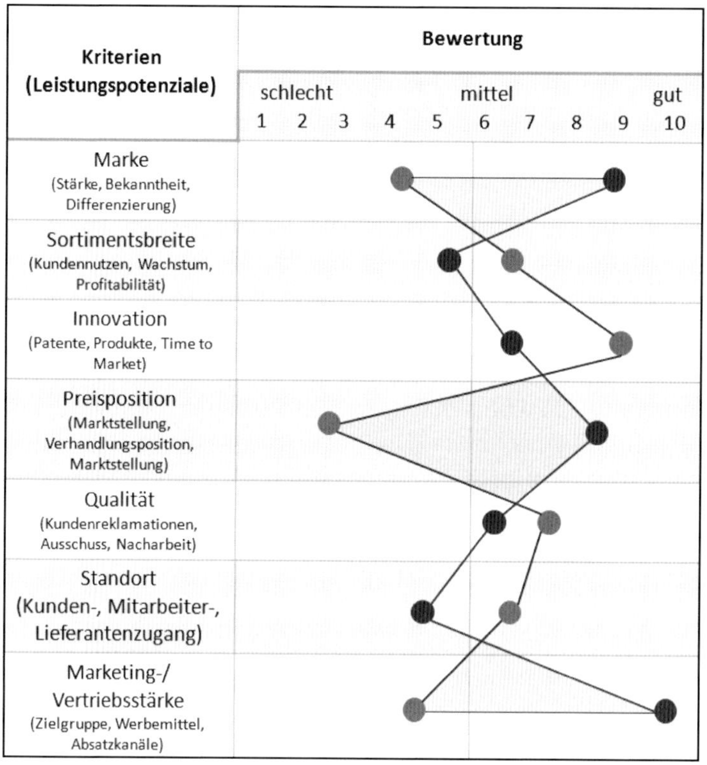

Quelle: http://www.der-wirtschaftsingenieur.de/index.php/swot-analyse/, aufgerufen 10.5.2011

Hilfsmittel

Verhalten und Führung	Beurteilung im Vergleich zur Konkurrenz					Erläuterung
	-- 0	- 1	o 2	+ 3	++ 4	
Sinn vermitteln durch klare Information						
Ziele vereinbaren und Zielidentifikation herstellen						
Resultate besprechen						
Identifikation mit Produkten und Kundenanliegen						
Einsatzfreude, Fighting Spirit						
Zielorientierung						
Unité de Doctrine (Gemeinschaftsgeist)						
Offenheit						
Gleichgewicht von Zielen und Ressourcen						
Qualitätsbewußtsein						
etc.						
Gesamt						

Ermittlung der Stärken und Schwächen mit den folgenden Arbeitsbögen:

- Verhalten und Führung
- Marketing/Vertrieb
- Marketing/Produktplanung
- Technik/Produktentwicklung
- Fertigung
- Auftragsabwicklung/Logistik

Legende:
-- wesentlich schlechter
- schlechter
o vergleichbar
+ etwas besser
++ wesentlich besser
(im Vergleich zur Konkurrenz)

Marketing/Vertrieb	Beurteilung im Vergleich zur Konkurrenz					Erläuterung
	-- 0	- 1	o 2	+ 3	++ 4	
Engagement für Produkte						
Marktauftritt						
Betreuung der Kundenbasis						
Erschließung von Vertriebskanälen						
Proaktives Verkaufen[1]						
Systematik und Transparenz im Akquisitionsgeschehen						
Erschließung von zusätzlichen Vertriebskanälen						
Einhalten der Prognosen						
Präzise Marktsegmentierung						
Präzise Ermittlung der Marktanforderungen						
Zusammenarbeit mit Technik/ Produktentwicklung						
Zusammenarbeit mit Auftragsabwicklung						
Gesamt						

Ermittlung der Stärken und Schwächen mit den folgenden Arbeitsbögen:

- Verhalten und Führung
- Marketing/Vertrieb
- Marketing/Produktplanung
- Technik/Produktentwicklung
- Fertigung
- Auftragsabwicklung/Logistik

Legende:
-- wesentlich schlechter
- schlechter
o vergleichbar
+ etwas besser
++ wesentlich besser
(im Vergleich zur Konkurrenz)

[1] verkaufen, was verfügbar ist

Marketing/ Produktplanung	Beurteilung im Vergleich zur Konkurrenz -- 0	- 1	o 2	+ 3	++ 4	Erläuterung
Präzise Marktsegmentierung						
Bestimmen des Kundennutzens						
Erarbeiten von Argumentationshilfen für den Vertrieb						
Präzises Beauftragen der Entwicklung						
Eingehen von Partnerschaften						
Formulieren und Durchsetzen geschickter Make-or-Buy-Konzepte						
Schulung und Unterstützung der Vertriebskanäle						
Aufstellen und Durchsetzen eines Geschäftsplanes						
etc.						
Gesamt						

Ermittlung der Stärken und Schwächen mit den folgenden Arbeitsbögen:

- Verhalten und Führung
- Marketing/Vertrieb
- Marketing/Produktplanung
- Technik/Produktentwicklung
- Fertigung
- Auftragsabwicklung/Logistik

Legende:

-- wesentlich schlechter
- schlechter
o vergleichbar
+ etwas besser
++ wesentlich besser
(im Vergleich zur Konkurrenz)

Technik/ Produktentwicklung	Beurteilung im Vergleich zur Konkurrenz -- 0	- 1	o 2	+ 3	++ 4	Erläuterung
Anstreben von Kooperationen						
Marktnähe						
Entwicklungszeit						
Termintreue						
Effizienz						
Flexibilität						
Qualität der Resultate						
Arbeitsmethodik/ Nachvollziehbarkeit						
Zusammenarbeit mit Vertrieb/Marketing						
Zusammenarbeit mit Fertigung						
Herstellkosten						
Innovationskraft						
Gesamt						

Ermittlung der Stärken und Schwächen mit den folgenden Arbeitsbögen:

- Verhalten und Führung
- Marketing/Vertrieb
- Marketing/Produktplanung
- Technik/Produktentwicklung
- Fertigung
- Auftragsabwicklung/Logistik

Legende:

-- wesentlich schlechter
- schlechter
o vergleichbar
+ etwas besser
++ wesentlich besser
(im Vergleich zur Konkurrenz)

Fertigung	Beurteilung im Vergleich zur Konkurrenz					Erläuterung
	-- 0	- 1	o 2	+ 3	++ 4	
Beherrschung der Schlüsseltechnologien						
Optimale Fertigungstiefe						
Termintreue						
Effizienz/ Herstellkosten						
Flexibilität						
Qualität der Resultate						
Zusammenarbeit mit Technik/ Produktentwicklung						
Zusammenarbeit mit Auftragsabwicklung						
Innovationen						
etc.						
Gesamt						

Ermittlung der Stärken und Schwächen mit den folgenden Arbeitsbögen:

- Verhalten und Führung
- Marketing/Vertrieb
- Marketing/Produktplanung
- Technik/Produktentwicklung
- Fertigung
- Auftragsabwicklung/Logistik

Legende:
-- wesentlich schlechter
- schlechter
o vergleichbar
+ etwas besser
++ wesentlich besser
(im Vergleich zur Konkurrenz)

Auftragsabwicklung/ Logistik	Beurteilung im Vergleich zur Konkurrenz					Erläuterung
	-- 0	- 1	o 2	+ 3	++ 4	
Liefertreue						
Lieferzeit						
Lieferfähigkeit						
Lieferqualität						
Lieferflexibilität						
Informationsbereitschaft						
Niedrige Bestände						
Zusammenarbeit mit Fertigung						
Zusammenarbeit mit Vertrieb/Marketing						
etc.						
Gesamt						

Ermittlung der Stärken und Schwächen mit den folgenden Arbeitsbögen:

- Verhalten und Führung
- Marketing/Vertrieb
- Marketing/Produktplanung
- Technik/Produktentwicklung
- Fertigung
- Auftragsabwicklung/Logistik

Legende:
-- wesentlich schlechter
- schlechter
o vergleichbar
+ etwas besser
++ wesentlich besser
(im Vergleich zur Konkurrenz)

Quelle: www.innovations-wissen.de

Literaturhinweise

Abel, J.; Campagna, Sebastian (Hrsg.): Herausforderung Reorganisation. Düsseldorf: VDI, 2008

Kerth, K.; Asum, H.; Stich, V.: Die besten Strategietools der Praxis. München: Hanser, 2009

Schneider, D.: Unternehmensführung und strategisches Controlling. München: Hanser, 2007

Spath, D.; Dill, C.; Scharer, M.: Vom Markt zum Markt. Stuttgart: LOG_X, 2001

Systeme vorbestimmter Zeiten

Alternative Bezeichnungen

Planzeitbildung, Planzeitermittlung, SvZ

Ziel

Planung, Analyse und zeitliche Bewertung manueller Arbeit durch rationelle Zeitdatenermittlung für häufig auftretende Ablaufarten durch die Mehrfachnutzung betrieblicher Daten. Diese können u. a. als Vorgabezeiten für die Entgeltgestaltung und die Kalkulation dienen.

Weg

- Analyse, Synthese und Zeitbestimmung von Arbeitsabläufen mittels inhaltlich und zeitlich definierter Prozess- und Bewegungsbausteine in Abhängigkeit von zeitbestimmenden Einflussgrößen
- Bestimmung von Soll-Zeiten auf der Basis von Planzeit-Tabellen unter Berücksichtigung der jeweils geltenden Einflussgrößen

Ergebnisse

- zeitliche Bewertung von Arbeitsabläufen
- Transparenz der Arbeitsabläufe
- Reduzierung des Arbeitsaufwands für die Datenermittlung durch eine Mehrfachnutzung von Daten
- Aufdeckung des Einflusses von Bestimmungsgrößen auf Zeitdaten
- Reduzierung unnötiger, zeitwirksamer Bewegungen im Arbeitsablauf
- bewertete Vergleiche von Planungsalternativen für einen Arbeitsablauf

	gering	mittel	hoch
Einsatzaufwand		X	
Schulungsaufwand			X

	kurzfristig	mittelfristig	langfristig
Dauer der Ergebnisrealisierung		X	

Rahmenbedingungen für den erfolgreichen Einsatz

Bezüglich des Einsatzes von Planzeitbausteinen bzw. Systemen vorbestimmter Zeiten sollten je nach Einsatzgebiet unterschiedliche Voraussetzungen erfüllt sein und Bedingungen berücksichtigt werden:

- Die ungenügende Kenntnis in der Anwendung von Planzeitbausteinen kann zu falschen Analyseergebnissen führen. Daher ist eine ausreichende Schulung und Einarbeitung der Mitarbeiter unabdingbar.
- Planzeitbausteine bzw. Systeme vorbestimmter Zeiten sind nur für vom Menschen voll beeinflussbare Tätigkeiten anwendbar.
- Es muss eine ausreichende und umfassende Kenntnis repräsentativer Einflussgrößen gewährleistet sein.

Einzelschritte der Methode

Prinzip:

Die Bewegungen bei der menschlichen Arbeit werden in unterschiedliche Arten gegliedert und Einflussgrößen auf die Dauer ihrer Ausführung bestimmt.

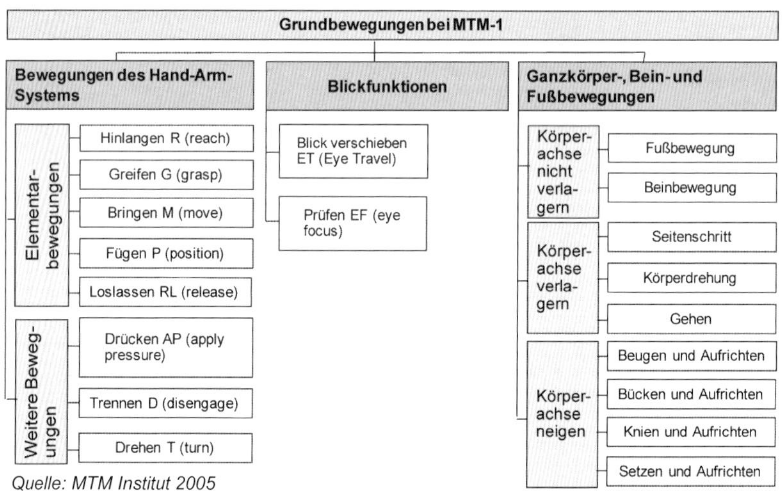

Quelle: MTM Institut 2005

Bild 1: Grundbewegungen des Methods-Time-Measurement-Verfahrens MTM-1

Jeder Bewegung ist ein Normzeitwert zugeordnet, der von jeweiligen Einflussgrößen abhängig ist, sodass auf Basis dieser Einflussgrößen die Zeit für die Verrichtung ermittelt werden kann. Die Berücksichtigung der Einflussgrößen liefert Hinweise auf eine vorteilhafte Arbeitsgestaltung.

Zur Zeitermittlung ist keine Beobachtung eines vorhandenen Arbeitssystems mehr erforderlich, sodass bereits im Planungsstadium eines neuen Arbeitssystems eine Zeitermittlung durchgeführt werden kann.

Das MTM-Verfahren (Methods Time Measurement) ist das in Deutschland verbreitetste System vorbestimmter Zeiten. Die Bausteine des MTM-Datensystems werden zur Analyse (Beschreibung) und zur Planung manueller Arbeitsabläufe kombiniert. Das Ziel der Ausführungsanalyse ist die Erfassung und Optimierung eines beobachteten Arbeitsablaufs. Im Rahmen der Planungsanalyse geht es um die Gestaltung des zukünftigen Arbeitsablaufes.

Vorgehensweise:

Schritt 1 Auswahl des für das Einsatzgebiet anzuwendenden Analyse-Systems entsprechend der von MTM empfohlenen Aggregationsebenen

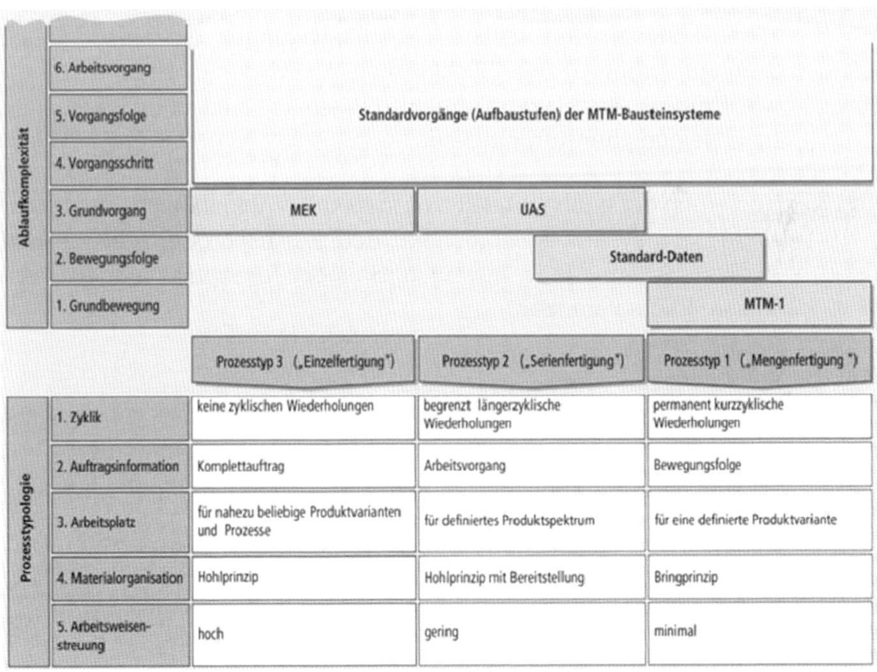

Quelle: MTM Institut 2005

Bild 2: Auswahl eines MTM-Verfahrens

Schritt 2 Beschreibung der Arbeitsbedingungen

Schritt 3 Beobachten (Ausführungsanalyse) oder Vorausdenken (Planungsanalyse) des Arbeitsablaufes

Schritt 4 Gliederung des Arbeitsablaufes

Auf der Ebene von Teilvorgängen wird der Arbeitsablauf in sinnvolle Ablaufabschnitte gegliedert. Die einzelnen Ablaufabschnitte werden in einzelne Grundvorgänge und Bewegungen detailliert. Bei MTM-1 sind dies:

- Hinlangen (R – Reach): Bewegen der Hand zu einem Gegenstand;
- Greifen (G – Grasp): einen Gegenstand unter Kontrolle nehmen;
- Bringen (M – Move): Bringen eines Gegenstandes mit der Hand;
- Fügen (P – Position): In- oder Aneinanderfügen von Gegenständen;
- Loslassen (RL – Release): Aufgeben der Kontrolle über einen Gegenstand.

Hinzu kommen drei weitere Grundbewegungen der Hand (Drücken, Trennen, Drehen), zwei Blickfunktionen (Blickverschieben, Prüfen) sowie Körper-, Bein- und Fußbewegungen mit und ohne Verschiebung bzw. Neigung der Körperachse.

Schritt 5 Kodierung der beobachteten bzw. geplanten Ablaufabschnitte nach dem MTM-Datensystem entsprechend den Einflussgrößen des gewählten Analyse-Systems (z. B. Bewegungslängen, Teileabmessungen und -gewichte, Fügetoleranzen)

Schritt 6 Zeitbestimmung

- Soll-Einzelzeit aus MTM-Normzeitwerttabelle zum Grundvorgang/Grundbewegung zuordnen
- Ermittlung der beeinflussbaren Tätigkeitszeit für den Arbeitsablauf durch Summieren der MTM-Einzelzeitwerte

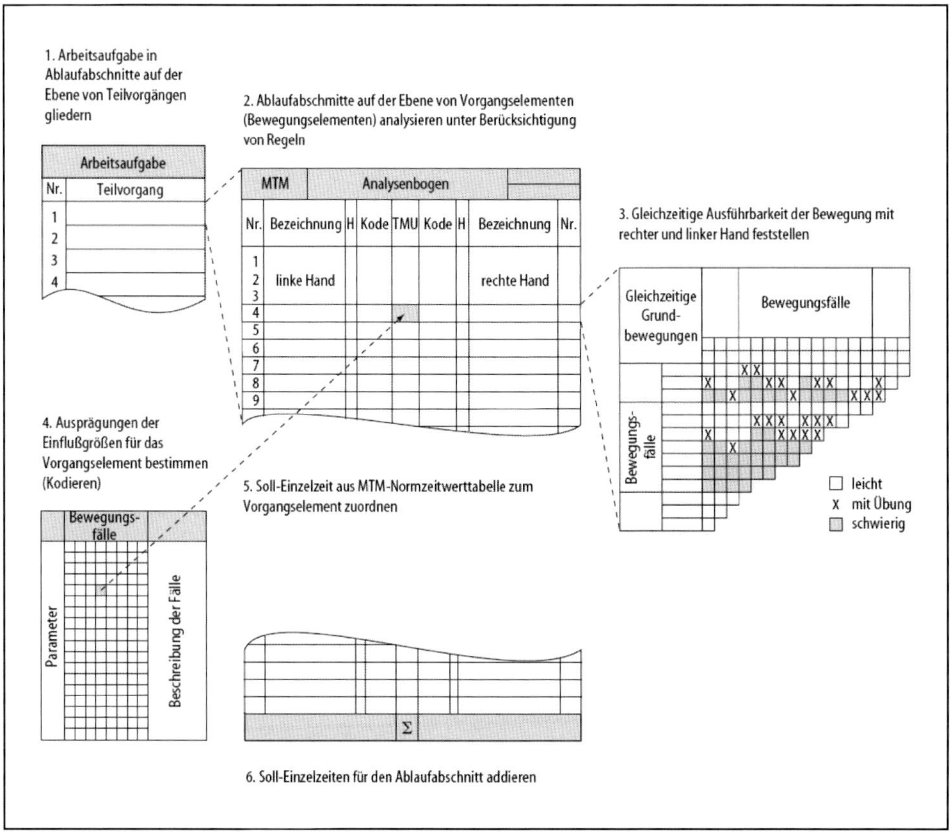

Bild 3: Vorgehensweise zur Durchführung einer MTM-Analyse (Eversheim; Schuh 2000)

Anwendungsbeispiel

MTM-MEK

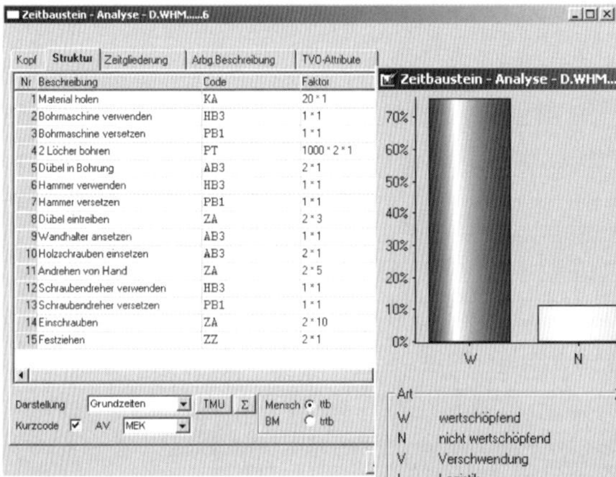

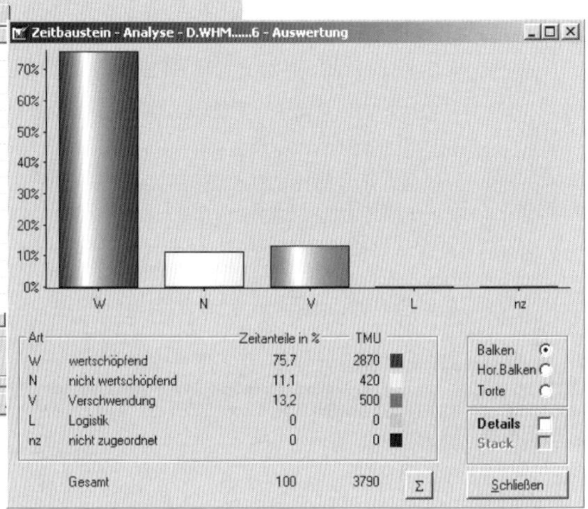

Beschreibung:
An einer Wand soll ein Wandhaken montiert werden. Dieser wird mit 2 Holzschrauben und 2 Dübeln (6 mm) befestigt. Das Material ist in einer Entfernung von 10 m vom Verbauort gelagert und muss von dort geholt werden. Die Bohrzeit pro Loch beträgt 1000 TMU. Die Dübel werden mit einem Hammer mit je 3 Schlägen eingetrieben. Die Schrauben werden 5 Zyklen von Hand eingedreht und 10 Zyklen mit einem Werkzeug eingedreht und festgezogen. Alle Werkzeuge liegen im Arbeitsbereich, Bohrmaschine ist vorbereitet und die erforderlichen Maße sind bereits angezeichnet.

Quelle: IfaA 2008

Hilfsmittel

- Zeitdaten mit Einflussgrößen
- MTM-Analyse-Systeme (UAS, MEK, Standarddaten, Grundverfahren u. a.)
- MTM-Sichtprüfen
- MTM-Software TiCon®
- Vorranggraph
- Zeitkataloge
- Software zur Planzeitermittlung
- Entscheidungsbaum
- Standardarbeitsplatz
- Standardarbeitsblätter

Literaturhinweise

Bokranz, R.; Landau, K.: Produktivitätsmanagement von Arbeitssystemen. Stuttgart: Schäffer-Poeschel, 2006

IfaA – Institut für angewandte Arbeitswissenschaft (Hrsg.): Methodensammlung zur Unternehmensprozessoptimierung. Köln: Wirtschaftsverlag Bachem, 2008

REFA (Hrsg.): REFA-Methodenlehre des Arbeitsstudiums. Teil 2: Datenermittlung. München: Hanser, 1992

REFA (Hrsg.): REFA-Methodenlehre der Betriebsorganisation. Datenermittlung. München: Hanser, 1997

Eversheim, W.; Schuh, G.: Produktion und Management. Betriebshütte: 2 Bde. Berlin: Springer, 2000

Total Productive Maintenance (TPM)

Alternative Bezeichnungen

Ganzheitliche Anlagenbetreuung, effektive/s Instandhaltung/Anlagenmanagement, autonome Instandhaltung, fachübergreifende Instandhaltung

Ziel

Minimierung von Maschinen-Stillständen durch Anlagenpflege. TPM verfolgt eine systematische Verbesserung der Anlageneffektivität und -verfügbarkeit.

Weg

Übertragung von Aufgaben der Anlagenpflege an die Mitarbeiter

- Die Basis von TPM bildet die Philosophie, insbesondere auch die Mitarbeiter in die Verbesserungsaktivitäten einzubeziehen, die täglich an und mit den Maschinen und Anlagen arbeiten, weshalb Instandhaltungsfunktionen „vor Ort" notwendig sind. Das bedeutet, dass Bauteilzustandswissen kann z. B. auch von Anlagenführern gewonnen werden, die tagtäglich mit den Betriebsmitteln arbeiten.
- Die Ermittlung von Schwachstellen und Ausfallursachen erfolgt nicht nur durch ein rechtzeitiges und zustandsorientiertes Wechseln von Verschleißteilen, sondern auch durch die Übernahme von Pflege, Wartung und Reparatur der Maschinen und Anlagen durch die Mitarbeiter im geeigneten Umfang.

Ergebnisse

- höhere Anlagenverfügbarkeit
- Leistungs- und Ergebnisverbesserung
- Energieeinsparung
- Kostenersparnisse
- Qualitätsverbesserung
- Verminderung von Störungen
- systematische Ausfallursachenanalyse und Dokumentation
- Aufgabenerweiterung
- Grundlagen für Audits
- Steigerung des Verantwortungsbewusstseins und der Disziplin der Mitarbeiter und Führungskräfte
- erhöhte Transparenz der betrieblichen Abläufe
- Erhöhen der Arbeits- und Prozesssicherheit
- Qualitätssteigerung durch Fehlervermeidung
- Erkennen von Schwachstellen an Maschinen und Anlagen

- aktive Einbindung aller Mitarbeiter
- planmäßig vorbeugende Instandhaltung
- Qualifizierung der Anlagenfahrer
- Verlagerung ausgewählter Instandhaltungsaufgaben auf Mitarbeiter
- Strukturierung der Anlagen
- Systematisierung der Betreuungsaufgaben
- Verhinderung unsachgemäßer Handlungen

	gering	mittel	hoch
Einsatzaufwand		**X**	
Schulungsaufwand			**X**

	kurzfristig	mittelfristig	langfristig
Dauer der Ergebnisrealisierung		**X**	

Rahmenbedingungen für den erfolgreichen Einsatz

Die Basis von TPM bildet die Einbeziehung der Mitarbeiter in die Verbesserungsaktivitäten, die täglich an und mit den Maschinen und Anlagen arbeiten, weshalb die Anwendung der Methode TPM nach Instandhaltungsfunktionen „vor Ort" verlangt. Der Hintergedanke dieser Vorgehensweise beruht auf der Annahme, dass die Anlagenführer sowohl spontane als auch schleichende unmittelbare Veränderungen an den Maschinen wahrnehmen können, an denen sie in den meisten Fällen täglich ihre Arbeit verrichten. Mitarbeiter der Instandhaltung und der Produktion müssen bei der Anwendung von TPM gleichermaßen in den Prozess der Erhöhung der Maschinen- und Anlagenverfügbarkeit einbezogen werden. TPM ist somit ein System, um die Probleme an den Schnittstellen zwischen der Instandhaltung und der Produktion zu bewältigen.

TPM zielt auf eine Verbesserung des Zustands und der Leistung von Anlagen, indem, basierend auf einer Kultur der Teamarbeit und der Übereinstimmung, TPM-Teams ermutigt werden, proaktives Vorgehen bei der Instandhaltung an den Tag zu legen. Ein Team ist zusammengesetzt aus Maschinenbedienern und den Mitarbeitern, die mit dem Einrichten und Instandhalten zu tun haben.

Diese Zusammenlegung von Kompetenz und Verantwortung ist von besonderer Bedeutung für die Einstellung und die Qualifikation der Mitarbeiter, die im Rahmen der Anwendung von TPM mehr Verantwortung und mehr Entscheidungsfreiheit bzgl. des Umgangs mit den Maschinen und Anlagen bekommen. Das Ziel ist, die Mitarbeiter derart mit Informationen und Qualifikation auszustatten, dass auf dieser Basis die

Maschinen- und Anlagenverfügbarkeit deutlich erhöht wird. Auftretende Schwachstellen an Maschinen und Anlagen werden methodisch und strukturiert aufgespürt und analysiert, die Ursachen ermittelt, um im Anschluss dauerhaft beseitigt werden zu können. Der Einsatz von Checklisten bedeutet aber auch, dass vorher der zu überwachende Zustand einer Anlage in Form eines standardisierten Prozesses beschrieben werden muss, was wiederum eine genaue Kenntnis der zur Verfügung stehenden Anlagen voraussetzt.

Einzelschritte der Methode

Prinzip:

Systematische Verbesserung der Anlageneffektivität und -verfügbarkeit durch Ermittlung von Schwachstellen und Ausfallursachen, rechtzeitiges Wechseln von Verschleißteilen, Übernahme geeigneter Aufgaben zur Pflege, Wartung und Reparatur durch die Anlagenfahrer. Die Einführung von TPM basiert auf einem Programm, wie z. B. den Schritten zur autonomen Instandhaltung (vgl. Bild 1).

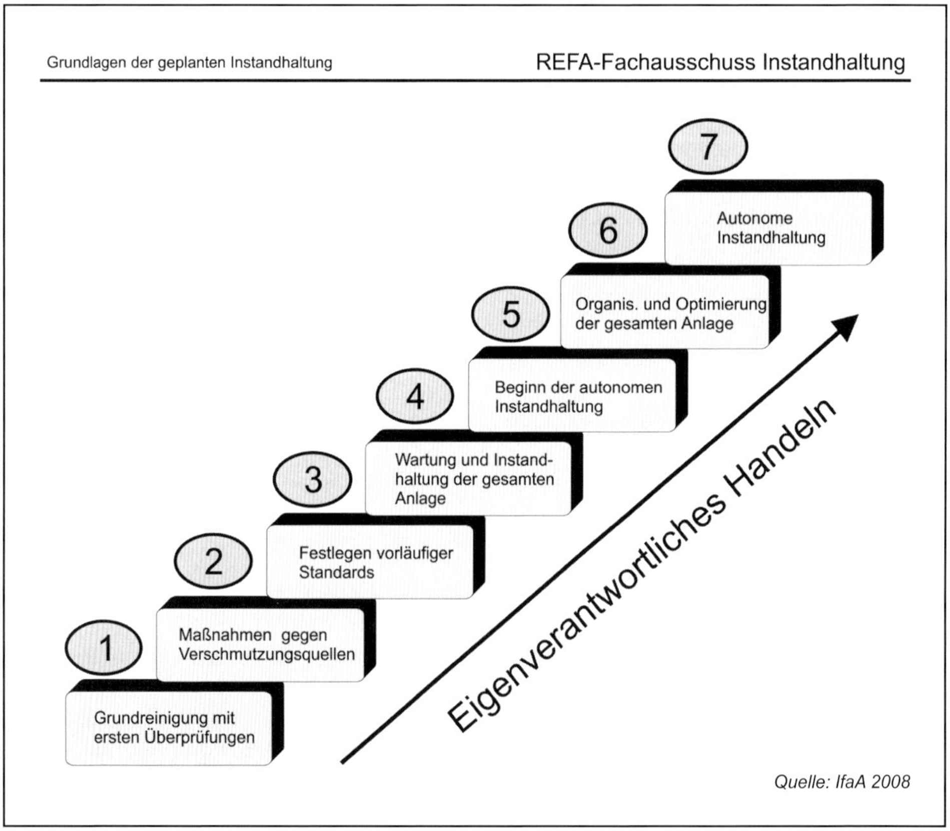

Bild 1: Ausbaustufen der ganzheitlichen Anlagenbetreuung

Vorgehensweise:

Schritt 1 Entwicklung eines Programms TPM mit Zielstellungen, Maßnahmen, Meilensteinen, Terminen, Verantwortlichkeiten, Mitteln

Schritt 2 Strukturierung der Anlagen, Erfassung ihrer Zustände/Defekte mit Ursache und Folgen, Ableitung von Maßnahmen

Schritt 3 Festlegung Pilotbereich, Zuordnung der Tätigkeiten, Schulung und Unterweisung der Anlagenfahrer, Umsetzung der Maßnahmen durch schrittweise Übertragung von Aufgaben an die Anlagenfahrer, Erfassung der Ergebnisse, Entwicklung von Arbeitsunterlagen

Schritt 4 Auswertung der Piloterfahrungen, Vervollkommnung der Arbeitsunterlagen, Erweiterung der Mitarbeiterkompetenz bis zur autonomen Instandhaltung (Bild 1)

Schritt 5 Umsetzung der Erfahrungen, Übertragung auf andere Bereiche

Schritt 6 Verarbeitung der Erfahrungen aus den Pilotbereichen in Lastenhefte, Beschaffungskonzepte für Neuanlagen

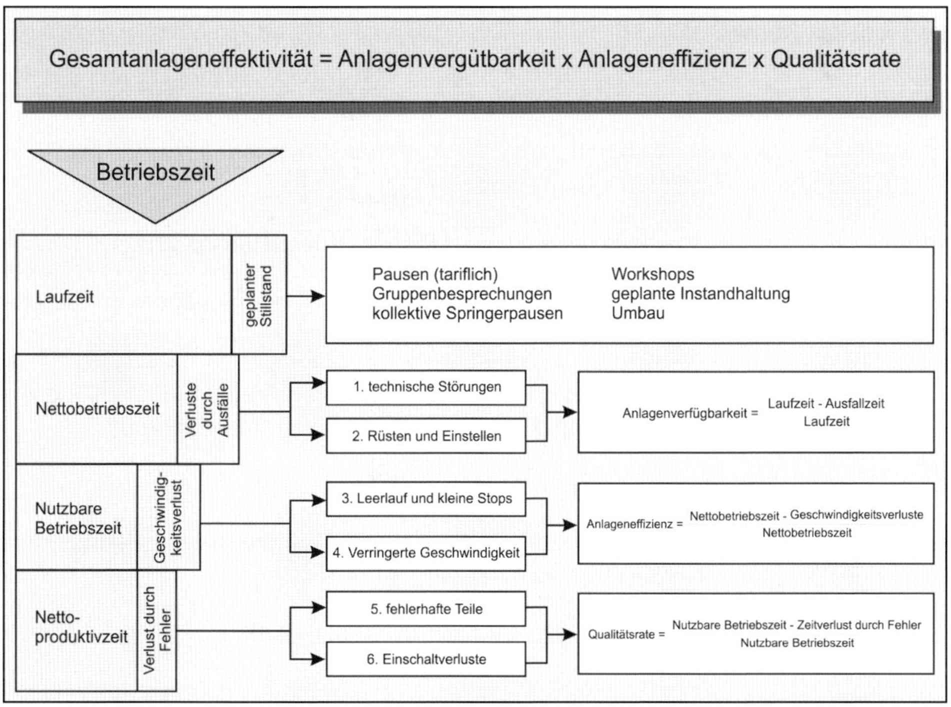

Quelle: IfaA 2008

Anwendungsbeispiel

Zusammenhang zwischen Verlustquellen und der Gesamtanlageneffektivität

Hilfsmittel

- Visualisierungstechniken
- Arbeitsunterweisung
- sieben Arten der Verschwendung
- Spaghetti-Diagramme
- Stationsblatt
- Anlagendokumentation (Handbücher, Wartungspläne)
- Lebensdauerdaten
- Berichte, Fehlerberichtsblätter, Störlisten
- Instandhaltungssysteme
- Softwaretools
- 5A (5S)
- ABC-Analyse, Pareto-Analyse
- Ursachenanalyse
- KVP, PDCA
- schnelles Rüsten

Literaturhinweise

Al-Radhi, M.: Moderne Instandhaltung TPM. Höhere Anlageneffektivität mit Total Productive Maintenance. München: Hanser, 1997

Brunner, F. J.: Japanische Erfolgskonzepte. Müchen, Wien: Hanser, 2011

Hartmann, E.: TPM Effiziente Instandhaltung und Maschinenmanagement. Landsberg: moderne industrie, 2001

IfaA – Institut für angewandte Arbeitswissenschaft (Hrsg.): Methodensammlung zur Unternehmensprozessoptimierung. Köln: Wirtschaftsverlag Bachem, 2008

Nebl, T.: Produktivitätsmanagement. München: Hanser, 2002

Neuhaus, R.: Evaluation und Benchmarking der Umsetzung von Produktionssystemen in Deutschland. Norderstedt: BOD-Verlag, 2010

Syska, A.: Produktionsmanagement. Wiesbaden: Gabler, 2006

Vergleichen und Schätzen

Alternative Bezeichnungen

–

Ziel

Ermittlung von Zeiten für Arbeitsaufgaben oder -gegenstände, für die eine Zeitaufnahme nicht möglich oder zu aufwendig ist.

Weg

Die Zeiten für die zu planenden Arbeitsgegenstände und -abläufe werden durch Vergleichen oder Schätzen bestimmt.

Ergebnisse

Zeiten für Arbeitsaufgaben, die durch Vergleichen und Schätzen gewonnen werden.

	gering	mittel	hoch
Einsatzaufwand	**X**		
Schulungsaufwand	**X**		

	kurzfristig	mittelfristig	langfristig
Dauer der Ergebnisrealisierung	**X**		

Annahme: Vergleichsunterlagen und Erfahrungen sind bereits in ausreichendem Umfang vorhanden.

Rahmenbedingungen für den erfolgreichen Einsatz

Eine genügend große Anzahl von hinreichend genauen Zeiten für ähnliche Arbeitsaufgaben, Arbeitsgegenstände oder Arbeitsverfahren ist vorhanden. Die Vergleichsunterlagen sind systematisch geordnet, z. B. nach Arbeitsverfahren oder Maschinengruppen, und sind zudem gepflegt und aktuell.

Einzelschritte der Methode

Prinzip:

- Ziel des Vergleichens ist, Arbeitsgegenstände und -abläufe zu finden, die denen der aktuellen Planungsaufgabe möglichst nahe kommen. Zeiten identischer Abläufe können unverändert übernommen werden. Unterschiede zwischen ähnlichen Abläufen werden durch Zu- oder Abschläge auf bekannte Zeiten berücksichtigt. Diese Zu- oder Abschläge werden meist durch Schätzen ermittelt.
- Beim Schätzen werden die Zeiten aus der Erinnerung oder der Erfahrung bestimmt. Ein Schätzen ohne vorheriges Vergleichen kommt im Arbeitsstudium kaum vor. Selbst in völlig neuen Situationen ist es möglich, Vergleichsmaßstäbe oder Erfahrungswerte zu finden, an denen man sich beim Schätzen orientieren kann.
- Beim unterteilten Vergleichen und Schätzen wird der gesamte Ablauf in überschaubare Abschnitte gegliedert, deren Zeiten zunächst einzeln berechnet bzw. geschätzt und anschließend zu einer Gesamtzeit addiert werden. Dabei gleichen sich die Schätzfehler je Abschnitt teilweise aus.

Vorgehensweise:

Die Vorgehensweise ist im REFA-Standardprogramm „Vergleichen und Schätzen" wie folgt beschrieben:

Schritt 1 Arbeitsaufgabe beschreiben, Verwendungszweck der Daten festlegen

Schritt 2 In Vergleichsunterlagen ähnlichen Arbeitsgegenstand suchen

Schritt 3 Arbeitsbedingungen vergleichen

Schritt 4 Abweichungen der Arbeitsgegenstände untersuchen

Schritt 5 Abweichungen in den Ablaufabschnitten untersuchen

Schritt 6 Zeiten für hinzukommende und entfallende Ablaufabschnitte ermitteln

Schritt 7 Zuschläge bestimmen und addieren

Schritt 8 Zeit als Soll-Zeit verwenden

Anwendungsbeispiel

Die Vorgabezeit für die Herstellung einer Baumecke aus B 25/K 1 (Beton mit 25 kN Festigkeit) ohne Stahlbewehrung zum Schutz von Bäumen an asphaltierten Straßen soll durch Vergleichen und Schätzen bestimmt werden.

Schritt 1 Arbeitsaufgabe beschreiben, Verwendungszweck der Zeiten festlegen

Arbeitsaufgabe:	Herstellen einer Baumecke aus B 25/K 1
Menge des Auftrages:	m = 10 Stück
Betriebsmittel:	vierteilige Stahlform mit 2 Spannschrauben, Elektrostampfer
Arbeitsgegenstand:	Baumecke nach Bild 1
Verwendungszweck der Zeiten:	Bestimmung der Selbstkosten (Vorkalkulation), Verwendung zur Terminplanung

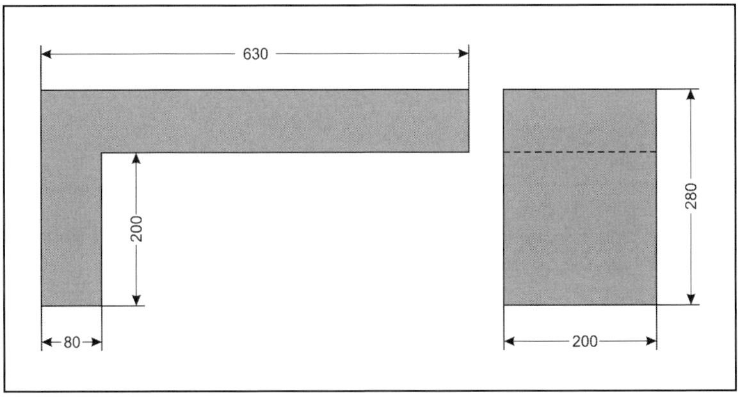

Bild 1: Baumecke aus Stahlbeton

Schritt 2 In Vergleichsunterlagen ähnlichen Arbeitsgegenstand suchen

Aus dem Katalog für Betonarbeiten wird als ähnlicher Arbeitsgegenstand ein „Stahlbeton-Pfosten“ aus B25/K 1 mit Stahlbewehrung bestimmt.

Zu diesem Arbeitsgegenstand finden sich in den vorhandenen Unterlagen folgende Angaben:

Betriebsmittel:	vierteilige Stahlform mit 2 Spannschrauben, Elektrostampfer
Arbeitsgegenstand:	Stahlbeton-Pfosten gemäß Bild 2

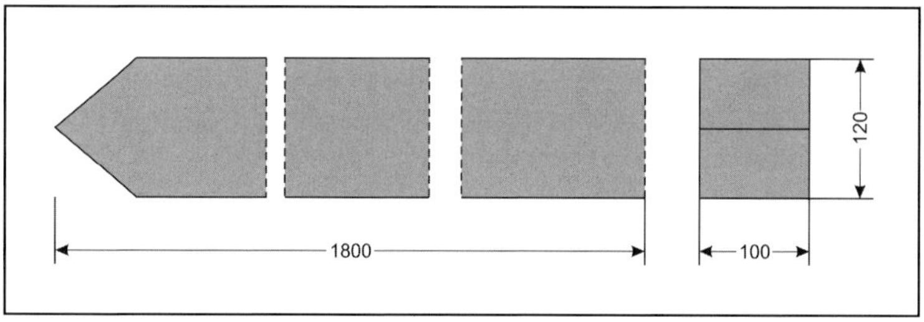

Bild 2: Stahlbeton-Pfosten

Die Vorgabezeit t_e von 22,1 min/Stck. ist gemäß Zeitaufnahme (Auftragsgröße m = 10 Stück) ermittelt und umfasst die Zeiten in Bild 3.

Nr.	Ablaufabschnitt bzw. Zeitart	Soll-Zeit in min
1	Form umsetzen	2,496
2	Form und Boden ölen	0,432
3	dreimal Mischung füllen	1,600
4	dreimal Mischung verteilen	0,683
5	dreimal Mischung stampfen	2,210
6	nach dem Stampfen aufkratzen	0,360
7	Armierungsdraht einlegen	1,099
8	Kanten und Flächen glätten	5,050
9	3 Drahthalter einsetzen und verstreichen	2,112
10	Boden reinigen	1,640
11	Grundzeit t_g (Summe 1 bis 10)	17,682
12	Verteilzeit t_v (15 % von t_g)	2,652
13	Erholungszeit t_{er} (10 % von t_g)	1,768
14	Zeit je Einheit t_e	22,102
15	Vorgabezeit für 1 Stück	22,1

Bild 3: Vorgabezeitermittlung des Stahlbeton-Pfostens

Schritt 3 Arbeitsbedingungen vergleichen

- Die Arbeitsgegenstände treten häufig auf. Die Arbeitskräfte sind deshalb vermutlich gut geübt und die Zeiten sind hinsichtlich des Übungsgrades gut übertragbar.
- Die Betriebsmittel sind ähnlich bis auf Unterschiede in den Abmessungen der Stahlformen.
- Das Material ist gleich.

Schritt 4 Abweichungen der Arbeitsgegenstände untersuchen

Einflussgrößen	Stahlbetonpfosten	Baumecke
Rauminhalt	21,6 dm^3 = 100 %	13,3 dm^3 = 61 %
Oberfläche	82,8 dm^2 = 100 %	49,7 dm^2 = 60 %
Gesamtlänge	180,0 cm = 100 %	83,0 cm = 46 %

Bild 4: Gegenüberstellung der Abmessungen

Bei der neuen Arbeitsaufgabe entfallen:

- das Einlegen des Armierungsdrahtes;
- das Einsetzen und Verstreichen der drei Drahthalter.

Zusätzlich fällt an:

- das Abziehen und Glätten der Facettenkanten.

Schritt 5: Abweichungen in den Ablaufabschnitten untersuchen

In Bild 5 sind die Ablaufabschnitte zur Herstellung der Stahlbetonpfosten und der Baumecke zusammengestellt. Anhand der veränderten Einflussgrößen aus Schritt 4 wird abschnittsweise geschätzt oder berechnet, inwieweit die Zeiten für die Ablaufabschnitte der Baumecke denen des Stahlbetonpfostens entsprechen oder anzupassen sind. Bei der Berechnung der Abweichungen wird im Allgemeinen unterstellt, dass sich die Zeiten wie die Messwerte der Einflussgrößen verändern.

Schritt 6 Zeiten für hinzukommende und entfallende Ablaufabschnitte ermitteln

Die Zeiten für hinzukommende Ablaufabschnitte, wie im Beispiel das Abziehen und Glätten der Facettenkanten (Nr. 10), sind nun durch Schätzen, mithilfe der Systeme vorbestimmter Zeiten oder mit einer Zeitaufnahme zu ermitteln. Die Zeiten entfallender Ablaufabschnitte, wie im Beispiel das Einlegen des Armierungsdrahtes (Nr. 7) und das Einsetzen der Drahthalter (Nr. 9), werden gestrichen.

Schritt 7 Zuschläge bestimmen und addieren

Beim Bestimmen der Zuschläge ist zu vergleichen, ob die Verteilzeit und die Erholungszeit zu ändern sind. Diese Zuschläge werden wie bei der Zeitaufnahme zu der Grundzeit t_g addiert.

Schritt 8 Zeit als Soll-Zeit verwenden

Die Zeiten können nun für die Vorkalkulation und die Terminplanung verwendet werden.

Die neue Arbeitsaufgabe kann in den Katalog Betonarbeiten als Standardarbeit übernommen werden, wenn die geschätzten Soll-Zeiten mithilfe einer Zeitaufnahme auf ihre Richtigkeit überprüft sind. Der Vergleich mit einer späteren Zeitaufnahme verdeutlicht, dass für einzelne Ablaufabschnitte zum Teil erhebliche Abweichungen zwischen Ist-Zeit und geschätzter Zeit bestehen. Trotzdem beträgt die Differenz zwischen Zeitschätzung und Zeitmessung für den gesamten Ablauf nur 3 %. Die in den einzelnen Ablaufabschnitten auftretenden Fehler haben sich hier somit für den gesamten Ablauf praktisch ausgeglichen.

Nr.	Ablaufabschnitte bzw. Zeitarten	Soll-Zeiten in min für Stahlbetonpfosten	Soll-Zeiten in min für neue Arbeitsaufgabe		Abweichung der durch Vergleichen und Schätzen bestimmten Soll-Zeiten gegenüber mittels Zeitaufnahmen erfassten Zeiten		
			Schätzung oder Berechnung der prozentualen Abweichung	Berechnung der Soll-Zeit	Soll-Zeiten aus Aufnahmen	Abweichung in % +	Abweichung in % -
1	Form umsetzen	2,496	geschätzt 60 %	1,5	1,307	15	
2	Form und Boden ölen	0,432	geschätzt 80 %	0,3	0,372		19
3	3x Mischung füllen	1,600	umgerechnet 61 %	1,0	0,992	1	
4	3x Mischung verteilen	0,683	umgerechnet 61 %	0,4	0,360	11	
5	3x Mischung stampfen	2,210	geschätzt 80 %	1,8	1,842		2
6	nach dem Stampfen aufkratzen	0,360	geschätzt 90 %	0,3	0,388		23
7	Armierungsdraht einlegen	1,099	–				
8	Kanten und Flächen glätten	5,050	umgerechnet 60 % + 10 % Schwierigkeitszuschl.	3,3	3,650		10
9	3 Drahthalter einsetzen und verstreichen	2,112	–				
10	Facettenkante abziehen und glätten		geschätzt	1,8	1,700	6	
11	Boden reinigen	1,640	umgerechnet 46 % + 10 % Schwierigkeitszuschl.	0,8	0,912		12
12	Grundzeit t_g	17,682		11,2	11,523		3
13	Verteilzeit t_v (15 % von t_g)	2,652		1,7	1,728		
14	Erholungszeit t_{er} (10 % von t_g)	1,768		1,1	1,152		
15	Zeit je Einheit t_e	22,102		14	14,403		3
16	Vorgabezeit für 1 Stück	22,1		14	14,4		3

Quelle: IfaA 2008

Bild 5: Gegenüberstellung

Hilfsmittel

- Teilefamilien-Katalog-Datenbanken, z. B. über Herstellkosten
- Zeichnungen, Stücklisten, Arbeitspläne
- Diagramm, Nomogramm
- Abhängigkeit zwischen Variablen
- Zeitklassenkatalog
- Vergleichsunterlagen

Literaturhinweise

IfaA – Institut für angewandte Arbeitswissenschaft (Hrsg.): Methodensammlung zur Unternehmensprozessoptimierung. Köln: Wirtschaftsverlag Bachem, 2008

REFA (Hrsg.): REFA-Methodenlehre der Betriebsorganisation. Datenermittlung. München: Hanser, 1997

Visualisierungstechniken

Alternative Bezeichnungen

Visualisierung, visuelles Management

Ziel

Informationen werden für die Beteiligten transparent, übersichtlich und leicht verständlich dargestellt. Die Informationen werden an den Stellen bereitgestellt, an denen sie benötigt werden. Damit können sachgerechte Entscheidungen getroffen werden. Visualisierungstechniken sind ein bedeutender Bestandteil des Kontinuierlichen Verbesserungsprozesses (KVP).

Weg

- Sichtbarmachen von Informationen durch Tafeln und Anschlagbretter, Flipcharts, Bilder, Piktogramme, One Point Lessons (Kurzschulungen) oder farbige Kennzeichnungen
- Die Informationen werden so aufbereitet, dass Menschen nach deren Wahrnehmung direkt zum richtigen Handeln geführt werden.

Ergebnis

- Abweichungen sowie Engpässe können sofort erkannt werden, damit eine entsprechende Reaktion erfolgen kann (Bild 1).
- Probleme im Arbeitsablauf und Materialfluss kommen an die Oberfläche (Bild 2).
- die Ordnung von Gegenständen wird klar ersichtlich und von jedermann verstanden, dadurch werden Suchzeiten reduziert (Bild 3).
- Anforderungen von Kunden werden sichtbar gemacht (z. B. durch Soll-Ist-Vergleich der Stückzahl).
- Kürzere Anlernzeiten, z. B. durch One Point Lessons vor Ort (Bild 4).
- Alle Beteiligten sind auf gleichem Informationsstand.

	gering	mittel	hoch
Einsatzaufwand	X		
Schulungsaufwand	X		

	kurzfristig	mittelfristig	langfristig
Dauer der Ergebnisrealisierung	X		

Rahmenbedingungen für den erfolgreichen Einsatz

Visualisierungstechniken müssen von allen Führungskräften angewendet und von den Mitarbeitern eingefordert werden. Der Nutzen für die Beteiligten muss bei ihrer täglichen Arbeit direkt sichtbar sein. Aufwendige Visualisierungsboards, die für Besucher erstellt werden, sollten nicht von den Prozessbeteiligten aktualisiert werden müssen, sondern von dem Bereich, der die Besucherkontakte pflegt. Die Visualisierung von Kennzahlen soll zur Steuerung des Prozesses genutzt werden und das Ergebnis verbessern.

Einzelschritte der Methode

Prinzip:

Informationen müssen in modernen, flexiblen Arbeitssystemen schnell und verständlich für alle Beteiligten verfügbar sein. Die optimale Visualisierung von Prozessen und Ergebnissen bildet somit eine Voraussetzung für erfolgreiches und effizientes Controlling und ist ein in der Praxis bewährtes Instrument.

Vorgehensweise:

Schritt 1 Sammeln von detaillierten Informationen über den Sachverhalt und genaue Beschreibung des Prozesses oder Ereignisses.

Schritt 2 Auswahl eines geeigneten Visualisierungswerkzeuges:

Visualisierungs-werkzeug	**Anwendung**
Markierung von Stellflächen	definierte Stellplätze mit Maximal- und Minimal-Beständen in Materialbereitstellungszonen, Supermärkten und Maschinen
Shadowboards	dienen der Visualisierung des richtigen Platzes für Werkzeuge z. B. für Instandhaltungs- und Rüsttätigkeiten
Kurzschulungen (One Point Lessons)	Fotos, auf denen wichtige Details markiert und beschrieben sind, dienen dem Anwender vor Ort als verbindliche Handlungsanweisungen, nach denen er vorzugehen hat
Teamtafeln	werden von den Teams selbstständig gepflegt und dienen allen am Prozess Beteiligten als Steuerungsinstrument
Flipchart	für alle sichtbare Darstellung von Ergebnissen oder geplanten Maßnahmen in einer Besprechung
Diagramme	dienen, je nach Darstellungsform, der Gegenüberstellung von z. B. absoluten Zahlen, Entwicklungsabläufen oder Größenverhältnissen sowie der Veranschaulichung von Bestandsgrößen, Abläufen und Strukturen
Explosionszeichnungen	vermitteln dem Betrachter ein tiefes Verständnis von komplizierten Funktionszusammenhängen

Schritt 3 Umsetzung des Visualisierungswerkzeuges vor Ort

Schritt 4 Nachhaltigkeit der Nutzung sicherstellen und als Standard definieren

Schritt 5 Standard permanent überprüfen und ggf. neu anpassen

Anwendungsbeispiele

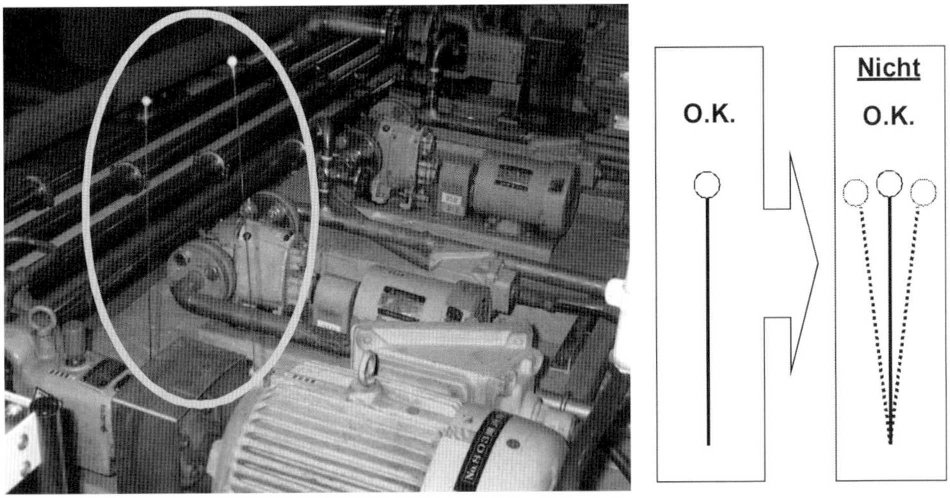

Bild 1: Aufzeigen von Abweichungen an Maschinenelementen

Bild 2: Aufzeigen von Abweichungen im Materialfluss

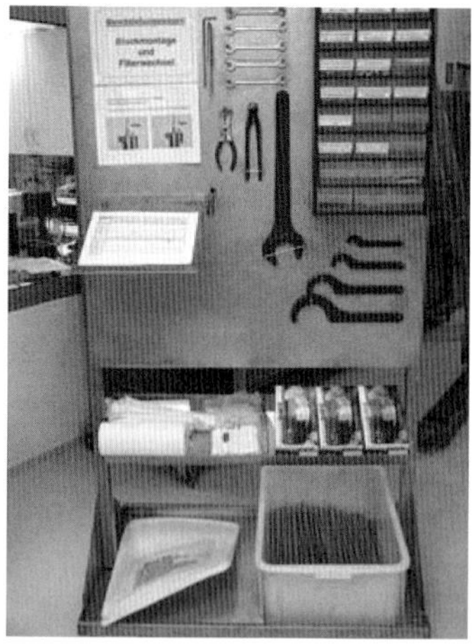

Bild 3: Ordnung von Gegenständen: Das richtige Werkzeug am richtigen Platz

Quelle: IfaA 2008

Bild 4: Zahnradverbindung; das wichtige Detail ist durch einen weißen Kreis hervorgehoben

Hilfsmittel

Standardbogen Verbesserungsprojekt

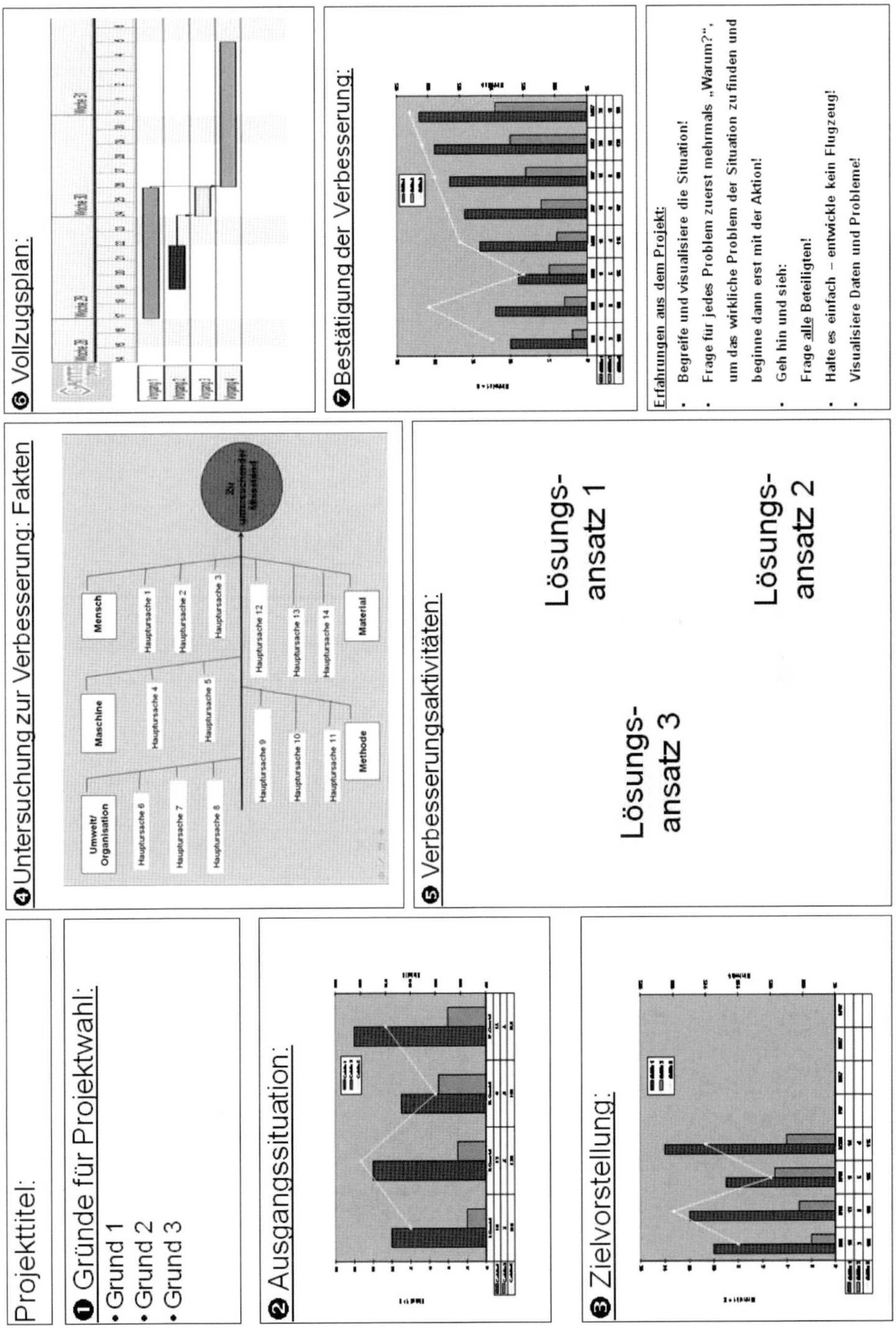

Maßnahmenplan

Leiter:		Datum:				Blatt:	
Maßnahme	Verantwortlich	Termin	Priorität			Bemerkungen	Realisierungs-grad
			A	B	C		
							⊕
							⊕
							⊕
							⊕
							⊕
							⊕
							⊕
							⊕
							⊕

Literaturhinweise

Abel, J.; Campagna, S. (Hrsg.): Herausforderung Reorganisation. Düsseldorf: VDI, 2008

IfaA – Institut für angewandte Arbeitswissenschaft (Hrsg.): Methodensammlung zur Unternehmensprozessoptimierung. Köln: Wirtschaftsverlag Bachem, 2008

Mählck, H.: Visualisierung in der Produktion. Eschborn: RKW, 2003

van Vugt, R.: Audiovisuelle Kommunikation. Weinheim/Basel: Beltz, 1994

Will, H. (Hrsg.): Mit den Augen Lernen: Medien in der Aus- und Weiterbildung, Bde. 1-5. Weinheim/Basel: Beltz, 1994

Wertstromanalyse und -design

Alternative Bezeichnungen

Wertstromplanung, Value Stream Mapping, Value Stream Analysis, Value Stream Design, Material- und Informationsfluss-Analyse, Arbeitsablaufanalyse

Ziel

Bei Wertstromanalyse und -design geht es um die Analyse und Gestaltung von Material- und Informationsflüssen mit den Zielen:

- Optimierung von Produktionsprozessen;
- Darstellung von Material- und Informationsfluss und deren Zusammenhänge;
- Aufzeigen von Schwachstellen und Verschwendung im Wertstrom;
- Reduzierung von Beständen, Durchlaufzeiten (DLZ), Transportaufwand, Flächenbedarf;
- Vereinfachung des Informationsflusses und Verbesserung der Transparenz;
- Verringerung des operativen Steuerungsaufwandes;
- Erhöhung der Liefertreue und verstärkte Kundenorientierung durch Steigerung der Flexibilität und Reaktionsgeschwindigkeit;
- Basis für betriebliche Kommunikation und Diskussion;
- Basis für Umsetzungsmaßnahmen und Handlungsfelder.

Weg

- Aufnahme und Konzeption ganzheitlicher Wertschöpfungsprozesse:
  - Darstellung von Materialflüssen
  - Darstellung von Informationsflüssen (Auftragseinsteuerung)
  - Darstellung immer von „Rampe zur Rampe“ (Abruf-/Anlieferverhalten)
- Verwendung weniger, standardisierter Symbole zur Darstellung der Abläufe und Prozessketten
  - Alle, die mit Wertstrom arbeiten, haben dasselbe Verständnis der Symbolik
  - Dieses Verständnis ist die Basis für zielgerichtete Diskussionen
- Verwendung aktueller Prozessdaten in den Datenkästen
  - Prozesszeit, Rüstzeit, Overall Equipment Effectiveness (OEE), Anzahl Mitarbeitende, Losgröße/Behältergröße, Bestände, Anzahl Produktvarianten, Arbeitszeiten/Schichtmodelle
- Transparenz über Verschwendung
  - Wartezeiten zwischen den Prozessen, daraus folgende Bestände oder Engpässe

- Berechnung von Durchlauf- und Wertschöpfungszeiten
- Aufdecken von Ursachen für Verschwendung und Ableitung von erforderlichen Umsetzungsmaßnahmen

Ergebnisse

Wertstromanalyse:

- Visualisierung der Materialflüsse von „Rampe zu Rampe";
- Transparenz über Verschwendung wie bspw. Wartezeiten;
- Bestände oder Engpässe.

Wertstromdesign:

- Beschreibung von zukünftigen Unternehmensprozessen unter Minimierung von Verschwendungen.

	gering	mittel	hoch
Einsatzaufwand		**X**	
Schulungsaufwand		**X**	

	kurzfristig	mittelfristig	langfristig
Dauer der Ergebnisrealisierung			**X**

Rahmenbedingungen für den erfolgreichen Einsatz

Im Vorfeld der Einführung der Methode Wertstromdesign sollten folgenden Prämissen im Unternehmen abgestimmt werden:

- Das gesamte Management verpflichtet sich zur Verfolgung und Umsetzung des Wertstromdesigns.
- Verbesserungsaktivitäten werden als zentrale, kaskadierte Aufgabe aller Führungskräfte und -ebenen akzeptiert und nachhaltig verfolgt.
- Die im Management erarbeiteten Maßnahmen müssen glaubhaft umgesetzt werden.
- Die Mitarbeiter werden für das Thema sensibilisiert und an der Umsetzung beteiligt.

Bei der Durchführung der Wertstrommethode müssen folgende Regeln befolgt werden:

- Papier und Stift verwenden!
- Team-Bildung durch Integration aller „Betroffenen“!
- Am Ort des Geschehens (jap. „Gemba“) ansehen, verstehen und bewerten!
- Datenbasis prüfen und im Zweifel neu „erheben“!

Einzelschritte der Methode

Prinzip:

Die Wertstromplanung basiert auf den Werkzeugen **Wertstromanalyse**, welche Bestandteil der Ist-Aufnahme ist, und **Wertstromdesign** zur ganzheitlichen Erfassung und Konzeption von Material- und Informationsflüssen.

Die **Wertstromanalyse** ist eine Methode, die in ihrem Ursprung ausschließlich mit Papier und Bleistift auskommt, um sämtliche Prozesse und Flüsse eines Wertschöpfungsprozesses darzustellen (vgl. Bild 1). Mithilfe der standardisierten Wertstromsymbolik lässt sich diese Form der Darstellung vereinfachen (vgl. Bild 2) und stellt damit eine über Unternehmensgrenzen hinweg einheitliche Kommunikationsplattform dar.

Ausgehend vom Kunden wird Schritt für Schritt jeder Prozess der Wertschöpfungskette entgegen dem Wertstrom bis zum Lieferanten analysiert. Im Zuge der Wertstromanalyse werden sowohl wertschöpfende als auch nicht wertschöpfende Aktivitäten sowie Bestände innerhalb der Material- und Informationsflüsse auf der zeitlichen Ebene erfasst. Dabei gilt es alle nicht wertschöpfenden Tätigkeiten innerhalb des Prozesses zu identifizieren, um diese möglichst zu minimieren bzw. zu eliminieren. Die wertschöpfenden Prozesse werden zeitlich auf Basis von Arbeitsplänen, Zeitaufnahmen oder anderen Methoden bewertet. Die Bestände werden in Reichweiten umgerechnet. Sämtliche Zeiten des Wertstroms können dann auf eine Zeitlinie übertragen werden und bilden in ihrer Summe die Gesamtdurchlaufzeit eines Produktes bzw. einer Produktgruppe ab (vgl. Zeitstrahl in Bild 2 unten). Die Durchlaufzeit eines Fertigungsauftrags ist die Zeitdauer zwischen der Auftragsfreigabe und dem Bearbeitungsende. Bei der Wertstromanalyse wird sie definiert als die Zeit, die notwendig ist, den gesamten Wertstrom zu durchlaufen. Dies beinhaltet alle wertschöpfenden sowie nicht wertschöpfenden Prozesse. Beide Werte können dann gegenübergestellt werden und das Verhältnis von wertschöpfender zu Gesamtdurchlaufzeit lässt eine Aussage über den „Schlankheitsgrad“ der Fertigung zu.

Die anhand des Wertstroms gewonnenen Daten bilden die Basis für die Berechnung von Kennzahlen, die zur Bewertung des Ist-Zustandes dienen.

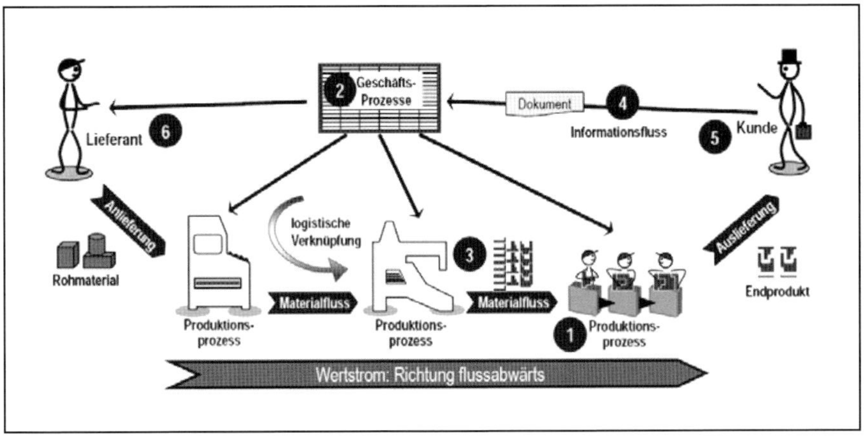

Bild 1: Der Wertstrom in der Fabrik (Erlach 2007)

Wertstromdesign ist ein Navigations- und Visualisierungswerkzeug, das bei der Realisierung von ganzheitlichen Produktionssystemen dabei unterstützen kann, herauszufiltern, an welcher Stelle der drei betrieblichen Flussarten – Mitarbeiter-, Material- und Informationsfluss – organisatorische bzw. technische Veränderungs- und Optimierungsansätze prioritär zweckmäßig sind und sich ein (ggf. schnellstmöglicher) betrieblicher Gesamtnutzen ergibt (Stowasser 2011). Von der Darstellung her wird wie bei der Wertstromanalyse eine Grafik mit entsprechenden Symbolen verwendet, um den angestrebten verbesserten Zustand darzustellen (vgl. Anwendungsbeispiel).

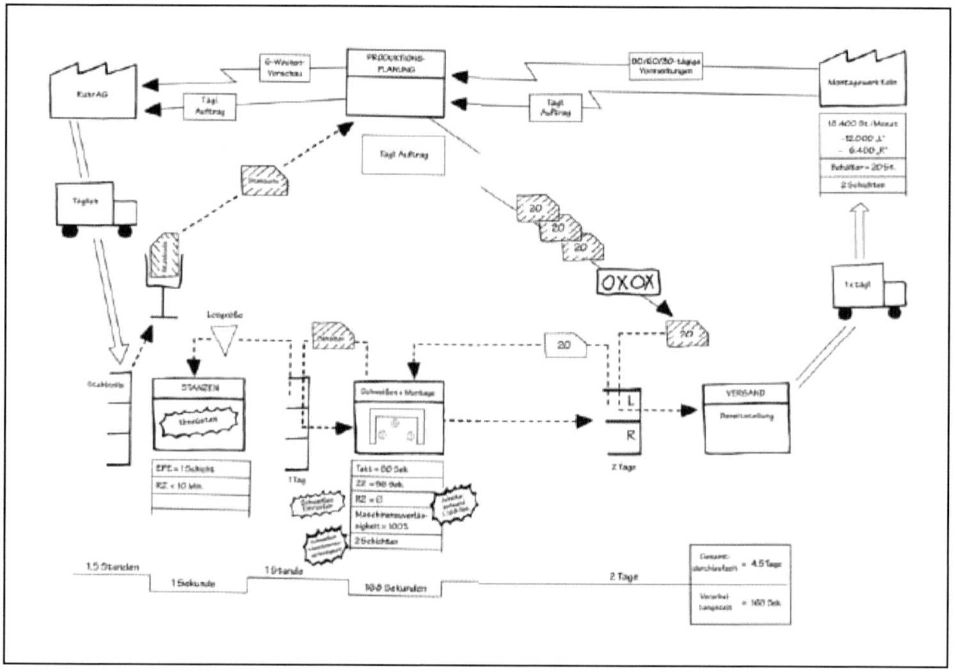

Bild 2: Beispiel Wertstrom (Rother und Shook 2004)

Die Veranschaulichung des Materialflusses auf diese Weise lässt wichtige Erkenntnisse über Verschwendung wie z. B. Wartezeiten zwischen den Prozessen, Bestände oder Engpässe zu. Durch die Visualisierung der Informationsflüsse im Prozess werden die Steuerungsprozesse transparent. Kommunikationsschnittstellen sowie die Form der Informationsübertragung können nachvollzogen werden. Insbesondere die Einsteuerung der Aufträge in die Fertigung wird verdeutlicht. Die Einbeziehung der Kunden gibt Aufschluss über das Abrufverhalten. Entsprechend können auf der Lieferantenseite Aussagen über das Anlieferverhalten gewonnen werden. Nicht zuletzt sind auch Aussagen über den Planungshorizont möglich.

Vorgehensweise:

Schritt 1 Auswahl einer Produktfamilie

Zunächst sollte der Fokus auf eine bestimmte Produktfamilie gelegt werden, um einen ersten Wertstrom zu erfassen. In weiteren Analysen können dann zusätzliche Produktfamilien und Varianten hinzugezogen werden. Ein Wertstrom wird dann immer nur für eine Produktfamilie betrachtet. Dabei stellt eine Produktfamilie eine Produktgruppe dar, bei der alle Produkte und Varianten im Wesentlichen die gleichen Fertigungsprozesse durchlaufen. Bei einem Unternehmen mit komplexer Produktionsstruktur kann eine Produkt-Prozeß-Matrix helfen, die verschiedenen Produktgruppen zu clustern. Bei sehr komplexen und verzweigten Fertigungsstrukturen kann es hilfreich sein, zunächst Teilbereiche einer Fertigung wie Lieferanten und Kunden zu betrachten und darzustellen. Für die zu analysierende Produktfamilie sollten zunächst einige Grunddaten zusammengestellt werden (z. B. Bedarf pro Jahr, Anzahl Varianten, Angaben über Mengenschwankungen, Anforderungen der Kunden an Verpackung, Versand und Anlieferung).

Schritt 2 Zeichnen des Ist-Zustandes

Im zweiten Schritt erfolgt die Aufnahme des Ist-Zustandes eines Wertstroms vor Ort mit dem Ziel, Transparenz in die aktuelle Funktionsweise eines Unternehmens bzw. einer Fertigung zu bringen.

Dabei wird der Wertschöpfungsprozess vom Kunden über die eigene Produktion bis zum Lieferanten analysiert und transparent dargestellt. Die Wertstromaufnahme macht im Ergebnis deutlich, wie die Prozesse auf der Werkstattebene tatsächlich ablaufen.

Dabei gelten nach Rother und Shook (2004) folgende Regeln:

- Sammeln Sie stets Informationen zum Ist-Zustand, indem Sie selbst die Wege von Material- und Informationsfluss zu Fuß verfolgen.
- Beginnen Sie mit einem Schnelldurchgang durch den vollständigen Wertstrom von Rampe zu Rampe.
- Beginnen Sie beim Versand und verfolgen Sie den Wertstrom rückwärts.
- Nehmen Sie eine Stoppuhr und verlassen Sie sich nicht auf Standardzeiten oder auf Informationen, die Sie nicht selbst beschafft haben.
- Nehmen Sie alle Bestände (Rohmaterial, ..., Fertigbestände) auf.
- Skizzieren Sie den gesamten Wertstrom selbst.
- Zeichnen Sie immer von Hand mit Bleistift.

Der Weg eines Produktes wird entgegen der Wertschöpfungskette von „Rampe zu Rampe“ verfolgt. Sämtliche Material- und Informationsflüsse (Steuerungsprozesse) werden mit standardisierten Symbolen erfasst und gezeichnet. Für jeden einzelnen Fertigungsschritt werden aktuelle Daten erfasst (z. B. Prozesszeiten, Zykluszeiten, Rüstzeiten, Losgrößen und Bauteile im Fertigungsprozess) sowie sämtliche Bestände vor, nach und zwischen des Prozessen gezählt und ebenfalls notiert. Danach erfolgen die Berechnungen der Durchlauf- und der Wertschöpfungszeit.

Abschließend werden sämtliche Verschwendungsarten und Ideen in Form von gezackten Wolken, sogenannten „Kaizen-Blitzen“, im Wertstrom gekennzeichnet. Diese dienen als Grundlage für Verbesserungsprozesse und die Ableitung von Umsetzungsmaßnahmen im Rahmen des Wertstromdesigns.

Schritt 3 Zeichnen des Soll-Zustandes:

Der Soll-Zustand entspricht der Entwicklung eines verbesserten kundenorientierten Material- und Informationsflusses und stellt die planerische Vision dar, wie in Zukunft produziert werden soll. Anhand von Grundregeln des Lean Managements (z. B. Vermeidung von Verschwendung, Produktion nach Kundenbedarf) wird ein verbesserter kundenorientierter Wertstrom entworfen. Im Soll-Konzept wird der angestrebte Zielzustand visualisiert und bewertet (Stowasser 2011).

Vor der Entwicklung eines Soll-Wertstroms sollten nach Rother und Shook (2004) folgende Fragen beantwortet werden und deren Ergebnis in das Wertstromdesign einfließen:

- Wie ist die Taktzeit in der Produktion? Produzieren Sie nach Kundentakt.
- Produktion in einen Fertigwarensupermarkt oder direkt in den Versand?
- Wo können Sie kontinuierliche Fließfertigung einsetzen? Entwickeln Sie, wo immer möglich, eine kontinuierliche Fließfertigung.
- Wo müssen Sie Supermarkt-Pull-Systeme einsetzen (vgl. Methode Produktionssteuerungsverfahren)? Verwenden Sie Supermarkt-Pull-Systeme zur Produktionssteuerung, wo sich die kontinuierliche Fließfertigung nicht bis zu den vorgeschalteten Prozessen ausdehnt.
- An welcher Stelle in der Fertigungskette wird die Produktion gesteuert? Versuchen Sie, die Produktionsplanung nur an einer Stelle im Wertstrom anzusetzen.
- Welche Prozessverbesserungen sind erforderlich? → Umsetzungsplanung

Mögliche Ziele bei der Gestaltung des Ideal-Wertstroms können sein:

- Arbeitsprozesse sind standardisiert und im Rhythmus (Abtaktung im Kundentakt)
- Reduzierung der Durchlaufzeit bei Maximierung der Wertschöpfung / Minimierung der Verschwendung
- Umlaufbestandsminimierung (Work in Process = WIP) und Visualisierung
- Weitergabemengen konstant und möglichst klein → kleinste Losgrößen
- Kopplung der Prozesse über „First in – first out“ (FIFO) → Austaktung der Prozesse
- einfache, transparente Informationsflüsse → Ein Steuerungssignal von außen
- standardisierte Materialversorgungsprozesse
- (Logistik im Rhythmus) → Verminderung des Transportaufwands/ Handlings
- übersichtlicher, kontinuierlicher Materialfluss und flussorientiertes Layout
- Nivellierung der Produktionsmenge und des Produktionsmixes
- vorbeugende Instandhaltung zur Erhöhung der OEE
- Minimierung der Lagerstufen

Schritt 4 Implementierung:

Erarbeitung und Umsetzung von Verbesserungsprojekten und Maßnahmen zur Erreichung des Soll-Zustandes. Die Umsetzung der aus dem Wertstromdesign abgeleiteten Maßnahmen ist kontinuierlich und systematisch durch die Führungskraft und das Projektteam zu überprüfen. Hierzu werden üblicherweise Umsetzungspläne (Maßnahmenverfolgungspläne) mit Abarbeitungsstand der jeweiligen Maßnahme erstellt, die dann auch regelmäßig überprüft und ggf. weiterentwickelt werden müssen. Im Maßnahmenplan werden die Maßnahmen erfasst, um vom Ist- zum Soll-Zustand zu gelangen. In Veränderungsprojekten unterschiedlichen Umfangs werden die Maßnahmen schrittweise realisiert. Die Umsetzung der Maßnahmen wird mit Kennzahlen belegt und überwacht (Stowasser 2011). Beispielweise werden die schon genannten Kennzahlen „Durchlaufzeit" und „Bestandsreichweiten" (siehe oben) und der sogenannte „Schlankheitsgrad" der Fertigung berechnet und verfolgt.

Dabei ist folgende Vorgehensweise sinnvoll:

- Auswahl Pilotbereich
- schrittweise Detaillierung und Umsetzung der Maßnahmen im Pilotbereich über Workshops, Einzelgespräche, Gruppenveranstaltungen
- Festlegung der beteiligten Mitarbeiter/innen sowie der verantwortlichen Managementfunktionen
- Detaillierung in Maßnahmenplan inklusive Prioritäten und Zuständigkeiten
- Ermittlung des Qualifikationsbedarfes für die Umsetzung
- Überwachung Projektfortschritt/Erfolgskontrolle (Maßnahmencontrolling)
- nach Abschluss des Pilotbereichs schrittweises weiteres Vorgehen oder ggf. flächendeckendes Vorgehen, je nach Struktur und Inhalt der Maßnahmen

Hilfsmittel

Papier und Bleistift
Vorbereitete Symbole

Praxisbeispiel

Bild 3 zeigt einen Beispiel-Wertstrom im Ist-Zustand. Die Logistik ist in diesem Fall dadurch gekennzeichnet, dass eine zwei- bis dreistufige Lagerhaltung zum Einsatz kommt. Es bestehen mehrere externe Lagerorte, die die Fertigung mit Rohmaterial versorgen und in denen die fertigen Bauteile für die Endmontage zwischengepuffert werden. Bezüglich Lagerhaltung und Bereitstellung existieren keine Standards. Der gesamte Prozess wird durch das Push-Prinzip gesteuert. Dadurch ist ein komplexer Informationsfluss und Steuerungsaufwand vorhanden. Alle Prozesse werden einzeln durch die Arbeitsvorbereitung sowie durch den zuständigen Meister angesteuert. Dabei existiert keine Transparenz über die Reihenfolge der Aufträge. Zwischen den Prozessen bestehen hohe Bestände und infolgedessen hohe Wartezeiten. Die in den Prozess-Diagrammen und Fertigungs-Layouts festgestellte fehlende Maschinenzuordnung spiegelt sich auch hier wider.

Als Ergebnis der Ist-Zustandsanalyse können aus dem Wertstrom einige Kennzahlen abgeleitet werden, mit dem Ziel, diese in einer Vision und damit in den Zielzustandsplänen zu optimieren. Am vorliegenden Beispiel konnte im Wertstrom bspw. ein Verhältnis von wertschöpfender Zeit (1,3 Tage) zur gesamten Durchlaufzeit (DLZ = 15,3 Tage) von 1:11,8 (entspricht dem sogenannten „Schlankheitsgrad" der Fertigung, einem Indikator über die Verschwendung im Wertstrom) ermittelt werden. Zum Vergleich: Toyota hat einen Schlankheitsgrad von maximal einem Zehntel dieses Ergebnisses. Das Ziel muss also sein, die Bestände und damit die DLZ durch eine verbesserte Steuerung drastisch zu reduzieren.

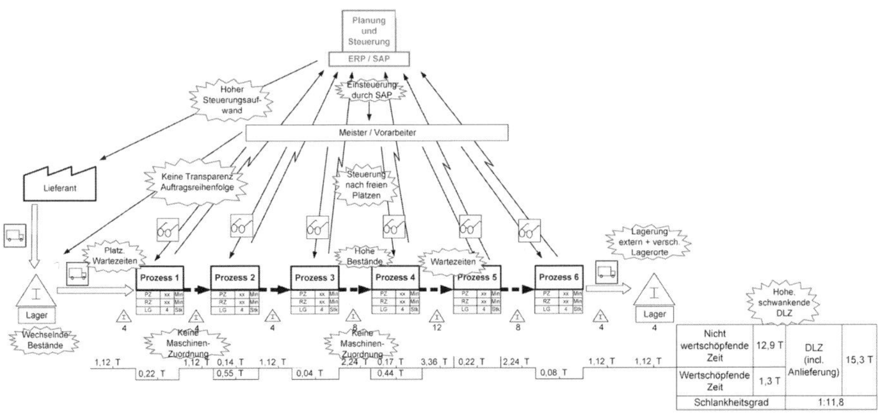

Quelle: Busch 2010

Bild 3: Beispiel Wertstromaufnahme

Der aus diesem Ist-Wertstrom entwickelte Ideal-Wertstrom ist in Bild 4 dargestellt. Hier wurde ein vollständig abgetaktetes System ohne Engpässe und mit Reihenfolgestabilität im One-Piece-Flow bei Losgröße 1 geplant. Die Prozesse sind entsprechend der Fertigungsfolge angeordnet und direkt miteinander gekoppelt, d. h., es gibt keine Pufferung und keine Lagerung von Beständen. Es erfolgt eine nivellierte Einsteuerung am Beginn der Eigenfertigung. Somit wird ein Schlankheitsgrad von 1,5 und eine DLZ von 2,2 Tagen erreicht, was einem idealen Zustand für diese Art der Fertigung entspricht.

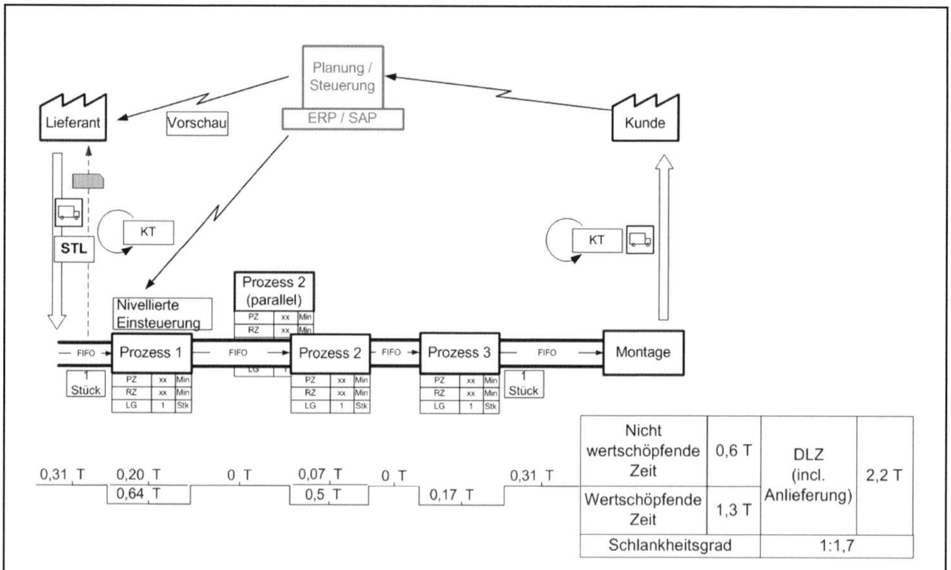

Quelle: Busch 2010

Bild 4: Beispiel Wertstromdesign

Auf Basis eines solchen Ideal-Wertstroms können Umsetzungsprojekte und Handlungsfelder entlang des Wertstroms abgeleitet werden, die dann, sofern nachhaltig durch die verantwortlichen Führungskräfte verfolgt, in ihrem Ergebnis zu einer ganzheitlichen Optimierung der Fertigung, anstelle von punktuellen Einzeloptimierungen, führen können (Busch 2010).

Literaturhinweise

Busch, J.: Industrial Engineering zur ganzheitlichen Wertstromgestaltung. In: angewandte Arbeitswissenschaft Nr. 205 (2010)

Erlach, K.: Wertstromdesign. Berlin: Springer, 2007

Klevers, T.: Wertstrom-Mapping und Wertstrom-Design. Verschwendung erkennen, Wertschöpfung steigern. Landsberg am Lech: mi-Fachverlag, 2007

Rother, M.: Sehen lernen – mit Wertstromdesign die Wertschöpfung erhöhen und Verschwendung beseitigen. Aachen: Lean Management Institute, 2004

Stowasser, S.: Metaauswertung der Durchführung und Umsetzung von teamorientierten Wertstromdesignprozessen. In: Rosenstiel, L.; Hornstein, E.; Augustin, S.: Prozesse gezielter Veränderung in Unternehmen. Berlin/Heidelberg/New York: Springer, 2011